U0756307

航母梦

大国重器　深蓝止戈

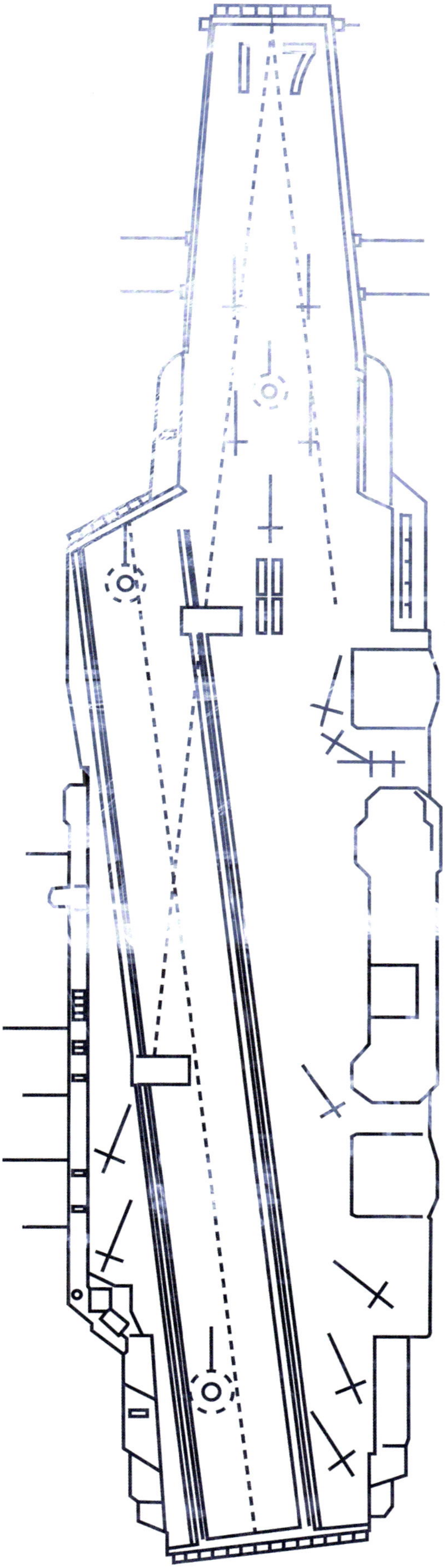

田小川　著
吴纯清　整理

湖南科学技术出版社
·长沙·

图书在版编目（CIP）数据

航母梦：大国重器 深蓝止戈 / 田小川著；吴纯清整理. — 长沙：湖南科学技术出版社，2022.9
ISBN 978-7-5710-0914-4

Ⅰ. ①航… Ⅱ. ①田… ②吴… Ⅲ. ①航空母舰—中国—普及读物 Ⅳ. ①E925.671-49

中国版本图书馆 CIP 数据核字（2022）第 121830 号

HANGMUMENG：DAGUO ZHONGQI SHENLAN ZHIGE
航母梦：大国重器 深蓝止戈
著　　者：田小川
整　　理：吴纯清
出 版 人：潘晓山
责任编辑：李文瑶　李　柔
出版发行：湖南科学技术出版社
社　　址：长沙市芙蓉中路一段 416 号泊富国际金融中心
网　　址：http://www.hnstp.com
湖南科学技术出版社天猫旗舰店网址：
http://hnkjcbs.tmall.com
邮购联系：0731-84375808
印　　刷：长沙市雅高彩印有限公司
（印装质量问题请直接与本厂联系）
厂　　址：长沙市开福区中青路 1255 号
邮　　编：410153
版　　次：2022 年 9 月第 1 版
印　　次：2022 年 9 月第 2 次印刷
开　　本：787mm×1092mm　1/16
印　　张：24.75
字　　数：364 千字
书　　号：ISBN 978-7-5710-0914-4
定　　价：168.00 元
（版权所有 · 翻印必究）

序言

大国重器 深蓝止戈

中国人一直有个航母情结，这个情结源于海权丧失的伤痛，源于民族遭受的屈辱。伴随中华人民共和国的成立，我国的造船工业筚路蓝缕，从当初装备和人才两方面匮乏，到自主研制核潜艇、航空母舰等大国重器；70 多年来，中国造船业栉风沐雨，由弱到强崛起的速度世界第一，为建设一支拥有航母的强大海军奠定了工业基础。航空母舰是一种搭载飞机的海上活动基地，以舰载机为主要作战力量，是目前世界上最庞大、最复杂、威力最强的海军武器装备之一，研制航空母舰的能力是一个国家综合国力的象征。2012 年 9 月 25 日，中国海军第一艘航空母舰辽宁舰入列，承载着中华民族向海图强的历史夙愿。2019 年 12 月 17 日，我国第一艘国产航空母舰山东舰交付海军，这极大地提升了中国人的民族自豪感，令中国成为世界上少数拥有双航母编队的国家之一。中国海军的发展壮大不仅能更好地捍卫国家主权安全、发展利益，保卫国家的海洋权益，同时也将为中国的和平发展提供坚实保障，为世界和平贡献力量。

《航母梦：大国重器 深蓝止戈》通过“缘梦、追梦、铸梦”三个篇章，以纪实文学和科学普及相结合的写法，将中国航母发展史与世界航母发展史梳理出精细的脉络，让读者领略历史事件的发生以及装备技术发展的背景、脉络、特点、性能和创新。同时，作者亲历我国航母从无到有再到自主建造的艰辛历程，向读者讲述了中国航母的建造者们舍家为国、拼搏奋斗，用执着坚守和无私奉献，建设强大海军，铸就中国人航母梦的感人事迹。书中的每一个人物都是鲜活的，每一个历史故事都是生动和引发思考的，仿佛可以触动时代发展和个人成长的脉搏，我想这或许是小川的创作初衷。

长江后浪推前浪，比肩还看后来人。小川的航母新作，通过讲述历史故事的方式让读者了解世界各国的航母发展史，也通过一个个鲜活的历史事件让读者学习与航母有关的科技，不仅对航母发展的历史进行了深度思考，也对航母文化提出了独到见解。同时，能感受到她纯真的感恩之心，体味到友情的珍重和人性的光辉。唯愿年轻的朋友们，珍惜美好的盛世年华，在实现强国梦的新征途上贡献智慧和力量。最后，祝愿我们的祖国繁荣富强！

中国工程院院士

朱英富

2020年4月23日 于武汉

PART

CONTENTS

Yuan meng 缘○梦 》

目 录

CONTENTS

PART

目录

zhui meng

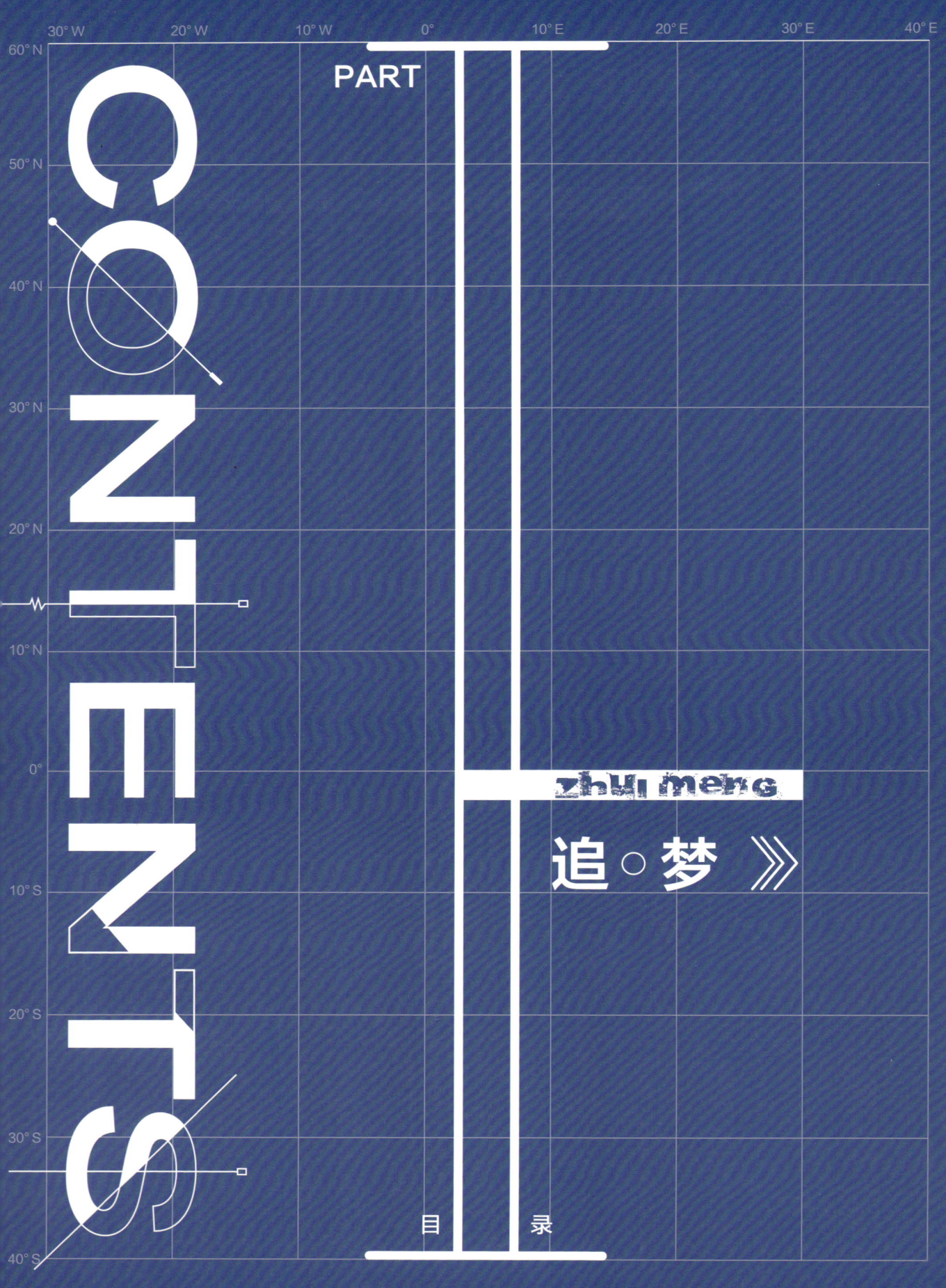

追○梦 》

PART Ⅲ

zhu meng

铸○梦 》

CONTENTS

目录

PART I

Yuan me

缘○梦

NO.1

我与航母有个约会

关键词：

山东舰 “亲生的” 30 年

我与航母有个约会，从“追梦人”到“铸梦者”，整整 30 年。耄耋之年的母亲既惊讶又疑惑。她碎步走到正在厨房包饺子的我面前，望着我许久才问：“这些年你都干了啥？”

小川说：

2019 年 12 月 17 日，是一个值得被中华人民共和国历史所铭记的日子，我国第一艘国产航空母舰（简称航母）山东舰在海南省三亚某军港交付海军。下午 4 时许，来自海军部队和航母建设单位的代表约 5000 人在码头整齐列队，伏波静卧的山东舰被高悬的满旗衬托得分外威武，全场高唱中华人民共和国国歌，五星红旗冉冉升起；中共中央总书记、国家主席、中央军委主席习近平将八一军旗、命名证书分别授予山东舰舰长来奕军大校、政治委员庞建宏大校。

17:30，结束了国防科普项目的评审会，我打开手机，看到网上有关山东舰入列的现场照片，不禁百感交集。正在整理会议材料的国防工业出版社王鑫主任从我的神态里猜出点什么，疑惑地问：“国产航母有消息？”

我指了指手机，抑制不住兴奋地说：“今晚看《新闻联播》吧。”

记得 2012 年 9 月 25 日，辽宁舰入列那天，我能表达喜悦的方式就是穿上早已准备的红色旗袍，“盛装”上班，忍不住拨打了航母设计师，也是我的师妹的电话表示祝贺，“闺蜜”间的悄悄话仅有 4 个字：“初为人母！”我们知道，太不容易了！彼此哽咽，仿佛能听到对方的心跳、能看到 8 年奋战成功的喜泪。放下电话，我从办公室走到天安门广场，10 千米，一路上回想着中国航母的这些人和事……“一会儿，愿意陪我走走吗？”我问王鑫主任。

如果中国不建航母，我死不瞑目！

——“中国航空母舰之父”刘华清

XIAOCHUAN SHUO

也许，这是我作为航母人唯一能表达幸福的“特殊”方式。

“愿意！”朝气十足的王主任边收拾东西边爽快地应答。

就这样，我们从航天桥某研究中心 502 会议室走回办公室，5 千米，一路上回想 30 年来，我有幸陪伴中国航母走过的每一步都历历在目：航母的历史已达百年，中国人的航母梦也做了百年；这梦太长、太久，这路太苦、太远……走进办公室，听到同事们正在议论：“今天没看到田老师，她在现场吗？”“今天她有评审会。”我望着这些可爱的 90 后小伙伴们，忍不住发了微信：“1888 年 12 月 17 日，北洋海军正式成军；1903 年 12 月 17 日，莱特兄弟制造的第一架飞机试飞成功；2019 年 12 月 17 日，人民海军山东舰入列，向海图强！”

为庆祝山东舰服役，哈尔滨工程大学校友自发在军工操场雪地上建起“双航母”。

摄影 郭健楠

当晚《新闻联播》用了约 8 分钟报道中国自主研制的航母山东舰入列的实况，我看到现场许多熟悉的面孔，心潮澎湃。再一次拨通已是航母总体副总设计师、亲爱的师妹的电话：“在电视上看到你们了，热烈祝贺！”这一次，“闺蜜”间的悄悄话仅有 3 个字：“亲生的！”我，热泪盈眶……

2019 年 12 月 17 日

中国自主研制的航母山东舰入列。

摄影 李唐

我与航母有个约会，从“追梦人”到“铸梦者”，整整 30 年。

2012 年 9 月 25 日，中国人民解放军海军第一艘航母“辽宁”号入列，我接到好友房兵的电话：“姐，咱们的航母服役了，中央电视台（简称央视）科教频道（CCTV-10）要录制一个寒假读书特别节目，您来讲航母吧。”当时我出差在外，于是推荐了对航母颇有见地的《世界军事》总编陈虎老师。不久，我接到节目组的电话：“房老师推荐您来讲航母，您推荐陈老师上节目；我们去找陈老师，他第一句就问‘田小川来吗？’。”

结果，我们仨都来了。

2012 年 12 月

录制《我与航母有个约会》【房兵（左一）、陈虎（左三）、主持人张绍刚（右一）】，现场播放了我大学毕业典礼上的照片。

摄影 刘燕

录制现场，著名节目主持人张绍刚从“小时候喜欢读的课外书”开始，和我们谈军事，论和平，讲科技，话立志。兴致正浓时，张绍刚拿出节目组用心准备的“礼物”——一本从旧货市场淘到的《航空母舰与战争》，让录制现场的气氛瞬间“凝固”：这是我和房兵合作的有关航空母舰的处女作，于 1997 年出版，我手里已没有了这本书。于是，那一期的节目聚焦在谈航空母舰。

2013 年元宵节，在电视里播出的《读书》节目“我与航母有个约会”中，母亲看到了电视里的我。耄耋之年的母亲既惊讶又疑惑。她碎步走到正在厨房包饺子的我面前，望着我许久才问：“这些年你都干了啥？”

“嗯……”我一下子不知所措。

母亲拉着我的手，边往客厅走边说：“算了，跟你爸过了一辈子，习惯了不问公事，你就陪我把这节目看完吧。”母亲看着电视，我看着母亲，随时回答她提出的有关节目中讲航母的人和与航母的情缘。

陈虎老师毕业于中国人民解放军大连水面舰艇学院，曾是中国人民解放军国防大学（以下简称国防大学）军兵种教研室海军组里有思想、懂技术、善钻研的年轻骨干；作为国防大学第一批师资班的学员，早在 20 世纪 80 年代他就被《解放军报》誉为出类拔萃的“武器脱口秀”。第一次见到陈虎老师是在 1993 年。当年，我作为《舰船知识》杂志的“菜鸟”编辑向他约稿，陈虎老师娴熟地讲述海军武器装备，从容淡定、妙语连珠，其独特思维下潜藏着对航母认知的睿智。不久后，我收到了他的航母处女作——《独树一帜的“阿斯图里亚斯亲王”号》，文中介绍了西班牙海军新建的航母。后来，他调往新华社的《世界军事》杂志任职，我们成了相互支持的同行。我喜欢读他们的杂志，不论是卷首语还是诗、文，标题还是内容，就连配图都能读出那些用了心的故事。作为《世界军事》杂志总编辑，陈虎老师还参与创办了具有权威性、影响力颇大的新华网。2007 年，他邀请我在清华大学开展“百年航母”讲座，在新华网上直播，让我第一次体验到了航母科普的网络传播速度。

2007 年 12 月

与新华网创办人之一陈虎老师（右一）在清华大学航母主题讲座直播后合影。

摄影 吴纯清

2009 年 4 月 23 日，庆祝中国人民解放军海军（简称人民海

军）成立60周年海上大阅兵活动在青岛举行。新华网是当时唯一的现场直播媒体，主持直播工作的重任便落在了陈虎老师身上。当天上午，他来电话："下午的阅兵式上有许多国外军舰第一次在中国亮相，你来给网友们介绍一下吧。"就这样，在他的主持下，国防大学的葛立德教授和我一起圆满完成了海上阅兵的现场直播任务。记得走出演播室时，我们还意犹未尽地说："希望人民海军建军70周年海上大阅兵时，能看到中国航母！"

"我对上号了，他就是你说过的没有当将军导师，却培养了将军的'老虎'吧？"母亲思维清晰，记忆力好，让我敬佩不已。

"是。中国没有航母时，他呼吁对航母要多些了解。听他讲航母，从国家战略到国防战略，从战争作用到非战争使用，都能感受到他对航母的了解和理性认识；从他谈一般国家'玩不起'，到航母也不是那么'好玩'的，让我对航母的认知多了维度，少了成见，有了对中国航母宽容些的态度，不再急于求成。正如马歇尔·伯曼说的：'一切坚固的东西都烟消云散了。'"

"他看问题全面，有头脑。"母亲认真地看着我。

母亲还没说完，就听见节目里的房兵快人快语地说道："其实，军人最大的目标，不是等待一场战争，而是通过我们对战争的准备，把一切战争扼杀在萌芽之中，为我们的祖国和人民赢得永久的和平。没有战争，这才是对军人最大的奖赏。"

"这是房兵，我认识。他叫你姐，你儿子是他结婚时的小花童。现在他们家的宝贝儿该上中学了吧？"母亲的话里透着温暖的母爱。

我第一次见到房兵是在1994年。当时，还在国防大学读研究生的他来我所在的《舰船知识》杂志社投稿，看上去朝气蓬勃、才华横溢。那时，我正在创办《航母发烧友》栏目，我们常常围绕航母从马尔维纳斯群岛战争（简称马岛海战）谈到海湾战争；他对武器装备在战争中的应用具有独特的见解，给我留下了深刻的印象。

不久，国防工业出版社策划出版《战争与武器系列丛书》，房兵邀请我参与该丛书的撰写工作。他负责撰写航母战例，我负责撰写航母技术。我们与国防大学袁玉春教授合作，完成了彼此的处女作——《航空母舰与战争》。该书成为20世纪末为数不多的有关航母的图书之一。如今，我们根据各自的特长——房兵擅长航母战例分析，而我擅长研究航母技术发展——出版了多部有关航母的书，并在各种场合讲述"百年航母"的故事。

2011年，为庆祝“瓦良格”号航母平台顺利改建下水，房兵出版了新书《大国航母》，北京电视台《书香北京》栏目要对他进行专访。他打来电话：“姐，你和老虎大哥（他对陈虎老师的爱称）帮个忙，各录两期。”我心里明白，他哪是要我们帮忙，他就是想在录节目谈航母时，我们仨能同在。

不等我向母亲汇报完，电视节目中，房兵正在介绍现代战争：“和平年代的军人不是为战争而生，却一定是为和平而战。”母亲的面色凝重起来：“是的，我跟你父亲过了大半个世纪，眼看着他为海军奉献了一辈子，为的不就是要有强大的海军？中国自古便有‘不战而屈人之兵’的说法，军队强大、国家强盛，老百姓的日子就好过了。”“咱汉字会说话。《左传》里讲‘武’，武器和装备就是用来防止打仗的，‘武’看起来多像‘止戈’？”作为军嫂的母亲真有水平。

“那咱中国航空母舰就是‘止戈之物’了。”我笑着依偎在母亲身边，细语解读：翻开历史，航空母舰的概念可追溯到1909年，当时法国大发明家克雷芒·阿德尔出版了《军事飞行》（*L' Aviation Militaire*）一书。在书中，他曾这样描绘未来海战：“一种载机的舰艇将必不可少。这种舰同现有的舰型完全不同，首先是甲板上没有什么障碍物，适于飞机着舰……这种舰的航速至少与巡洋舰相等，甚至还要超过巡洋舰。机库必须布置在甲板之间。两甲板之间由与机翼折叠的飞机的长宽相适应的升降机相连接……发射飞机的前端是开阔的，机场后端也是很光顺的。”这个构想在当时曾引起一阵轰动。事隔不久，美国飞行员尤金·伊利于1910年11月14日驾驶复翼式飞机从“伯明翰”号轻型巡洋舰上起飞成功，2个月后又在“宾夕法尼亚”号重巡洋舰上实现了降落。英国人也不甘落后，于1917年4月设计了“竞技神”号，成为世界上第一艘真正以航空母舰概念设计的水面舰。1922年，美国华盛顿海军裁军会议第一次将航空母舰定义为：“标准排水量在1万~2.7万吨，为装载和起降飞机专门建造的军舰。”不久，日本海军捷足先登，建成了“凤翔”号航空母舰，抢占了开发航空母舰新舰种的首席地位。1941年12月7日月7日，日本海军用6艘航空母舰组成编队偷袭了珍珠港，彻底颠覆了人们对航空母舰“侦察”功能的认识。在第二次世界大战（简称二战）期间爆发的5次大洋对战中，约有220艘航空母舰参战。

“航空母舰和咱们国家有啥联系？”母亲提出很质朴的问题。

我回答老人家：中国曾遭遇的航空母舰的经历伴随着屈辱与阵痛。1937年“七七事变”后，日本帝国主义在扩大华北战场的同时，又蓄意挑起上海“事端”，迫使南京国民政府向日本投降，以实现所谓的“速战速决”的战略目标。同年9月23日，日本纠集包括3艘航空母舰、3艘水上飞机母舰在内的海空力量，共动用147架舰载机肆虐轰炸上海，强行打开华东大门，开始了日寇在中国的侵略行径。国民党时期的陈绍宽将军曾在留学时就看到过航空母舰，多次向蒋介石提出要建造航空母舰，但其请求未被批准。

中华人民共和国成立以后，环视华夏版图，濒临浩瀚的西太平洋，有渤海、黄海、东海、南海的广大海区，海岸线长达1.8万余千米，岛屿线1.4万余千米，沿海岛屿星罗棋布，面积在500平方米以上的就有6500余座。根据《联合国海洋法公约》的规定，应归我国管辖的海域达300余万平方千米，约占我国陆上国土面积的1/3。虽然海洋蕴藏着极为丰富的能源、渔业、矿产等资源，但围绕海域划界和岛屿归属问题的矛盾却愈发尖锐，特别是我国90%的海上交通决定着我们的经济命脉。为了捍卫我国的领海主权、维护国家的海洋权益，建造中国航空母舰是几代人的梦想，是中国海军进入新时代的标志。

“那为什么没早点造航空母舰？”母亲一向果断。

被誉为“中国航空母舰之父”的原中央军委副主席刘华清曾在1980年访问美国时参观了“小鹰”号航空母舰，航空母舰的规模气势和现代作战能力给他留下了极深的印象。《刘华清回忆录》

Tips	满旗	海军常识小贴士

海军礼仪是各国海军在日常活动、庆祝节日、欢迎贵宾以及其他隆重场合施行的礼节和仪式。其中，满旗是海军舰艇昼间按规定悬挂国旗、军旗，并通过桅杆由舰艏连接到舰艉挂满通信旗的仪式，用于迎接国家元首、政府首脑、军队高级将领，庆祝重大节日、举行隆重活动等。一套信号旗有46 面，包括 26 面字母旗、10 面数字旗、4 面方向旗、3 面代旗、1 面执行旗、1 面答应旗、1 面国际答应旗。其中，数字旗为三角形旗，字母旗中有方形旗和燕尾旗，答应旗与国际答应旗为梯形旗。满旗的排列是两方一尖：方旗是指长方形旗子，尖旗是指三角形旗。燕尾旗可作方旗用，梯形旗也叫长旒旗。舰艇航行时遇雨天、大风或担负战斗值班时不挂满旗，挂代满旗；航行时悬挂桅顶旗；停泊时悬挂桅顶旗和舰艏旗。

★ ★ ★ ★ ★
★ ★ ★
★

里写道：“正是航空母舰的出现，把海战的模式从平面推向了立体，实现了真正的超视距战斗。”1982 年，刘华清同志担任海军司令员一职。当年，刘华清曾说：“如果中国不建航母，我死不瞑目。”这是我第一次跟母亲讲航母。“造航母不容易！除了国家需求和国防战略需求外，从技术角度来看，航母涉及船舶、航空、航天、兵器、电子、冶金、化工等基础产业，是综合国力的体现，是国之重器。刘华清在他的回忆录中详细地描述过中国在航空母舰发展过程中一路走来的艰辛。”

母亲紧攥着我的手说：“嗯，回头我看看《刘华清回忆录》。”

难忘 2013 年元宵节晚饭后，我与家人告别返京时，母亲送我到大门口，深情地拥抱了我，轻轻地说：“妈终于理解你这些年忙啥了。家里不用担心，抽空打打电话就行，没时间就别老往回跑，你对海军的忠就是对我们最大的孝！”

我深深地拥抱了母亲、一位忠诚的军嫂。

NO.2

故乡，梦开始的地方

关键词：
葫芦岛
航母梦

“等我长大，要为中国海军设计最好的军舰，比鱼大比鱼快。”
我仿佛看到了大海边的那个小女孩，才意识到：故乡，梦开始的地方。
我的故乡在葫芦岛，我的梦是中国航母。

小川说：

记得年少时，父亲曾带我去大海边，指着远处的军舰说：“天上的飞机比鸟快，地上的汽车比马快，但我们的军舰还跑不过大海里的一些鱼。”看着父亲的一身蓝色海军服，我心想：等我长大，要为中国海军设计最好的军舰，比鱼大比鱼快。

1982 年，我参加高考，3 个志愿都填报了“船舶工程”，最终考入了哈尔滨船舶工程学院船舶工程系，学习水面舰艇设计。新生入校时，我听老师讲：“航母是第二次世界大战后最强大的水面舰艇，但中国还没有。”后来，我在图书馆里借了一本《二战中的航母》，看到航母编队在大洋上对抗的壮烈场面，我深信：航母是最“酷”的水面舰艇！

1986 年，我大学毕业，被分配到中国船舶工业总公司某研究所，入职时人事处长说：“进咱们单位，你是国家的人，不论在哪个岗位都要好好干。”就这样，我赶上了 20 世纪 80 年代末的中国航母论证。尽管，当时我只能偶尔替专家们准备相关的会议材料，却也因此有了了解航母的机会，开始认

看不到航空母舰，我是不甘心的啊！

——中华人民共和国原国务院总理周恩来

识到中国研制航母的必要性："航母是国家综合国力的象征，也是海军能遂行海上多兵种联合作战的核心。建造航母，是国人一直关心的事。"（参见《刘华清回忆录》）

1990年初，我被调往中国船舶工业总公司某研究所的科普研究室，成为《舰船知识》杂志的一名编辑，负责《读者之声》栏目，每天都会收到大量的读者来信，有的是希望被转交给刘华清、呼吁要建造航母的血书，有的是仅仅夹着一元钱、要为中国造航母捐款……我被中国人的航母情结深深地感染和感动。1997年，在上海中国国际海事会上，我有幸采访到原中国船舶工业总公司总经理王荣生先生。话题围绕"21世纪海洋"，国际造船技术的迅猛发展，中国造船工业产能不断提升正走向国际市场，以及国人对中国研制航母的热盼等。王荣生先生得知我出生于葫芦岛，看着我许久，认真地说："葫芦娃，当年那么艰苦的条件下我们都把核潜艇造出来了，如今也能造出航母。"说完，他爽朗地笑了。

我的故乡葫芦岛，地处东经120° 38′，北纬40° 56′，因地形像“葫芦”而得名。小时候，常听老人们讲葫芦岛是风水宝地，历史上没有大的天灾人祸。上学后，老师讲明朝建立后，大力加强东北地区边防建设，宣德三年（1428年），为加强辽西防务，将宁远（现兴城）建成辽西军事重镇。近代史上有许多著名的历史事件，如塔山阻击战、张学良建港口、“重庆”号巡洋舰起义，但老师讲述最多的是“日侨大遣返”。当最后一艘遣返船离港时，李修业上船视察，他对那些不服气的日侨俘说：“回去以后，要仔细地想一想、比一比，你们是怎样对待中国人的，中国人是怎样对待你们的？希望你们以后只带友谊来，不要再带刺刀来。”

中华人民共和国成立后，国务院于1956年9月11日批准素有“辽西走廊”之称的此地为锦西县；1989年6月12日，国务院批准此地升为地级市；1994年9月20日更名为葫芦岛市。1958年6月1日，父亲作为中国人民解放军海军第一批陪同苏联专家的翻译来到锦西县郊区，开始了海军某试验基地的建设任务。我在部队家属“五号院”的门诊部出生，童年的记忆充满阳光：

我（母亲抱着的婴儿）一出生就带了“军龄”，流淌着军人的血，对军人本能地很亲。

住在封闭的部队大院里，没有楼房没有车，很多空地很多树，四周固定的围墙、流动的卫兵和穿着一样的“解放军叔叔”；房子是公家的，随时可搬；家具是发的，坏了有管理处的负责修；门不上锁，孩子们分帮结伙吃“百家饭”；白天小朋友打了架，晚上回家再挨大人揍；孩子们经常转学换城市，习惯了跟着大人“走四方”。

小时候，只知道父亲在院子里备受尊重；长大后，才知道父亲是最早参加基地建设任务的。当年很少见到父亲，他和邻居家的叔叔们一样，每周一起早坐班车去上班，周六才能回家。我喜欢在院子大门口等着班车回来。日子久了，站岗的解放军叔叔会笑着说：“你又来接爸爸了？”

2020 年初，新型冠状病毒肺炎（简称新冠肺炎）疫情期间和我 89 岁的父亲聊起了这事儿，他笑着说：“那时，你没少喊错爸爸。”

我也笑：“谁让你们都穿着一样的军装！”

于是，我们又说起高考接到录取通知书那天，印象最深的是父亲的同事们前来祝贺，有位林叔叔高兴地说：“咱闺女不学造船就亏了！”想来，在这些“海军老爸”的心里，我生来姓“军”，本该学造军舰。

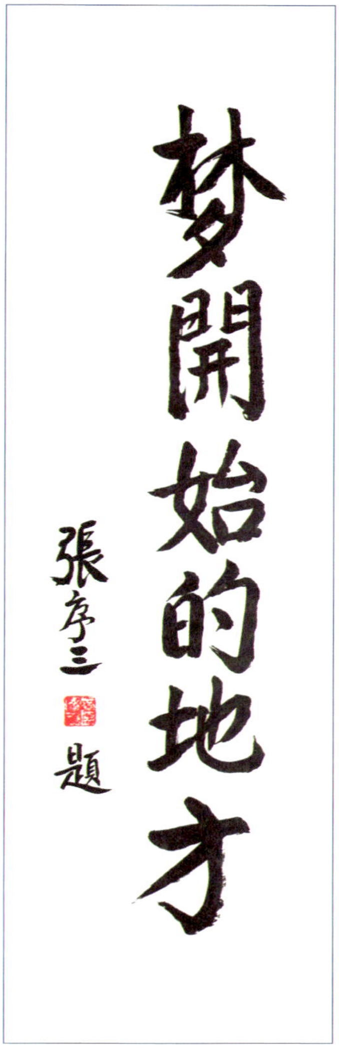

《梦开始的地方》题词

人们常说：世上没有偶然，一切都是最好的安排。我从 1982 年在大学图书馆里看到第二次世界大战中的航母图册，到 1986 年上班时第一次见到“基辅”号航母图纸，再到 1989 年第一次走进前辈们讨论航母的会议室……直到 2019 年山东舰入列，30 多年，走近世界航母与走进中国航母似乎顺理成章。

前不久，我闲来收拾书房，找到大学时期的笔记本，无意间看到当年翻译的几段话竟是关于美国海军“尼米兹”号航母的新闻。1991 年 1 月 17 日，海湾战争爆发，美国航母舰载机轰炸伊拉克，父亲第一次提醒我对航母要特别关注，并明确表示中国早晚会有航母，这是海军发展壮大的必经之路。

1996 年，我有幸参加中国首届国际航空航天展览会，向父亲请教关注点，他以人民海军多是传承苏制装备为依据，建议我锁定来自俄罗斯的苏－27，可以多报道这个与航母有关的舰载机。于是，有了我的一线采访处女作《壮士凌云不是梦——记苏 -35 总设计师和苏-27 试飞员》。文章发表后荣获了“强我国防·爱我中华”全国国防科普征文一等奖，我在人民大会堂受到时任国家军委副主席迟浩田上将的接见。随着时间的推移，当编辑、当记者的科普工作似乎离设计军舰的理想越来越远，“要为中国海军造最好的军舰”似乎只能是一个梦想。于是，我接受了现实，在工作中继续“纸上谈兵”的梦，在梦里锁定航母是中国最好的军舰。

1998 年，一次偶然的机会，我有幸登上了来自俄罗斯的“明斯克”号航母，并参加了深圳“明思克航母世界”主题公园的改造工程。其间，听说我有写俄罗斯航母的冲动，想让更多的中国人了

辽宁舰入列后，在原海军副司令张序三将军家中兴奋地谈起中国航母圆梦，将军为我写下了：“大海的女儿”。

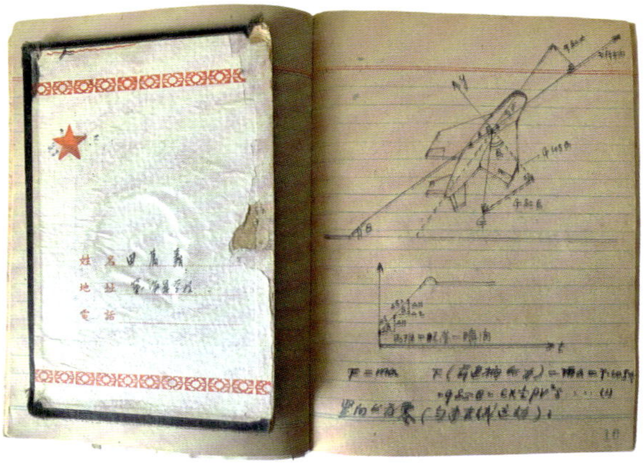

2009 年 11 月，我应邀去中国人民解放军海军航空大学（当年叫“海军飞行学院”）为刚组建的航母部队相关人员讲课前，父亲把他珍藏的笔记本送给我，语重心长地说：“航母人既要懂船，又要懂飞机，交叉学习很重要。”

解不为人知的苏联航母，父亲不仅没有泼冷水，反而帮助我查资料、翻原文。2000 年，我再次参加了天津“基辅”号航母的改造工程。这一次，我专程请父亲上舰，给改造航母工程的人员做指导，同时也是第一次听到父亲讲述对人民海军水面舰艇发展的见解：新中国初，“四大金刚”是人民海军最好的舰艇，令蒋介石反攻大陆心有余悸；后来中华第一舰“哈尔滨”号和“青岛”号作为自主研制的导弹驱逐舰奠定了人民海军成长的基石；而引进现代级后自主研制的隐身设计驱逐舰则是未来舰艇编队的基础保障。

“未来舰艇编队？”我疑问。

“中国早晚要有航母编队。”父亲站在“基辅”号上肯定地说。

2019年8月，为庆祝中华人民共和国成立70周年，我再次回到了阔别10年的故乡，向家乡父老汇报了航母梦。望着不远处建造出中国第一艘核潜艇的船厂和父亲亲历创建的海军某试验基地，我讲述了隐姓埋名 30 年的核潜艇总设计师黄旭华院士和默默无闻一辈子的父亲对我这个“葫芦娃”的影响，他们在这片土地上奉献着青春和热血，他们代表着千千万万为中华人民共和国发展努力奋斗、负重前行的军工人，一代又一代不负韶华守护着岁月静好。

核潜艇总师黄旭华院士

2019 年 5 月，在黄旭华院士的办公室，黄院士为年轻人郑重写下：“科学救国”！

摄影 黄秀梅

20 世纪 50 年代，中国人刚刚从战火纷飞的硝烟中站起来，深谙中国历史的毛泽东主席坚信“落后就要挨打”，振臂挥手说出：“核潜艇，一万年也要搞出来。”就这样，年仅 32 岁的黄旭华被组织安排从事核潜艇的设计。从那天起，他把对父母的孝敬化作对祖国的忠诚，消失在家人的视线中长达30年。当时，世界上最先进的核动力潜艇艇型是能与大海融为一体的“水滴型”，美国曾经为此谨慎地走了“三步”才成功。年轻的总师黄旭华认为，既然已有成功案例，我国研制工作应该三步并作一步走。为了确定艇型，黄总师带领大家通过大量的计算和反复论证，仅用3个月的时间就提出了5个方案，其中2个为水滴型；紧接着黄总师率大家一头扎进了刚刚建成的上海交通大学深水试验室，在取得了数万个数据后，毅然决定：中国核动力潜艇为“水滴型”。确定了艇型，仅仅只是万里长征迈出了第一步。核潜艇技术复杂，配套系统和设备成千上万，如何精确求得艇的排水量和设备的重量，确保重心稳定和艇的稳性呢？黄总师要求所有上艇设备都要过秤，大小设备件件如此，“斤斤计较”才使得艇在下水后的试潜、定重测试值和设计值完全吻合！1970年12月26日，我国第一艘核潜艇下水，成为继美国、苏联、英国、法国之后，世界上第五个拥有核动力潜艇的国家。身为总设计师的黄旭华难掩内心的欣喜，从来流血流汗不流泪的他，一任幸福的泪水长流！2019年5月26日，在武汉某研究所423办公室里，面对93岁的黄旭华院士，我问起是什么力量让他做到了无私奉献，我们又可以传承到什么，这位世界上首位亲自参与核潜艇极限深潜试验的总设计师和善地看着我，说道：“只要祖国需要，血可以一次流光，也可以一滴一滴

2019年8月

我向家乡父老汇报追寻30年的航母梦。

图片来源：葫芦岛市龙岗区文化和旅游局

Tips	海军旗	海军常识小贴士

海军旗是集聚和联合海军官兵的一种标志，是军舰的战旗，是海军军人的荣誉、勇敢和光荣的象征。通常一个国家的海军旗和军旗在颜色、形状和标志等方面不同；有些国家以国旗或军旗作为自己的海军旗。舰艇停泊时，海军旗通常悬挂在舰艉旗杆上，每天早晨 8 时升旗，日落降旗；航行时，海军旗昼夜悬挂在后桅斜桁上。如果军舰在日落后至次日 8 时前出海，则在起锚（离水鼓、离码头）后升起海军旗；如果在此期间返航，则在抛锚（系水鼓、靠码头）后降下海军旗。

地流淌。”这让我想起王荣生先生说“葫芦娃，当年那么艰苦的条件下我们都把核潜艇造出来了，如今也能造出航母”时的神态。正是前辈们的坚定信念与埋头苦干成为我传承军工精神、努力前行的硬核能量。

故乡，梦开始的地方，有个小女孩立志：“等我长大，要为中国海军设计最好的军舰，比鱼大比鱼快。”

站在“龙港讲坛”上，浓浓的乡情让我深深感恩这片临海的土地。想到这里曾经历用舰船进行的“日侨大遣返”，当年李修业那句：“希望你们以后只带友谊来，不要再带刺刀来。”这不正是天下百姓的心声吗？同时，也让我想起 1973 年，周恩来总理在会见外宾时感慨地说道：“我搞了一辈子军事、政治，至今没有看到中国的航空母舰。看不到航空母舰，我是不甘心的啊！”正是那时，父亲在故乡的大海边为我埋下了立志的种子：“等我长大，要为中国海军设计最好的军舰，比鱼大比鱼快。”

我仿佛看到了大海边的那个小女孩，看到了她从故乡开始的航母梦……

NO.3

“发烧友”的“航母梦”

在中国航母梦里，不仅深藏着海洋意识的觉醒，更有海洋和平的大国担当。
霍玲将军疼爱又风趣地说：“小川写航母，写成了名副其实的‘发烧友’。”

关键词：

中国人的航母情结
“航母发烧友”

小川说：

2019 年 4 月 23 日，中国人民解放军海军成立 70 周年纪念日，我参加了光明网在青岛海军博物馆的现场直播和在人民海军“四大金刚”首舰“鞍山”号驱逐舰上的采访任务，回顾了人民海军自建军以来所经历的从无到有、从小到大、从弱到强、从黄水到蓝水到走向深蓝的艰难历程；经历了 1200 余次战斗，通过了血与火的考验，现已发展成为拥有潜艇部队、水面舰艇部队、海军航空兵部队、海军陆战队和岸防部队五大兵种，从沿江到沿海，走向大洋。采访结束后，制片主任金赫和我站在挂满旗的“鞍山”号（舷号 101）甲板上，望着眼前被雨后的金色晚霞拥抱着的海上利剑：中国第一代自主研制的导弹驱逐舰“济南”号，中国第一代自主研制、参加过 1988 年“3·14 海战”的对空导弹护卫舰“鹰潭”号，中国第一代自主研制的核潜艇……感慨人民海军 70 年筚路蓝缕，国之重器犁开万顷碧波的背后，渗透着几代中国舰船人只争朝夕、攻坚克难、协同创新的奋斗，凝聚着海军官兵手持重剑忠守祖国万里海天的热血与雄心。

中国经历了百年的航母梦，没有航母，我们在大洋上就没有制空权。中国航母，大国重器，深蓝止戈。

——中国科学院院士杨槱

XIAOCHUAN SHUO

离我们不远处，中国第一艘航母“辽宁”号正在参加海上阅兵活动。回想2011年8月10日，由“瓦良格”号改建的中国第一艘航母平台下水，我接受了《法制日报》(2020年8月更名为《法治日报》)记者的采访，在谈及中国人的航母情结时，我坦言：“这么多年，中国人内心渴望海军强大，航母似乎成为一种图腾，被赋予了海上强国梦‘止戈’的力量；在中国航母梦里，不仅深藏着海洋意识的觉醒，更有海洋和平的大国担当。”我就这样被写进了一篇《42度航母发烧友》的报道中，只是相对于文中介绍的第一代中国航母人于瀛先生等前辈来说，我只能算是“烧”到37℃。

2019年4月23日

接受为庆祝人民海军成立70周年的光明网特别采访后，我与制片主任金赫站在挂满旗帜的“鞍山”号驱逐舰甲板上，为参加海上阅兵的中国航母辽宁舰加油。

摄影　毕孝斌

中国自秦汉以来就与外国通航，建立了著名的海上丝绸之路；600 多年前，郑和下西洋的远洋航海壮举让世人震惊。中国古代造船技术的六大发明，“壁、橹、轮、舵、针、铳”，涵盖了舟船的船体结构、推进动力、操纵系统、导航设备、舰载热兵器等多方面智慧，形成了古代造船、航海、水战体系中关键性的领先技术，并在舟船科技发展中建立了完整的系统工程概念。

现代舰船中航母是最复杂的系统工程，不仅涵盖了船体结构、推进动力、操纵系统、导航设备、舰载武器等，还涉及航空、航天、舰船、兵器、电子，甚至核工业与冶金、化工等基础产业。航母作为大国重器，在当今生活中，无论是从政治、军事、经济、技术的角度还是从文化的角度来看，都是国家战略层面无法忽视的问题。我们无法统一每个人心中对航母的认知与印象，但无法避免航母是个热门话题。

1991 年 1 月 17 日凌晨，以美国为首的多国部队对伊拉克发起了代号为“沙漠风暴”的空袭行动，海湾战争正式爆发。参加这场战争的美国海军各类舰艇达 80 多艘，仅航母就有 6 艘，分别是“中途岛”号、“肯尼迪”号、“萨拉托加”号、“突击者”号、“美国”号和“罗斯福”号。其中，1 月 14 日由东地中海通过苏伊士运河驶入红海的“罗斯福”号是当时世界上排水量最大的战舰，也是美国海军最新服役、技术最先进的核动力航母。也就是从那时起，我收到越来越多的呼唤中国建造航母的读者来信。于是，我向时任《舰船知识》杂志主编的王义山先生申请，开办了《航母发烧友》栏目；同时，联系当时颇受读者喜爱的《北京青年报》，联合开办《航母俱乐部》专栏，为航母爱好者提供一个可以畅所欲言的平台。这一刊一报的航母“论坛”吸引了众多军迷：一边是《航母发烧友》为航母加油，一边是《航母俱乐部》为航母“泼冷水”，形成了早期独特的航母文化。

1994 年，我收到一封沈阳市某小学三年级的学生来信，题目叫《我的航母梦》。9 岁的施睿暹在信中这样写道：“我很想将它（他用橡皮泥制作的‘成功’号航母模型）装扮得华丽而漂亮，无奈制作时我不能完全实现我的想象。但相信再过10年、20年，当我长成一名刚毅的小伙子时，我将有机会登上我们中国人自己的航母，我将用科学与智慧实现我儿时的梦想。”这封信在杂志上刊登后，施睿暹在父母的陪同下，专程来到了杂志社，他的母亲告诉我，自从文章刊登后，她的孩子似乎一夜长大，写作业不再需要大人提醒，还让他们买了电脑，说要多学科学文化知识，成为研究中国航母的有用人才。

不久后，北京玉渊潭中学初中三年级刘飞扬同学的来信打动了我：“航母，这个响亮的名字是当代海军力量的象征。经过大半个世纪的发展，航母已成为攻防一体化的强大武器。今天在亚洲，印度人为自己拥有航母而骄傲，泰国人的航母梦想也成为现实，而作为亚洲第一大国的中国，却一直没有令人自豪的‘海上支柱’。100年前的甲午海战，中国人因失去海权而遭受耻辱；100年后的南沙，中国人因没有航母而受到威胁。我多想大声呼唤：航母，早日为中国争光！面对改革发展的中国，我们应该自信有能力建造自己的航母……多么盼望早一天见到悬挂着五星红旗的航母，驰骋在祖国300多万平方千米的海洋国土上；涂有‘八一’军徽的舰载机自由翱翔在万里蓝天中……”

武汉冶金管理干部学院艺术中专班的王胜同学寄来他的美术作品——《中国航母》。这幅画稿还附有一封解读信，信中的内容代表了中国老百姓的心声：“随着社会文明的进步与科学技术的发展，人类更加向往和平。但是，局部战争的不断爆发，使我们不能坐视无睹。在我的心中，渴望着祖国早一天拥有属于自己的航母。”……我读着这些来信，深深地感受到在中国人的航母梦中深藏着的爱祖国、爱科学、爱海洋和爱和平的情怀！印象很深的还有来自哈尔滨工程大学大一学生赵辉寄来的他的设计——《航母的曲弧跃飞》，在信中他大胆地提出：“利用重力势能转化为动能的原理，可以使重型战机滑跃起飞，就算在不搭载重型战机的轻型航母上也可起到缩短起飞甲板的作用。”那一时期，与读者的书信往来成为我的“航母梦境”，也因此形成了书香少年中国“航母梦　海洋梦”的特色交流方式。

后来，赵辉专程来到北京找我，认真谈了对航母设计的想法，我鼓励他在专业的基础上多角度、更深入地思考航母发展。不久，他写了一篇题为《中国人的航母情结》的文章：“航母其实并不神秘，中国人对航母的关注可以说是中国人‘海权意识’的高涨，其根本还是反映了中国人对海洋利益的渴望和中华民族力图强大的愿望。中国需要全民具备‘海洋意识’，希望所有中国人在回答‘中国有多大？’这个问题时，都能自豪地说 ‘1260万平方千米’，因为除了960万平方千米的陆地国土外，我们还有300万平方千米的海洋国土！”2018年暑假，已成为“忘年交”的赵辉把我请到上海，在黄浦江的游轮上为百姓讲了一堂“书香少年中国——航母梦 海洋梦 中国梦”的主题公开课。

1996年，在主持《航母发烧友》栏目的基础上，我又创办了《专家谈航母》栏目，邀请参加中国航母论证的前辈们探讨航母发展的相关问题，与广大读者一起做着中国人的“航母梦”。其中，与张日明先生一起首次决定把“航空母舰”简称为“航母”的于瀛先生在谈及“海军为什么要拥有航母”时曾这样阐述了航母的世纪观：航母是海军装备体系优化中不可替代的舰种，航母战斗群是西方大国外交政策的基石，航母战斗群是维护海上交通运输线畅通的一支可靠的力量，航母的机动灵活和任务的广泛性与可靠性是存在的基础，陆上基地代替不了航母等。而关于航母是“浮动靶子”，于老师则坦言：“此观点的鼻祖是赫鲁晓夫，他认为大型舰艇在导弹武器面前不过是‘浮动靶子’。但是苏联在海军建设问题上绕了一个大弯后，又回到发展航母的轨道上来了。这是为什么呢？最主要的原因是事态发展证明，没有航母的海军没有远洋战斗力，还有一个原因就是航母战斗群具有迄今为止海军最强的攻防能力和生命力。以美国‘尼米兹’级航母为例，它不但具有远、中、近、高、中、低等多层次、全方位、多手段攻防作战能力，它自身还有2000多个水密隔舱，甲板和舰体的强度极高，高弹性钢可以抵御半穿甲弹的打击；除若干道纵向隔壁外，还有23道水密横隔壁和10道防火隔壁，消防系统功能强大；泵设备很好，20分钟内能调整15°的横倾；随时有30个损管队供调用等，其生命力是所有舰船中最强的，因此易损性相对也是最低的。”

2000 年，我跟随于瀛老师等航母专家一起完成了深圳“明斯克”号航母的改造工程，并撰写出版了《“明斯克”号航母世界》。在前言中我写道：“回想第一次参加航母论证会已是十几年前的事了，当时我作为一名刚刚毕业的造船系学生，听到许多前辈与专家站在国防战略高度讨论‘航母’的话题，多少有些像听天书。然而，正是在专家们各抒己见的争议中，我对航母产生了好奇心，甚至产生了疑惑：为什么要发展航母……中国能否建造航母？随着时间的推移，特别是我作为《舰船知识》杂志负责《水面舰艇》专栏的编辑，谈论航母已成为工作中的一部分，对于‘航母问题’也从最初的跟踪、审视、了解与现实分析，到增添了几分感情色彩。在我心中，航母虽非完美，但作为水面舰艇家族的一员，集舰艇和飞机的特长于一身，不但能有效地执行海战、空战、反潜战、对陆攻击战等任务，更反映了 20 世纪工业技术和军事战略的革命，它如同深邃莫测的海洋，吸引着我，令我向往、令我心跳。”同年，给班里的同学讲航母的儿子，因荣获北京市海淀区船模比赛一等奖，接受了《北京青年报》新世纪“六一”专版的采访，年仅 7 岁的他童言无忌：“长大后我要当中国航母舰长！”

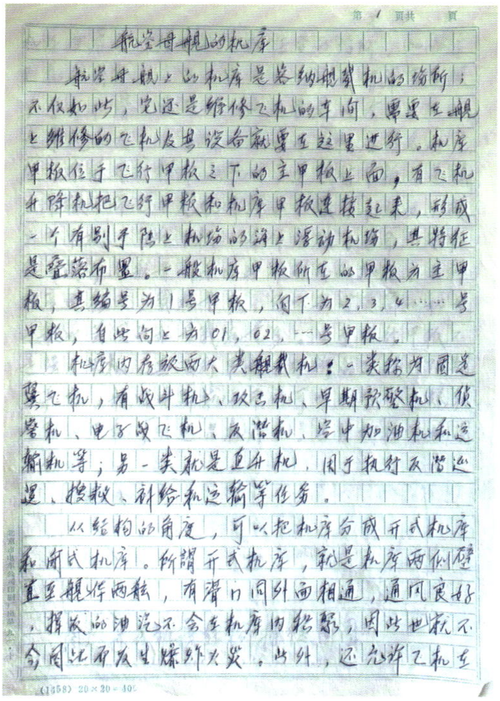
第 1 页共 页

航空母舰的机库

航空母舰上的机库是容纳舰载机的场所；不仅如此，它还是维修飞机的车间，需要在舰上维修的飞机及其设备就要在这里进行。机库甲板位于飞行甲板之下的主甲板上面，有飞机升降机把飞行甲板和机库甲板连接起来，形成一个有别于陆上机场的海上浮动机场，其特征是叠落布置。一般机库甲板所在的甲板为主甲板，其编号为 1 号甲板，向下为 2，3，4……号甲板，自此向上为 01，02，……号甲板。

机库内存放两大类舰载机：一类称为固定翼飞机，有战斗机、攻击机、早期预警机、侦察机、电子战飞机、反潜机、空中加油机和运输机等；另一类就是直升机，用于执行反潜巡逻、搜救、补给和运输等任务。

从结构的角度，可以把机库分成开式机库和闭式机库。所谓开式机库，就是机库两侧壁直至舰体两舷，有滑门同外面相通，通风良好，挥发的油汽不会在机库内积聚，因此也就不会因此而发生爆炸火灾。此外，还允许飞机在

(1458) 20×20=400

参加过中国航母第一次论证工作的于瀛先生的诸多此类手稿，成为我研学航母技术的启蒙教材，我称他为“大师父”。

2001 年 6 月，我在奥斯陆参加挪威国际海事展期间，偶遇了英国现役无敌级航母“卓越”号，在舰上 5 小时的参观经历，特别是与其舰长及官兵人性化的交流，让我看到了航母作为国家重器不仅是战争工具还是外交力量，所谓“不战而屈人之兵”，一定要有强国的威慑之器，要强国没有强军是一纸空谈，而在全球化时代的强军，没有航母则是纸上谈兵。回想起来，正是那段日子，让我从文化的角度去审视航母，欣喜地发现较其他大型水面战斗舰艇，航母自身并无强大的攻击力和防御能力，它的使命只是为灵活善战的舰载机提供强有力的海上作战平台，这一颇具“母性”的特征使它成为“利万物而不争”的“图腾”。如果把这种航母文化用于现实生活以及企业管理或传媒等方面，

也都值得深入研究。若借用清华大学新闻传播学院李光曦教授“新闻是一个找故事的过程”的观点，航母则有太多的故事可以成为新闻关注的焦点。

2002 年 6 月

我第一次登上“瓦良格”号航母，和同行的康郦约定：“这辈子干出一艘中国航母。”

摄影 张力

2002 年 6 月 25 日，我第一次登上了“瓦良格”号航母。当站在锈迹斑斑的飞行甲板上时，我想起了“为中国海军设计最好的军舰”，和同行的康郦约定：“这辈子干出一艘中国航母。”

这一次，我全力以赴编撰了《世界现役航空母舰》，同时与航母专家于瀛先生、海军专家李杰老师一起在央视七套《专家在线》栏目讲航母，希望能为中国航母人起到哪怕一点点的参考作用。

2006 年 6 月

我与航母专家于瀛先生、海军专家李杰老师在央视七套（原为央视少儿·军事·农业频道）讲航母。

摄影 李亚光

Tips	海上阅兵	海军常识小贴士

海上阅兵是在海上对海军舰艇进行检阅的仪式，通常在国家重大节日、隆重庆祝日以及大规模军事演习结束后举行。海上阅兵分为阅兵式和分列式，阅兵式是阅兵者乘检阅舰从受阅舰艇前通过进行检阅；分列式是受阅舰艇依次从阅兵舰前通过，接受阅兵舰检阅。两种仪式中，受阅舰艇舰员均应分区列队，即舰员在舰上列队的形式，根据需要可以在两舷分区列队，也可以在一舷分区列队。

新书一出版，我因体力透支发着高烧满嘴是疱，在郑和下西洋研究会年会上给原海军副司令张序三中将、原海军装备技术部部长郑明少将、海军某试验基地原总工程师霍玲少将等送新书时，霍玲将军疼爱又风趣地说："小川写航母，写成了名副其实的'发烧友'。"

2007 年

郑和下西洋研究会年会上给原海军副司令张序三中将（左二）、原海军装备技术部部长郑明少将（中）、海军某试验基地原总工程师霍玲少将（右一）等送新书《世界现役航空母舰》。

摄影 陈振杰

NO.4

从“日耳曼城”到“西提斯湾”

如果不是零距离接触过“日耳曼城”号两栖舰，我很难去探讨与“西提斯湾”轻型航母有亲缘关系的两栖攻击舰……

关键词：

两栖攻击舰　战争是残酷的

小川说：

从丝绸之路上的胡椒种子到大航海时代的冒险指南，从工业革命时期的蒸汽机到更快更强的汽车、轮船、飞机、火箭……人类探索的足迹就这样一步一步地从陆地延伸到海洋、空中，然后不断挣脱地球的束缚，向更高、更远、更广的疆域挺进。而舰船作为流动的国土，在和平时期是友好交流的使者，在战争时期就会瞬间变脸成为杀人不眨眼的利器。

1997 年 9 月 11 日清晨，一轮红日慷慨地将朝霞挥洒在青岛碧绿的海面。迎接美国海军舰艇编队的“哈尔滨”号导弹驱逐舰和“铜陵”号导弹护卫舰身披节日的彩装，傲然停泊在军港码头，精干帅气的礼兵和军乐团整齐地排列在岸上。9 时许，当身穿橘红色的接缆水兵有序地等待在各

近百年的战争，无数同盟和约，若干王朝更迭，都没能改变战争发动者的衷缘，强取豪夺，分赃计量，战争仍然是满足物欲最便捷、最有效的手段和方式。

——姜国宁少将

XIAOCHUAN SHUO

系缆桩旁后，舰艏明显可见“42”字样的“日耳曼城”号两栖船坞登陆舰缓缓地驶进与“哈尔滨”号和“铜陵”号停泊的相对应的码头。跟随其后的是，代表美国海军 20 世纪 90 年代造舰水平的阿利·伯克级第 6 艘“约翰·麦凯恩”号导弹驱逐舰。第一次参观美国海军太平洋舰队来访舰艇，零距离接触来自驻扎在日本冲绳美国海军基地的第 31 远征队陆战队，亲历满载排水量 17 000 吨、与轻型航母有着“血亲”关系的“日耳曼城”号两栖舰，我不仅对大型水面舰艇有了更直观的认识，也第一次对战争有了更理性的认知。

1997 年

在“日耳曼城”号两栖舰上第一次戴美军头盔穿防弹背心的我（中），感受到战争是残酷的。

摄影 查春明

1997年9月11日，在青岛某海军码头，我第一次登上了高大、挺阔的美国海军两栖舰“日耳曼城”号。当我脚踏在长130余米、宽15米的木质车辆甲板上，眼望着头顶上9米高的空间时，最初并没有在舰上的感觉，倒像走进了长安街的地下通道。即使舰上播放着有关“日耳曼城”号运载海军陆战队参加“眼镜蛇”作战演习时的宣传片，也给人感觉像在看好莱坞电影一样，只有视觉冲击。

美舰上被我称为“向导”的舰员指着宣传片中一架形如火车厢厢体、带有前后两个旋翼的飞机，介绍道：“这是经过现代化改装的CH-46E型运输直升机，我们称其为‘海上骑士’，标准座舱为两名驾驶员、一名机上乘员，可载25人。座舱共有8排座位，右侧每排双座，左侧为单座，最后一排有4个座位，中间是过道；舱内有行李架和一个置于机身下部的可装680千克货物的行李舱；后跳板在地面或空间都可用动力操纵，装载超长货物时，可将后跳板拆掉或完全打开……”随着他的介绍，我还看到舰后平坦的直升机甲板上准备起飞的CH-53“超种马”舰载多用途直升机，越来越感受到紧张的气氛。还没等我反应过来，电视画面上又开始了全舰的“三防”（防核、防化、防生物）设施及基本训练的介绍。向导特别认真地说：“我们每个舰员都必须掌握这种技能，稍不留意是会丧命的。”

没有切身经历我很难感同身受。环顾四周仔细一看，坞舱里井然有序地排列着AAV7A1两栖装甲突击车、“手臂”伸得很长的特种工程车以及围裙尚未充气的气垫登陆舰艇（LCAC）……我告诉向导，走进这里如同步入一座“军火商城”。他诡秘地伸了伸舌头，并用浓重的口音说：“海湾战争时，就是这座‘日耳曼城’在‘沙漠盾牌’和‘沙漠风暴’两次作战中起了重要作用，为了参战，整整9个月它都停留在波斯湾，处于备战状态。空战开始前，它还在阿拉伯联合酋长国参加了登陆进攻模拟训练，由于战绩突出，这艘1986年服役、隶属太平洋舰队的‘日耳曼城’号得到了海军部队嘉奖和西南亚服役勋章。”

“你参加了海湾战争吗？”我见他如数家珍，好像身临其境一样，便问道。

“没有。否则，也许见不到你了。”他笑着说，这是美国人的幽默！

说话间，我们来到了停放气垫登陆舰艇（LCAC）的地方。如果不仔细看，很容易忽视这3艘排放在两边的每艘造价1700万美元（当年汇率）、全重排水量达170吨、能载1辆主战坦克或60~75吨货物及24名士兵的LCAC。尽管气垫艇长26.8米、宽14.3米，但其最具特点的围裙没有充气，所以看上去体积小了很多。向导颇为自豪地说：“美国海军陆战队从20世纪90年代才开始批量装备LCAC，‘日耳曼城’号是最早装备的两栖舰之一。1992年，‘日耳曼城’号在阿拉斯加参加北极行动，成功地使用LCAC进行了登陆；1993年又在白令海北冰洋区域进行了气垫艇极地测试，得到了海军部队嘉奖。”

“如此说来，这种气垫艇在全世界80%的海岸登陆是没问题的喽？”我记得有资料这样介绍过。

“那还是要看具体情况。不过，气垫艇的适航性确实好，气象条件和海岸条件对它的影响不大。”站在气垫艇旁的一位军士插了话，他曾参加过向导刚刚所说的两次行动。

向导指着军士胸前所佩戴的胸章说：“这个红色的（胸章）代表他参加过海湾战争。”

我走上前，仔细看着军士佩戴的颜色、花纹各异的胸章。每种胸章都有着不同的意义，有“全球战略行动”“维和行动”“海湾战争”……最后，他的手指停在一个绿色胸章上，说道：“这是一次‘死里逃生’所得，我从舰上掉进了大海，当时是冬天。”说完，他不好意思地大笑起来。

我没找到笑点，心想：这都是拿命换来的。“军人的天职是服从命令，为战争牺牲。”我想起了母亲说过的话。

走出船舱，第一次看到摆放在直升机甲板上用于展示的陆战装备，我被轻武器的小巧与特种装备的怪异所吸引。绕过战斗侦查橡皮艇和“蛙人”所穿的水下装备，我来到一辆挂着一串“巨型子弹”的 LAV25 型轮式装甲输送车前。车上的士兵全副武装，在阳光和海风的沐浴下显得分外威武。

“嗨，我是杰克，上来试试。”一声热情的邀请从身后传来。我回头一看，站在相邻战车上的混血儿正在跟我打招呼。迟疑片刻后，我决定体验一下。于是，我被杰克和他的同伴拉上了战车。说实话，未经过训练的我，若没有他俩的帮助，登上战车真有点费劲。

杰克让我换上他的头盔和防弹背心，我这才发现自己的长发极大地影响了穿戴速度。终于，我全副武装，引来甲板上两国官兵们一阵喝彩。但我知道，这威风的背后并不轻松。内藏通信天线的头盔紧紧地箍着我，重重的防弹背心时刻提醒着我：战争是残酷的。

“战争让女人走开！”我想起了这句老话。

“杰克，你不恐惧吗？”我好奇地问道。

“习惯了，能轮到我们参战的机会毕竟是少数，况且我从小就喜欢当英雄。”他直言直语。

“当兵几年了？”我猜他一定年纪不大。

“4 年。我不爱读书，17 岁那年父母同意我参军（按美国法律这个年龄入伍须经父母同意），到现在已经是老兵了。”他看上去远比 20 岁成熟。

“那你还准备继续干吗？”我钻进座舱，边环视边问。

“当然。干到能拿养老金，再找份别的工作。”他很淡定，边说边把我拽上来，让我试试他的通话机，还有宽大的防护眼镜（平时卡在头盔上）。他告诉我：“在战场上，这两样很重要，一个能与部队保持联络，另一个能使你在硝烟弥漫的焰火中快速发现目标。”我能感受到他的专业，是职业老兵。

到了告别“日耳曼城”号的时间。我走下舷梯，回头看到洒满阳光的军港，到处可见中、美水兵在友好交流，我脑子里像过电影一样闪着海湾战争时美国海军航母与两栖编队浩浩荡荡驶入波斯湾的画面，想起托尔斯泰的名著《战争与和平》；想到战争从未让女人走开，战场上不是她们的父亲，就是她们的丈夫、儿子！没有战争是女人最大的安全感，不是吗？

陪同“铜陵”号的柏耀平舰长（右一）与陆衔和政委（左二）参观美国海军“日耳曼城”两栖舰后合影留念。

摄影 查春明

21 世纪海上安全形势日益复杂，传统海上威胁势头不减，海洋权益的争夺越发激烈，海上反恐、禁毒、维和、救援等任务繁重，大型两栖舰能装载直升机、登陆艇、装甲车以及海军陆战队队员，具备强大的投送能力，且相对航母来说又没有那么强的进攻性，是海军实施“由海向陆”作战的理想平台。但是，它与航母到底有什么区别呢？

带着疑问与思考，我查阅了有关资料，发现第二次世界大战后的航母，特别是经历了局部战争考验的美国海军航母，已不再划分为攻击型航母、护航航母和直升机母舰，而是越来越向搭载固定翼飞机的大型多用途化航母发展。其中，直升机母舰是指以舰载直升机为主要武器，实施反潜作战或输送登陆兵垂直登陆的航母，按使命任务分为反潜直升机母舰和直升机运输舰，曾受到许多国家的海军青睐。如意大利 1969 年建造的“维内托”号直升机母舰、法国“圣女贞德”号直升机母舰、苏联“莫斯科”号直升机母舰等。直升机母舰与轻型航母的界线越来越模糊。满载排水量 10 000~30 000 吨级的现代轻型航母，可载约 20 架垂直 / 短距起降战斗机、反潜直升机等，主要用于执行海上编队反潜、护航，以及运送登陆兵登陆等。如英国无敌级（现役“卓越”号已改装成直升机母舰）曾是典型的轻型航母，其满载排水量 20 600 吨，航速 28 节(1节=1.852千米/时)，续航力 7000 海里（1海里=1.852千米）；可携载 9 架“海鹞”垂直 / 短距起降战斗机、9 架“海王”反潜直升机和 3 架预警直升机。意大利海军建造的“加里波第”号轻型航母满载排水量 10100 吨，航速 30 节，续航力 7000 海里；可携带 16 架“鹞”-II 型垂直 / 短距起降战斗机或 16 架“海王”反潜直升机；主要用于在地中海执行巡逻警戒、扼守和保卫直布罗陀海峡通道，执行编队防空、反潜、反舰和支援登陆、抗登陆作战等。泰国海军从西班牙购置的“差克里・纳吕贝特”号轻型航母满载排水量11 400 吨，航速 26 节，续航力 10 000 海里；可携带 12 架垂直 / 短距起降战斗机、14 架“海王”中型多用途直升机；主要用于在近海执行巡逻警戒和空中支援等作战任务。

与轻型航母或直升机母舰最相似的两栖攻击舰，又称直升机登陆运输舰，用于搭载直升机、输送登陆兵及其武器装备、实施垂直登陆的作战舰艇，具有登陆作战的突然性、快速性、机动性等作战优势。第一艘两栖攻击舰是由美国海军在第二次世界大战时建造的卡萨布兰卡级“西提斯湾”号轻型护航航母改装成的直升机航母舰，再次服役后被重新命名为直升机两栖攻击舰，其区别主要体现在搭载直升机后为海军和海军陆战队提供灵活的垂直突击能力，而首批专门为直升机作战设计的美国海军硫磺岛级两栖攻击舰在舰型上更近似于直通甲板的轻型航母。因此，以“西提斯湾”号舰为母型设计建造的塔拉瓦级、黄蜂级两栖攻击舰等与直升机航母、轻型航母是“近亲”，它们之间有许多共同的特点，只是美国海军两栖攻击舰更加注重垂直登陆突击能力，所搭载的舰载机与武器更偏重于此。

如果不是零距离接触过“日耳曼城”号两栖舰，我很难去探讨与“西提斯湾”号轻型航母有亲缘关系的两栖攻击舰，也不会深入研究直升机母舰、轻型航母与大型两栖舰之间的区别，更不会仔细分析大型两栖舰的发展趋势，也就不会知道它正趋于向大型化、多用途化、形成搭载“非固定翼飞机”的“准航母”化发展。

总之，在经历参观美国海军两栖作战舰艇之后，我更加理解《破解现代战争密码》的作者 ➤

Tips	军舰上悬挂的旗	海军常识小贴士

海军舰艇通常悬挂国旗、海军旗、指挥旗、舰艄旗、长旒旗、商船旗等。国旗是一个国家的正式识别标志，军舰悬挂本国国旗，表示国家的尊严，同时表明军舰的国籍。当国家元首或总理登舰时，要在前桅横桁上悬挂该国国旗，表示对他们的敬意和欢迎。军舰停靠外国港口时，悬挂停泊港国旗，表示对这个国家领土的尊重和对人民的友好。有些国家专门设有海军旗，有些国家国旗和海军旗合用，也有些国家国旗、海军旗、商船旗合用。

姜国宁将军在书中所说的：“近百年的战争，无数同盟和约，若干王朝更迭，都没能改变战争发动者的衷缘，强取豪夺，分赃计量，战争仍然是满足物欲最便捷、最有效的手段和方式。”

那么，当今世界主要军事强国发展航母，在战争的“矛”与“盾”中又在扮演什么角色呢？

2006 年

在太平洋上进行联合演习的美国海军“林肯”号航母与两栖攻击舰编队。

图片来源：美国海军网站

NO.5

刀尖舞者，壮志凌云不是梦

驾驶舰载机着舰就好比驾驶战机百步穿杨，其难度和操纵技术远远超过驾驶一般的飞机。因此，舰载机在航母上起降的过程被称为“刀尖上的舞蹈”。

关键词:

航母舰载机飞行员

零突破

小川说: XIAOCHUAN SHUO

2013 年 5 月 10 日，中国海军首支舰载航空兵部队在渤海湾正式组建，标志着我国航母战斗力进入了新的发展阶段。2014 年 11 月 23 日，中国航母舰载机首次着舰起飞试验拉开帷幕，中国航母战斗机英雄试飞员戴明盟驾驶歼 -15 舰载机在辽宁舰上成功起飞，一次试飞划出了中国海军航母的新时代。5 年后，辽宁舰航母编队于 2020 年 4 月跨区机动，航经宫古海峡、巴士海峡，到南海相关海域开展训练；2020 年 12 月 21 日，海军新闻发言人刘文胜海军大校介绍，中国海军山东舰航母编队顺利通过台湾海峡，赴南海相关海域开展训练，加快提升航母编队体系作战能力。从航母上起飞，到逐渐形成战斗力，中国航母人用生命成就了强国梦，中国人终于等到了“壮志凌云”。

2015 年 4 月 23 日，中国人民海军建军纪念日。当天，人民海军与清华大学联合举办了“海军青年精英主题演讲”活动。活动中，被誉为“航母战斗机英雄试飞员”的中国航母舰载机第一试飞员戴明盟发表了题为《热血铸梦想，使命向海天》的演讲。在演讲中，戴明盟说道:“驾驶舰载机着舰就好比驾驶战机百步穿杨，时速 200 多千米的飞机必须精确地降落在航母甲板上的阻拦之间，而甲板上可使用的有效宽度还不到陆地跑道宽度的 1/10，其难度和操纵技术远远超过驾驶一般的飞机。因此，舰载机在航母上起降的过程被称为‘刀尖上的舞蹈’。”

航母舰载机飞行员的风险系数是航天员的5倍、普通飞行员的20倍。舰载机飞行员头顶三重天：蓝天、使命、祖国。

——中国航母战斗机英雄试飞员戴明盟将军

我第一次理解航母舰载机飞行员为何被誉为“刀尖舞者”，是在珠海首届中国国际航空航天博览会上。当时，作为《舰船知识》的记者，我有幸采访了苏 -35 的总设计师和苏 -27 的试飞员。

1996 年 11 月 5 日，在珠海符合国际 4 E 级标准的现代化机场上，我看到新建的 53 000 平方米的展馆里井然有序地排放着 400 多家中外参展商的展品，在 230 000 平方米的展坪上还荟萃着中国的歼 -8 Ⅱ、歼教 -7、强 -5、运 -5、运 -7、运 -11、运 -12，美国的麦道 -90，法国的空中客车 A -340-300，以及俄罗斯的苏 -27、苏 -30、伊尔 -76、伊尔 -78、图 -204 等著名飞机。更为醒目的是，在主席台的右方，中国长征二号 E 捆绑式运载火箭威严耸立，与展坪上崭新的歼 -8 Ⅱ遥相呼应。

博览会开幕式那天，对来自中国、俄罗斯等国的几十架飞机进行了展示。翻滚、爬升、空中悬停、自由落体、100 米低空飞行……

珠海机场上空的这一系列精彩表演深深地吸引着观众们的目光，掌声、欢呼声此起彼伏。突然，一阵震耳欲聋的轰鸣声将所有人的视线引向附近的飞行跑道上。两架巨鸟般的俄罗斯苏-27、苏-30战斗机从人们眼前掠过，腾空而起，转瞬间冲入云霄，在阳光明媚的苍穹下干净利落地完成了空中急停和1米间距交叉飞行等动作。正当人们屏住呼吸，为飞行员紧捏一把汗时，两架飞机旋即做出一个漂亮的“眼镜蛇”动作，将飞行表演推向高潮。霎时，全场爆发出雷鸣般的掌声，千万人发出同一个声音：“好！”

我被眼前这两只灵巧的“银鸟”惊呆了。因俄罗斯海军唯一的“库兹涅佐夫”号航母上采用的苏-27K，正是眼前这架苏-27的舰载机型，我自然对它多了些关注。于是，我决定追踪苏-27。

绕开熙熙攘攘的人群，我设法找到了俄罗斯代表团的驻地，幸运地碰到了俄罗斯航空工业公司总经理亚历山大·沃伊那夫先生。待我说明来意后，他热情地接待了我，并告诉我虽然这次苏-27的总设计师没来珠海，但他能帮助我见到苏-35的总设计师根纳季·列特维纳夫先生。想到苏霍伊设计局的“苏”系列战斗机在技术上一脉相承，我暗暗庆幸自己的好运气！

走进列特维纳夫的办公室，这位刚刚从技术座谈会上回来的飞机设计大师早已静静地等候在那里。他看上去很沉稳，交谈的第一印象是：精力充沛，很健谈。

我告诉他，是苏-27把我引来的，一种挡不住的“诱惑”。

他颇为自豪地笑了，透着自信。

我满脑子想的都是苏-27，一见到这位苏-35的总设计师便问道：“您设计的苏-35与苏-27有何不同呢？怎样才能成为一名优秀的总设计师？”

列特维纳夫从手提箱中找出两张十分精美的照片，并指着照片对我说：“这架蓝色的‘703’飞机就是我的苏-35，它是在

苏 -27 基础上改进的新型战斗机，另一张飞越山峦、挂满导弹的是您要找的苏 -27。这一系列还有苏 -28、苏 -29、苏 -30、苏 -32、苏 -37 等。相比之下，苏 -35 采用 2 台 AL-31FM 发动机，矢量喷口，航程达 4000 千米；同时增加了垂尾油箱和其他辅助设备；可携带比苏 -27 种类更多的导弹和机载武器，不仅能进行空中打击，也可以对海对地作战；从总体设计上比苏 -27 更加先进，还可根据用户的不同需求进行改进。

“在俄罗斯，法律不允许 22 岁以下的年轻人参加重大工程设计。我是从法定年龄开始参与飞机研制工作的，最初只是干些零活，也参加过苏 -27 的设计。苏 -27 是 1969 年由苏霍伊设计局开始研制的双发重型长续航力制空型战斗机，是目前世界上总体性能尚无对手的先进飞机，其最优异的飞行性能体现在‘普加乔夫眼镜蛇’动作的设计上，就是您在这次空中表演中看到的垂直飞行，还有 360° 飞行。当然，许多人只是知道其垂直飞行技能：看起来在空中急停，机头瞬间提起，最大仰角达 120°，如同眼镜蛇的攻击状态。从战术上，‘眼镜蛇’动作的打击力是有效而致命的，当然，这里包含着十分复杂的机械原理和特殊性能，是一个十分危险且对飞机本身有严格要求的战术机动，很少有人能完成这个世界上独一无二的高难度动作。值得一提的是，在西蒙诺夫设计这个令世人为之折服的‘眼镜蛇’动作时，俄罗斯最优秀的飞行员之一的普加乔夫在一次基本训练中首次完成了试飞。于是，人们将普加乔夫的名字与‘眼镜蛇’连在一起来命名这个动作。这位善于思考、勇敢创新的优秀飞行员获得了国家勋章，现已成为飞机副总设计师。其实，所有完善的设计都离不开试飞员的大胆尝试，而我今天能成为苏 -35、苏 -30K 的总设计师只是因为很幸运而已。”

面对思维敏捷、谦逊大气的总设计师，我很想知道苏 -27K 与苏 -27、苏 -27 与苏 -35 之间有何不同。

列特维纳夫诙谐、幽默地说：“苏 -27K 是苏 -27 的舰用型，它们是一对孪生姊妹。虽然从外形上看不出它们之间有多大区别，但在飞机的其他设计上是有差异的。譬如，为节省空间，苏 -27K

的机翼可折叠；机身下部的尾钩与舰上阻拦索相配，使飞机能在短时间内降落；由于采用了更大功率的发动机，苏 -27K 在‘库兹涅佐夫’号航母上满载起飞是没有问题的，不会影响战斗力。而苏 -27 上舰是成功的。但作为苏 -35 的总设计师，我对自己设计的飞机更满意。在这次参加表演的 2 架飞机中，单座机是苏 -27、双座机是苏 -30。场上响起的掌声已经告诉我：中国观众已经接受了它们。”

“您驾驶过自己设计的飞机吗？”与大师的交谈越发轻松、愉快。

“我有过 3 小时的飞行记录，还会跳伞，但参加苏 -35 的首次试飞却是困难的，因为苏 -35 是整机试飞，任何一个微小的故障都会造成惨重的失败。回想起来，我无法找到合适的词来形容当时坐在试飞员身旁与之生死与共的感受，更无法描述对自己设计的飞机既担心又满足的心情！试飞员很危险。他们先要在航空学院学习 4 ~5 年，然后到空军部队服役一段时间后，参加试飞学院的考试，通过考试后在校学习 2 年，最后，通过由设计局或航空局组织的试飞考验后确定为试飞员。他们有很高的学历和社会地位，受人尊敬。幸运的是，我们有最出色的试飞员，他们与设计师关系密切，是真正的英雄。”

从列特维纳夫复杂的表情里，我能体会出他的紧张、谨慎、激动、不安与喜悦，更能感受到一个成功者背后所具有的普通人的情怀。“也许我该采访一下苏 -27 的试飞员。”我脱口而出。

列特维纳夫点点头，起身说：“与普加乔夫一样，卡沃秋拉也是一名优秀的试飞员。”

我怀着深深的敬意，感谢并告别了这位苏 -35 的总设计师列特维纳夫。我压抑着兴奋之情，期待着苏 -27 试飞员卡沃秋拉这位“神秘英雄”的出现。卡沃秋拉是首次航展的明星人物，只有在飞行表演时才会出现。我在列特维纳夫的帮助下进入了停飞区，争取到了 10 分钟的采访时间。

14:30，身着飞行服、魁梧健壮的卡沃秋拉完成了空中表演，在骄阳里走下舷梯。我迎上去，问他对这次飞行表演是否满意，他摇摇头：“不，我还能做得更好些。”

看得出，他严谨而敬业。我加快了速度，尽可能多地询问我关心的问题。

问：听说您是从莫斯科直接飞到珠海的，行程顺利吗？

答：从莫斯科到珠海，我们用了 9 小时，空中加了 2 次油。虽然地理环境陌生，但天气很好，所以行程很顺利。对我来说，这是个好机会。

问：作为苏 -27 试飞员，您最大的感受是什么？

答：惊险和挑战。试飞员需要健康的身体、勇敢的心理和快速反应的能力。

问：您认为中国苏 -27 飞行员能完成“眼镜蛇”动作吗？

答：是的。我接触过中国飞行员，他们聪明，有良好的基础和较高的素质，当然，他们还需要专业的训练。

问：您做过苏 -27K 的试飞员吗？

答：没有。舰上飞行比陆基飞行要复杂，一不留神，飞机就会冲出甲板或者重重地撞在舰上。所以，驾驶苏-27K上舰的飞行员需要经过特殊的训练。

问：这种训练过程是怎样的呢？

答：具体我不清楚。但是，通常是经过陆基飞行训练后，模拟舰上飞行训练。您知道，军舰在海上是摇摆不定的，甲板长度也有限，起飞和降落要十分小心。我们的苏-25就是被用作上舰飞行教练机来培养苏 -27K 飞行员的。

在首届珠海航展上与苏 -35 总设计师列特维纳夫的交谈，让我第一次对苏 -27K 航母舰载机有了认知。

问：试飞员的飞行年龄有限制吗？

答：这要因人而异。培养一名试飞员不容易，一般 40 多岁仍在飞，还有人飞到了 55 岁。

想问的问题还很多，但已没有时间了，不得不说再见。

我久久不能忘怀与这些献身航空、飞行事业的大师们交谈的情景，他们的壮志凌云、爱国敬业、坚定勇敢、聪慧博大如同一颗颗种子埋在我心中。于是，我提笔写下了名为《壮志凌云不是梦》的文章，并荣获了“强我国防·爱我中华”全国国防科普征文一等奖，在人民大会堂受到时任国家军委副主席迟浩田上将的亲切接见。

2012 年 11 月 5 日，《解放军报》在其头版上刊登了中国航母舰载机试飞员戴明盟驾驶歼 -15 首次在“辽宁”号航母上触舰起飞的消息。

驾驶歼 -15 首次在“辽宁”号航母上触舰起飞成功的“刀尖上的舞者”——英雄戴明盟。

摄影 查春明

Tips	代满旗	海军常识小贴士

出访编队离码头前30分钟，为了方便离码头，一般要降下满旗，改挂代满旗，出港后降下。代满旗就是在两桅顶上挂1号国旗，舰艏、尾桅杆上挂海军旗。在规定挂满旗时，如遇大雨、大风，也可以改挂代满旗。编队离码头时，方形黄色的“Q”旗挂到一半，表示编队统一离码头；“Q”旗挂到桅顶，表示编队开始离码头；“Q”旗降下，表示离码头完毕。离码头的标志是解掉最后一根缆。

★ ★ ★
★

同年11月23日，《解放军报》再次报道了英雄戴明盟驾驶歼-15在辽宁舰上首降成功，实现了中国海军航母发展史上的零突破。我再也抑制不住内心的激动之情，在日记里写下了：中国航母壮志凌云！

2012年11月5日

中国航母舰载机试飞员戴明盟驾驶歼-15首次在“辽宁”号航母上触舰起飞。

摄影 查春明

NO.6

首莅中国的“明斯克”号航母

在苏联航母发展史上，“明斯克”号作为基辅级第二艘舰船，曾被誉为“国家的名片”。

关键词：
苏联航母　调研

小川说：

1998年春，在深圳工作的表妹打来电话说，她们公司要买航母。我半信半疑地告诉表妹：“买航母可不是小事，保持联系。”

半年后，国内外媒体开始热议：中国购买苏联的航母。9月15日，我接受了《中国经营报》记者赵彬的电话采访。部分采访内容以《首莅中国的“明斯克”号航母》为题发表在了该报的头版头条上。随即，表妹打来电话：“姐，我老板有事找你，你们直接聊。”电话里传来一个浓重的四川口音：“您好，小川姐！我是深圳明思克航母实业有限公司的项目负责人，我们以‘废钢铁进口’为名弄回个航母，刚停在东莞附近的海岸边，想请您来看看。”

“谢谢信任，我需要请示一下，争取能去。”我真的是

这艘已报废的“明斯克”号航母，不仅具有很高的商业价值，还能为我们提供更多的有关苏联航母技术发展及装备使用的知识和信息。

——原中国船舶工业总公司科技局总工程师程天柱

XIAOCHUAN SHUO

满心欢喜！我在电话里提醒对方，航母上一般都储备了各种油料，在尚未摸清舰上的情况之前，一定要注意防火、防爆；同时，要尽快组织各方专家对舰体总体情况，包括结构破坏程度、设备修复等方面作评估和判定，以便论证定位。

放下电话，我第一时间向原海军装备技术部部长郑明少将做了简短的汇报，恳请他为这艘因国难被离弃、风尘仆仆而来的苏联航母“把脉”。郑将军对此航母既重视又审慎。他提出先勘查后论证，并明确一点：“想办法留下来。”随即，我又向上级主管部门中国造船工程学会汇报了相关情况，很快有了决定：由我陪同中国造船工程学会常务副秘书长程天柱先生飞往东莞，调研停泊在海上的“明斯克”号航母。

1998 年秋

首莅中国的“明斯克”号航母，停在东莞附近的海岸边。

摄影 唐显

1998 年 9 月 23 日，在刚刚成立的深圳明思克航母实业有限公司（以下简称明思克公司）的细心安排下，我陪同程天柱先生乘坐小船在东莞登上了停泊在海上的“明斯克”号航母。这一次，与我以往参观国外军舰不同，没有飘荡着彩旗的码头，没有整齐威武的军乐队，也没有激动人心的欢迎仪式。

踏上静静停泊的“明斯克”号，看着眼前的这一切，如果它真是按“废钢铁”标准被买进的，那就太物超所值了。在苏联航母发展史上，“明斯克”号作为基辅级第二艘舰船，曾被誉为“国家的名片”。但从破损的舷窗、缺失的装备、剪坏的管线以及锈迹斑斑的舰体上来看，“明斯克”号在苏联解体后显然已多次被人为破坏。再加上先被卖到韩国，后辗转来到中国，长时间无“三通”（通风、通电、通水），犹如年久失修的老宅，情况自然可想而知。

在现场负责人邓克立先生的陪同下，程天柱先生和我小心翼翼地顺着舷梯往上爬。我们想先上主甲板，看看飞行甲板和舰上的武器，在普通人眼中这些是航母最有看点的地方。相对熟悉船上情况的邓克立很热情，带着我们绕过堆在机库里密密麻麻的绳索，很快来到了舰面上。我站在沐浴在阳光中的甲板上，深深地呼吸着略带海腥味的空气，任凭暖暖的海风吹拂着脸颊。环顾四周，宽敞而平坦的甲板、高耸威严的上层建筑……如果不是看到了被破坏得凌乱的天线，很难想象这里曾发生的与血肉横飞的战火相关的一切情景。

1998年11月18日

第一次登上“明斯克”号航母时看到“岛”式建筑已遭到严重破坏。

摄影 田小川

我定了定神，想起美国航母水兵的一句话：“在航母上，我就如同一只钻进迷宫的老鼠。”

踩着墨绿色、形同家庭装修用的“地砖”且铺设防滑钉、有着耐热材料涂层的飞行甲板，我快速来到了飞翘的舰艏最高处。我所在的位置距水线13米，足有5层楼高的高度让我有点眩晕，丝毫没有《泰坦尼克号》女主角当时的浪漫心情。

我顺势向舰艉看，“明斯克”号航母巡洋舰的火力配置尽收眼底：主甲板前部中线面上纵向设有2座12管RBU-6000型火箭式弹射发射装置、1座双联装SUW-N-1型反潜导弹发射装置；在被称为“01甲板”的中线上前、后各设有1座双管76毫米炮，前76毫米炮后面有1座双联装SA-N-3型“高脚杯”对空导弹发射架；76毫米炮和“高脚杯”发射架两侧是双联装SS-N-12型“沙箱”反舰导弹发射装置，在“沙箱”导弹发射装置与上层建筑前壁间设有挡流板，用来防止导弹发射时喷射的炙热气流。随着目光的移动，可见后 76 毫米炮右舷上还各设有 1 座可升降式双联装 SA-N-4 对空导弹发射架；此外，飞行甲板上左右对称于上层建筑的左舷台上，呈阶梯式布置着 2 座 6 管 30 毫米炮和 1 部火控雷达天线，以及 1 座干扰火箭发射装置；相应地，在 02、03 甲板上也设有 2 座 6 管 30 毫米炮和 1 部火控雷达，02 甲板后部还设有 1 座双联装 SA-N-3 导弹发射架。

然而，高约 20 米的铝制兼混合钢材的上层建筑挡住了我的视线，以致我没能进一步看得更清楚些。别看这个被称为“岛”的上层建筑已经被炸得七零八落了，但上面的各种雷达天线以及电子设备仍能分辨出来。

陪同我们的邓工告诉我们：“公司的初步意向是把它改建成航母主题公园，满足中国人的航母情结。舰船修复后，雷达天线将由仿真品替代。”果真如此改造的话，参观者便可以容易地识别主桅上舰载机导航雷达、敌我识别器，主桅前的“顶帆”三坐

位于黑海之滨的尼古拉耶夫市黑海造船厂是苏联“明斯克”号航母的建造厂，也是苏联唯一能造航母的船厂。

图片来源：《世界知识》杂志

1999 年 1 月 20 日

我再次登上修建改装中的“明斯克”号航母。

摄影 区国义

标雷达，主桅后烟囱前的“顶舵”对空警戒雷达，以及烟囱后方的 SA-N-4 火控雷达。此外，“棕榈叶”导航雷达、“测球”电子对抗设备以及“电子战天线”等也将会是“明斯克”号“岛”上的一道风景线。

沿着“明斯克”号，从前到后我们走了近 100 米。突然，在舰的内侧我们发现有 4 个青铜螺旋桨被整齐地系留在飞行甲板上，其中一个螺旋桨的桨叶已经缺了一角。在接下来的考察中，类似的情况不断发生，船舰上不少部件都有缺损的情况。由此可见，在来中国之前，“明斯克”号已被其他国家的技术研究人员仔细检测、分析过。

程先生一边摸着被刀切得齐齐的螺旋桨一边对我说：“韩国人很善于算账。若不是赶上这次亚洲金融风暴，他们肯定不会卖了这艘舰。在正常情况下，仅‘明斯克’号上的螺旋桨、电缆等这些有色金属就很值钱喽。无论怎样，‘明斯克’号到中国，是件好事。”程先生此言，道出了中国造船人的心声。

我们继续环舰而行。虽然这艘让人猜测不透的船舰现在就展现在我们的眼前，但仍让人觉得有些神秘。

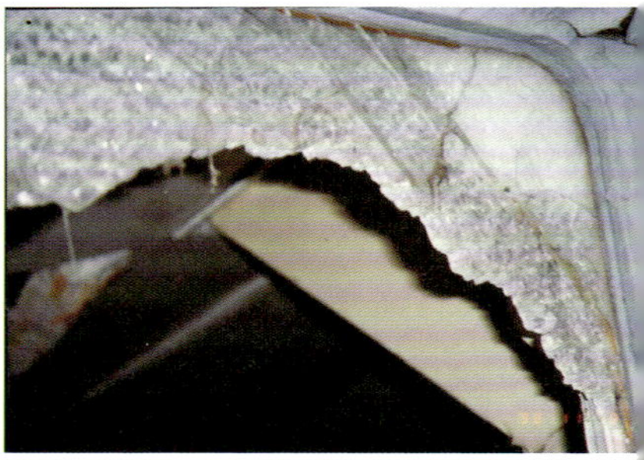

“明斯克”号航母上的场景。

摄影 田小川

我俯身触摸着铆接的舰外壁与飞行甲板，想到俄罗斯人在封飞行甲板上的各个开口时所用的钢焊条，不禁感慨这个伟大的民族在船舶工业以及整个军工技术上的领先程度。

“明斯克”号飞行甲板以上共有 8 层，从下往上由宽变窄，最大宽度为 9.2 米，最小宽度为 6.0 米。飞行甲板及其以下共有 9 层，每层甲板间层高 2.5~3.3 米，但净高只有 1.85 米左右。飞行甲板以上，各层甲板室的甲板与外侧壁板采用纵骨架式结构，轻型围壁则采用铝质槽板，铝质围壁与钢质甲板通过钢－铝复合板焊接起来。舰的第一层前区主要是住舱和会议室，中部为烟道，后区主要是设备舱、对空导弹库与 76 毫米炮弹库。01 甲板长约 90 米，前区主要是设备舱，中部统一为烟道，后区为住舱、防空导弹库和设备舱。02 甲板长约 70 米，主要是各级军官舱，标准单人间宽 2.5 米、长 3.8 米，室内有洗脸池；此外，还有两个标准的舰长套间，内设抽水马桶和澡盆，这在军舰上绝对是特殊待遇。03 甲板长约 65 米，前区为驾驶室、海图室、作战指挥室、报房和设备室，后区为设备舱。04 甲板长约 63 米，前区为各种设备舱，后区为航空塔台和航空指挥中心。05 甲板长约 57 米，主要为雷达设备室和指挥系统的机组室。06 甲板长约 21 米，主要是电子设备室。07 甲板长约 20 米，主要是电子设备高频室。08 甲板长约 20 米，是为电子战服务的设备室。

由于没有配电，要想看清“明斯克”号，我们仅有的手电就如同“上甘岭的水”，不敢轻易浪费。在舰舱里转了转，我们赶紧回到甲板上，让清新的海风吹拂一下。

休息时，邓工告诉我们，他是第一批上航母的人。刚到舰上时，黑漆漆地不敢伸脚。但这艘舰作为航母太有魅力，使他不得不放弃原来所在的造船厂。用他的话讲：“为自己的航母干活，再苦再累都值！”

说罢，邓工顺手指给我们看主甲板上的各种设备。其中，许多设备我一时也叫不上名字。我仔细辨认着：上层建筑右舷的主甲板上有2辆悬臂式吊车，前面一辆用于运送导弹等军需物资，后面一辆则用于装卸小艇和飞机配件。主甲板上敷设了一条运送轨道，它的线路与所有的武器装备相连，可以顺利地将武器装备运送到各舱口。在右舷露天甲板上，我们还看到了由2个张力式干货备品库、1个弹药输送站、3个探头式输油水站组成的海上补给设施，从设备的组成来看，“明斯克”号航母具有直升机垂直补给能力。值得一提的是，当我们走到宽大的舰艉时，发现尾板右侧开口处还装有由补给舰艏对尾接受加油的设备。在尾板左侧，明显可见供登陆艇输送人员用的开口；尾部主舰体两舷外侧各设2个艇穴，每个艇穴可装载1艘小艇；主甲板两舷舷台还各布置了若干个救生筏。在舰的中部舷侧有布缆和收放舷梯的大开口……再看敷设了墨绿色耐热材料的飞行甲板，舰左侧的起降区与舰后部的停机区面积约5840平方米。在起降区，甲板的纵轴与舰体纵线形成了8.5°的斜角；沿斜角甲板中线，标有供飞机起降的6个圆圈，每个圆圈直径有9米；舰艉偏向舰中心线处还有直径约11米的大圆圈；每个起降圈内规律地布置着系留索环。其中，在起飞跑道的两边还各有一条带边界灯的黑色边界线，左侧有20个黄色灯，右侧有27个，等距6.6米；在降落跑道的前后各有8个红色边界灯，右侧有27个，灯距大约3.2米。这些灯主要用于夜间或在恶劣天气、能见度较差的情况下，保证舰载机安全起飞与降落。与此同时，为了便于人员行走，在飞行甲板的安全区设有指示灯；停机区用黄色宽线与起降区分开，涂有油漆，划好范围，使飞机对号入座。

该舰的飞行甲板上共有 7 部升降平台，其中 2 部是飞机升降平台：一部大平台在舰的中部以左、起降区以右的位置，面积约为 190 平方米，可提升垂直 / 短距起降飞机和直升机；另一部小平台位于舰的后部、停机区的前部，面积约为 95 平方米，用于提升直升机。与美国海军航母舷边升降机有所不同的是，由于其机库甲板干舷小、易受波浪冲击，“明斯克”号的升降机均布置在舷内，但这样比较浪费舰内空间，也不利于采用液压系统来进行控制，周围有液压式可伸缩栏杆；另外，其平台上设有 2 种系留桩，共有 44 个系留点，用于固定飞机。

配备了仿真武器装备的“明斯克”号航母，成为中国第一个能感知航母的“教育基地”。

摄影 田小川

“明斯克”号航母上较为惹眼的当属空荡的机库了。机库位于主舰体第 2~5 层甲板，全长达 129.6 米，最大宽度为 23 米，最小宽度为 16.5 米，高度约为 7.3 米。据说在服役期间，舰上最热闹的活动便是在这里举行的篮球赛了。新舰主——明思克公司将集中使用此区域，将其改为现代动感电影院。于是，我决定暂时放弃这部分的“旅行”，留给下一次的“明斯克”之旅，到时再观看激动人心的科幻大片。

邓工告诉我们：要下舰舱，不是所有的舱室都能看，5 层甲板以下的空间暂不准备启用。

改造后的“明斯克”号航母，飞行甲板具有了参观效果。

摄影 田小川

确实。来到中国的“明斯克”号正在经历“军转民”的过程，其动力自航系统必须封存起来，否则启动“明斯克”号航母的费用将使我们不堪重负。而且，如果游览者希望下到“明斯克”号水线下狭窄、拥挤的地方游览，那里的配电、供水、通风等设施都存在一定的难度。要知道，“明斯克”号的主舰体为钢质全焊接结构，舰体各层甲板、舷侧外板和底部均为纵骨架形式，各舱室纵横交错。如果没有熟知地形的人带路，是很容易走丢的。

我提出先看一看位于飞行甲板以下的“2 层甲板”，因为这层甲板不仅通道和环境相对好些，而且是军官、军士与航空人员的住舱，以及厨房、餐厅和医院的所在之处。

我一口气绕 2 层甲板宽约 1.2 米的通道走了一圈，花了近 10 分钟，共走了 652 步（正常成人步伐，约 0.5 米 / 步）。一路上，我不断看到被韩国人用白布条贴写的“告示”，还有各种被剪断或挖掉的管线、设备。不用问，韩国人确实花了不少力气来研究“明斯克”号。我随手抓了些被用力砸破的舷窗玻璃——一颗颗坚硬的似乎带有黏性的玻璃珠。在地上，借助手电筒的光亮，可见散

原中国船舶工业总公司总经理王荣生先生（中）和原中国船舶工业总公司科技局总工程师程天柱先生（右二）。

摄影 田小川

落的、被燃烧过的碎纸片。

邓工告诉我，刚上舰时，发现有两三个舱室被烧过，好像是失火，由于不通风，一直散发着焦糊味。

在邓工的引导下，我们穿过一间间贴有各种明星、名人、风景画的住舱和宽敞、有序的士兵餐厅，来到“失火”的地方。这里是个拐角，对面不远处是桑拿房，从位置上判断偶然失火的可能性不大。那会不会是韩国人做的防火试验？我这样猜想。

突然，我脚底一滑。低头一看，地上满是黑黑的纸灰。我的心为之一震，急忙俯身扒找，在厚厚的黑灰中扒出许多残余的、没有烧完的图纸——是谁在销毁“明斯克”号的资料？

这使我联想起出售前，“明斯克”号曾涉及一桩走私未遂案。

“邓工，找人收集起来，估计这些是与明斯克有关的资料。”我希望有一天能在“明斯克”号的博物馆里看到它们。

邓工很专业地在此画了个记号——准备去解开一个疑团。

我们继续走，随时都能发现“新大陆”。

Tips	舰艇	海军常识小贴士

大海上航行的船舶分为两类：一类是民船，另一类是军舰。军舰通常分为两大类：一类是战斗舰艇，可划分为航母、战列舰、巡洋舰、驱逐舰、登陆舰、扫雷舰、潜艇、导弹艇、炮艇和鱼雷艇等；另一类是后勤保障舰船，可以划分为支援舰、修理船、运输船、油船、测量船、打捞救生船、医院船、工作船等。在同种舰艇中，根据排水量和主要武器装备的不同划分为不同的级别。一般把排水量高于500吨的水面舰船称为舰，把排水量低于500吨的水面舰艇称为艇。潜艇无论吨位大小均称为艇。

★ ★ ★ ★ ★
★ ★ ★
★

就在我们即将告别这个面积达9160平方米的2层甲板，告别这里的106间住舱、13个餐厅、17间医务室、4个洗衣间、4个浴室和桑拿房时，在军官餐厅里，一架布满灰尘的卧式钢琴吸引了我。

相比之下，第3层甲板则较为简单，前部为设备舱和居住舱；中后部为机库开口，机库前设有作战指挥中心，两侧仍是设备舱和居住室；尾部为航空弹药库。除去2710平方米的机库开口和234平方米的烟道开口，第3层甲板约有5570平方米。此外，4~7层甲板前部仍主要为设备舱和居住舱；4层甲板后部也设有航空弹药库，尾部设有帆缆作业区；5层甲板主要是动力舱，其中后部为机库，主机、辅机、电站均设在此处。

来接我们的游船鸣响了起航的汽笛，我们依依惜别了“明斯克”号航母。回望挺拔、威严的“明斯克”号，我不禁和程天柱先生一起感慨：这艘已废弃的航母，不仅具有很高的商业价值，还能为我们提供更多的有关苏联航母技术发展及装备使用的知识和信息。

我想，一定要为在中国铸剑为犁的“明斯克”号航母做点什么！

NO.7

为“明斯克”号航母当顾问

2000年5月10日，“明斯克”号航母整修一新，并以“明思克航母世界”的新形象离开文冲修船厂，从广州拖航并落位到深圳盐田区沙头角。从此，中国有了第一个航母主题公园。

关键词：

航母改造

文冲修船厂

小川说： XIAOCHUAN SHUO

“明斯克”号航母被拖到了广东省东莞市沙田镇，舰上的动力装置、武器系统、观通导航系统、雷达、无线电操纵系统等关键设备都已经被拆除或毁坏。为了舰体的稳定性，6层甲板以下的大部分舱室内都灌注了压载水，水深6~8米，其余舱室均遭到了严重的破坏。从我们上舰观察到的情况来看，舰体的消防系统、锚泊系统、压载系统、救生系统、空调系统、通风系统和照明系统很难恢复作用。虽然，从满目疮痍中仍可看出“明斯克”号航母的风姿与气派，但舰上的状态确实比较差——舱室阴暗潮湿，垃圾、油污遍地皆是。

然而，当我第一次见到毕业于中国石油大学、刚刚成立的明思克公司的总经理王志松先生，毕业于四川医学院的副总经理王晋先生，以及毕业于南京气象学院、最初与我联系的项目负责人唐显先生时，我由衷地赞叹这些“六·八式”（60年代出生、80年代大学毕业）的儒商。同为“六·八式”的我不仅相信他们会成为“明斯克”号的好“舰长”，更相信这艘航母会为中国人的航母梦注入新的元素。就这样，明思克公司聘请原海军装备技术部部长郑明少将当航母改造项目的技术顾问组长，我是组员之一。

与厂里所修过的其他舰船相比，“明斯克”号航母的改造工程是在艰难的施工条件下完成的。

——原文冲修船厂厂长汤方清

来中国之前，“明斯克”号航母先被韩国购买，而后又作为“废钢铁”被转卖给我们，所以，我们根本无法得到它原有的技术资料。基于此，明思克公司请来武汉船舶设计研究院的专家进行现场勘测，绘制出了飞行甲板以上01~04层以及飞行甲板以下1~5层的参考资料图。为此，公司决定在航母改造工程中，首期开放舰上1甲板（即飞行甲板）、2甲板和5甲板的典型功能区和大型武器装备区。

经过调查，明思克公司决定将这艘航母停泊在深圳市盐田区沙头角（E114° 14′ 1″，N22° 33′ 12″），上舰参观的游客日流量不高于6000人次，一次上舰最大容纳量为3000人。为此，公司提出在舰上改造工程的总体策划中，应包括在5甲板中前部设置2座连接岸上的应急疏散连接桥。同时，舰船采用岸上的市电电源，舰上只设应急柴油发电机组；舰船的饮用水、清洁用水、消防用水及压载用水等均采用岸上的市政自来水；舰船所排放的污水、产生的杂物等导回岸上处理。

根据这个基本原则，“明斯克”号航母首期改造工程的核心工作包括海上工程系统、岸上工程系统和连接桥工程系统。全部改造工程的设计与施工适用于中国船级社 1996 年的《钢质内河船舶建造与入级规范》及其最新修改通报、我国《火灾自动报警设计规范》(GBJ116—88)、《高层民用建筑设计防火规范》(GBJ84—85)、《自动喷水灭火系统设计规范》(GVJ84—85)、《建筑设计防火规范》(GBJ16—87)、《国家标准 GB/T13409—92》(空调)、《国家标准 GB10058—88》(客梯)、《中国工业的有关适用标准》(GB、CB、YB 等)、《IMO 防治环境污染公约》《民用建筑电气设计规范》《民用闭路电视系统技术规范》(GB 50198—94)以及《有线系统工程规范》等。在确保项目安全性、实用性和商业性的前提下，尽可能地展示出航母的威武、豪华、美观、舒适等特色，使之成为集高技术工程、高级国防科普教育与高品位文化娱乐于一体的事业。

“明斯克”号航母的舰上改造工程项目由广州船舶及海洋工程设计研究院（以下简称设计院）承担设计工作，并于1999 年 1 月 18 日将其拖至广州文冲修船厂进行施工。由于中国船厂

“明斯克”号航母在广州文冲修船厂接受为期 18 个月的“整容手术”。

照片提供：文冲修船厂

首次承接航母的改造，不仅设计与施工工程复杂且具有独特性，而且由于航母舰体型线、结构复杂，没有水下部分的技术资料，更是困难重重。正如当年文冲船厂修船分厂党委书记区国义先生所说：“明斯克”号的整个改造工程都是靠船厂工程技术人员“摸着石头过河”进行的，边摸查、边研究、边确定、边施工，所以整个施工周期比预计的要长。

“明斯克”号航母改造工程的专家、学者，照片从左至右依次为：原航空博物馆馆长韩文斌、原海军装备技术部部长郑明少将、本书作者、深圳明思克航母实业有限公司项目负责人之一唐显先生、原海军博物馆馆长田汝勤。

摄影 吴纯清

仅此一例可窥一斑：将“明斯克”号航母在全无自行系统的情况下从东莞沙田对面水域的浅滩拖出是冒着很大风险的。按“明斯克”号的吃水情况来看，只有在每个月 1~2 小时的涨潮时间内可以将其庞大的舰体顺利地拖入珠江主航道。那么，按出浅—过浅滩—进主航道的程序，“明斯克”号经东莞至文冲的路程是需要精确地计算和准确地拖带的。确切地说，如此一艘 4 万吨重的航母一旦在进入主航道时出现延误，不仅会影响整个后续工程，而且会堵塞航道，后果不堪设想。再加上珠江航道狭窄，水流急而地况复杂，稍不留神就会造成舰船的搁浅，甚至因经过拆解后重心较高而有发生倾覆的危险等。总之，在“明斯克”号还没进厂改修就进行拖航，这一“序幕”给了文冲修船厂的技术人员一个“下马威”。

然而，正如苏联作家《茹尔宾一家》一书中所描写的三代造船工人的生活一样：造船人顽强、坚韧、不怕困难！为了顺利完成拖航，文冲修船厂的技术人员多次勘测航道，摸清浅滩点，安排有经验的引水员将舰船一次性成功地拖进了船厂码头。余下的任务更艰巨、更复杂。邹栋厂长的话质朴而到位：“明斯克”号的改造工程真是挑战，但也留下了宝贵的经验。

首先，在没有完全通电的情况下，“明斯克”号内的锅炉、机舱、机库、弹药库、水库、油舱等设施像迷宫一样，即使有指示牌，不熟悉的人也极易走丢，进得去出不来是常有的事。况且，工人们在施工过程中要通过狭窄的通道搬运拆装物品，稍不留神，那些密密麻麻的电缆、管线以及隔热的绝缘材料、敷料等就能将人绊一个大跟头。更不用说“明斯克”号进厂后才被发现船舱、管子、阀门均有漏水的地方，且清理油污水的工作量很大，要保证完工开业时舰上用水达到环保要求，难度极大。而最难的技术节点则是“明斯克”号要在没有线型资料的情况下实现安全进坞坐墩的工程。要知道，要将“明斯克”号改造成大型海上娱乐平台，必须进坞对舰体结构、密封性以及浮于水面时不能施工的其他构件或设备进行修复，还要进行舰体清洗、除锈、涂装等工作。

然而，这一切说起来容易，做起来难。从 1999 年 8 月开始，技术人员利用先进的水下测量技术，多次对“明斯克”号进行潜水探摸及测量，并结合船厂多年的经验，成功地测绘出了舰底纵剖线图、进坞排墩图及墩木线型图，掌握了舰艏尾各部位的吃水、水下部分的轮廓及线型情况。另外，技术人员还准确地测量出舰壳的声呐位置，并使用水下切割工艺技术，把高约 2 米、突出于舰体基线的声呐舱导流罩割除，解决了由于该突出结构而不能进坞坐墩的难题。

1999 年 9 月，我来到了文冲修船厂，恰好该修船分厂的厂长汤方清是我的大学同学，这使我对“明斯克”号的改造工程多了一分关心和了解。汤厂长的话很直白：“‘明斯克’号航母损坏得太严重，有航母之名而无军舰之实，要将它修整成为一个供展览用的水上平台，工程非常复杂而艰巨；而且没有任何技术图纸和资料，光是需要清除的垃圾废物就有几百吨，除锈涂漆面积高达数十万平方米；又没有技术图纸，连进坞修理都很难。尽管公司投入数亿元资金，而承包工程的设计单位、修理船厂都是采用市场经济方式竞争中标的，他们基本上没有接触过军舰技术，也没见过航母，由此也增加了技术困难。”汤厂长的话里话外透着对这个项目参与者的赞许：“改装‘明斯克’号占了天时、地利、人和，但难度很大，应该说上从技术厂长邹栋，下至技术工人共 150 余人都费尽了心血。与厂里修过的其他舰船相比，‘明斯克’号的改造工程是在艰难的施工条件下完成的。”

1999 年 10 月 26 日至 31 日，“明斯克”号在文冲修船厂 3 号坞顺利进坞，完成了摸船底线型的工作；同年 12 月 30 日至 2000 年 1 月 7 日第二次进坞，进行水下拆割多组声呐钢板复补、海损部位复补、打砂油漆涂装等工作。通过进坞，“明斯克”号的水下部分展现在世人面前，但矛盾、困难也接踵而至：球鼻首钛合金声呐舱吃水太深，将来经航道拖至盐田港时会有问题。于是，明思克公司决定割除球鼻首声呐舱，改造舰艏结构和线型。但仅切割这一项工作就使厂里员工冒着极大的技术风险。为此，文冲修船厂与设计院密切配合，将“明斯克”号第三次送进船坞，并且仅用 1 天就完成了拆除声呐舱、安装一个小球鼻的工作。

值得一提的是，在切割声呐导流罩的过程中，原计划只切掉1.3米，但在切割时才发现其材料是轻质合金，内有两层壳，像热水瓶一样，内外壳间还有吸音的化学液体和一层很厚的橡胶，施工人员在进行水下切割时都被喷溅出来的熔渣和化学液体灼伤了手。由于切割氧气在舱内积聚发生爆炸，震伤了潜水员的耳朵和脸……总之，在落座中国的“明斯克”号航母的改造工程中，文冲修船厂不仅功不可没，更为中国修船史上留下了一项值得纪念的业绩。

“明斯克”号的进坞问题解决了，但这并不意味着总体施工工程就圆满了。

此前，我对航母的了解多半是纸上谈兵，与真刀实枪地改造航母完全是两回事。在此期间，我体会最深的是从最初上“明斯克”号航母，到参与航母主题公园的顶层设计，再到为改造工程当技术顾问，整个过程几乎颠覆了我对航母单纯出于好奇心的了解。我们所经历的困难和曲折，虽不能让我谈航母“色变”，却也让我对上舰更加谨慎，譬如舰上的防火工作。尽管，修船厂有着一整套严格的防火制度、设置专用的防火设备与专职的消防人员，但“明斯克”号舱室多、结构复杂，几百人在船上动火施工，防火难度之大可想而知。

1999年11月3日，电焊产生的火花掉进了未被开发的6甲板以下舱室的防火隔火热层，产生了大量的浓烟。黑烟顺着舱室、缝隙绵绵上冒，长达13小时。由于舰上通道不畅，难以查明情况，救援工作严重受阻。好在没有引起明火，否则历经13小时的灼烧，舰体钢板必定变形而引起主尺度变化，后果不堪设想。

2000年5月10日，“明斯克”号航母整修一新，并以“明思克航母世界”的新形象离开文冲修船厂，从广州拖航并落位到深圳盐田区沙头角。从此，中国有了第一个航母主题公园。

2014年8月31日，大连永嘉集团有限公司与南通苏通科技产业园举行了航母世界项目签约仪式，在南通打造明思克航母公园。

改建后的“明斯克”号航母上，仿真的导弹与雷达栩栩如生。

摄影 田小川

Tips	航母是怎样分类的	海军常识小贴士

航母按舰载机分类，可分为专用航母和多用途航母。其中，专用航母可分为攻击型航母、反潜航母（又称直升机母舰）、训练航母以及第二次世界大战后已全部退役的护航航母。攻击型航母主要载有战斗机和攻击机，反潜航母载有直升机，训练航母舰载机不固定。多用途航母既载有直升机，又载有战斗机和攻击机。航母按排水量大小可分为大型航母（排水量6万吨以上）、中型航母（排水量3万~6万吨）和小型航母（排水量3万吨以下）；按动力装置可分为核动力航母和常规动力航母。

NO.8

将军级“老水兵”的航母观

郑将军从不掩饰自己对中国发展航母的态度。20 世纪初，郑将军因一篇题为《中国能够承受建造航母》的报道，被封为“航母主建派”。

关键词：

航母主建派　海洋意识　航海精神

小川说：XIAOCHUAN SHUO

刘华清曾说过：“我抓航母，我这辈子肯定用不上，我是为以后当海军的人在做准备。”这句话被郑明少将口述而留传下来。曾参与过中国航母的前期论证、考察调研、规划预研等工作的郑将军，与原海军副司令张序三中将等老前辈离岗后退而不休，于 2004 年创办了北京郑和与海洋文化研究会，致力于为国家海洋强国建设出谋献策，努力提高国人的海洋意识，弘扬航海精神，传播海洋文化。2014 年 9 月，郑将军在出席纪念甲午战争 120 周年国际研讨会后回京的当天，突发脑出血，一直处于昏迷状态，于 2018 年 3 月 6 日不幸谢世，未能目睹盼望已久的由中国自主研制的航母下水。他未能目睹人民海军“辽宁”号航母的首次海上大阅兵，未能目睹“山东”号航母的服役：中国开启了双航母时代。

在第二次世界大战中，美、英航母曾在反法西斯战争中发挥了光辉的历史作用。世人必须正确看待发展中国家发展或拥有航母将成为一种不可避免的趋势。

——原海军装备技术部部长郑明少将

1993年，我第一次在中国造船工程学会组织的学术研讨会上见到了时任海军装备技术部部长的郑明少将，听他从现代战争角度诠释舰船总体设计的“二力六性”需求（即战斗力、生存力、可用性、经济性、兼容性、隐蔽性、机动性和居住性），对他的敏锐思维、果断高效、雷厉风行和充沛精力印象深刻。1998年9月，得知深圳民营企业家从韩国买回苏联废弃的航母“明斯克”号时，我第一时间向郑明少将进行了汇报。已退休但在中国造船工程学会任职的郑将军组织了“航母国防教育主题公园”顾问组。在他的直接领导下，我参与完成了航母主题公园的策划和改建方案。不久，天津市旅游局开发了另一艘苏联废弃的航母“基辅”号。他们邀请郑将军指导工作，郑将军再次带领我们进行了全方位的技术考察和“爱国主义教育基地”改建工程的咨询。

1998 年，在“明斯克”号航母的改造工程中，我们成了忘年交。不久，郑将军来杂志社指导工作，讲述了他到法国参观“戴高乐”号航母的经历。他的讲述，既有技术分析，又有航母上的水兵生活细节。很快，我们一起打造了“戴高乐”号航母专题，由郑将军亲自动笔，介绍了 20 年磨一“舰”的“戴高乐”号。相关内容刊登在了《舰船知识》杂志 1999 年 9 月期，较为系统地介绍了法国海军用 20 年从论证、设计到建造发展核动力航母的过程。2000 年初，作为中国首个航母主题公园的献礼，我完成了为“明斯克”号航母做点什么的心愿，撰写出版了《“明斯克”号航母世界》一书。郑将军欣然提笔为我的新书作序。

2000 年

郑明少将（左）亲临我的办公室修改航母稿件，他的严谨让我终身受益。

摄影 吴纯清

《“明斯克”号航母世界》序（节选）

一位学造船的女记者，花了一年多的业余时间，收集了大量资料，终于写成了这本《“明斯克”号航母世界》。其中，既有苏联发展航母的曲折故事，又有中国青年实业家用废航母创业的传奇纪实，还有中国公众和女记者自己热爱航母的心扉袒露，更有世界航母的历史与技术知识介绍及航母在战争中军事价值与作用的评析，真把读者领进了“航母大世界”。我这个老水兵也被深深地吸引住了，用了整整十几个小时，分成两口气，读完了全部书稿的清样。书中那些从过去到未来的航母风起云涌般的经历和从航母情结中折射出来关心祖国蓝色国土、海洋权益和海防建设的人们的渴望，怎么能不令我感慨万端，奋而命笔呢?

苏联黑海造船厂是多次荣获列宁勋章的英雄集体，连同它所造的航母都曾是作家笔下的题材。苏联小说《茹尔宾一家》描述了在黑海造船厂中造船世家几代工人为苏联造船工业和海军、海运建设做出的贡献和他们的精神风貌，也曾激励着中国的造船工人。而日本作家却用《“明斯克”号出击》幻想小说来描写第三次世界大战，挑动战争狂热。这不能不承认文学与技术都从属于政治。

世界上自有航母以来，航母始终是战争的工具。而它们的命运，或是毁于战争或是被解体回收废钢。二战后，美国的“勇猛”号航母停泊在纽约市，用于陈列展览飞机等，仍着力宣传武器威力，使世人敬而畏之。航母的先驱国之一——英国，则因监狱人满为患，而正在考虑将退役的航母改造为水上浮动监狱，这可能是先驱者所始料不及的。1998 年 8 月 20 日，当“明斯克”号航母从韩国釜山被拖回到广东东莞珠江的沙田锚地停泊时，一时成为关注的焦点，国内外竟有 200 多家新闻媒体做过形形色色的报道。有的兴奋，有的怀疑，有的赞叹，有的猜测，有的借题发挥，有的含沙射影，有的别有用心，炒得很热，不一而足。“明斯克”号航母损坏得太严重，有航母之名，无军舰之实。要使它修整成为一个供娱乐展览用的水上平台，工程非常复杂艰巨，而且没有任何技术图纸和资料，光是需清除的垃圾废物就有几百吨，除锈涂漆面积高达数十万平方米。2000 年 5 月 10 日，当“明斯克”号航母整修一新，以“明思克航母世界”的新形象离开文冲船厂，从广州拖航并落位到深圳盐田区沙头角时，在世界航母历史上开创了一个转战争工具为“和平乐园”的先例！

郑将军从不掩饰自己对中国发展航母的态度。20世纪初，郑将军因一篇题为《中国能够承受建造航母》的报道，被封为“航母主建派”。他曾说过:“在海军装备技术部工作期间，先后考察法、意、英、俄、美等国家的航母和与航母近似的两栖攻击舰。每当外国朋友提出：中国要造航母吗？我的回答是：正像所有的国家一样，发展航母是一个国家最高层的决策，它将涉及政治、军事、技术、经济、外交等诸多因素。多年来，我深感国外别有用心的势力，总想利用我国发展某些武器装备的动向来炮制‘中国威胁论’，来进行干扰破坏，制造混乱，我们不能不警惕由此可能造成的对我国国防建设和军事装备发展上的影响。”

航母是执行海洋上积极防御战略方针的武器装备体系中的重要环节，是反对外来侵略、保卫领土领海主权、维护海洋权益、实现“不战而屈人之兵”原则的有效威慑手段，又是战而能胜、攻防兼优、威力强大的三栖立体作战（可对海、对空、对陆作战）系统。因此，它对任何侵略者都是有威胁、有威慑的，是使敌人怕的武器，是敌人反对别人拥有而想垄断的武器。同时，航母可以及时投送兵力，有利于国家管辖、控制海上周边环境，争取与邻邦和平友好相处，建立地区安全合作机制，制止地区霸权扩张，抵御外侵等，而且是实施独立自主外交政策的坚强后盾。再者，航母集中反映了高科技和大工业的水平，从研究建造、维修管理到指挥作战，都是国家综合国力的体现。航母及其舰载机系统，包含着造船、海洋、航空、航天、电子、机械、兵器、核化等高新综合技术，是富有弹性的高科技工程。它可以从军情需求着眼，从国情实际入手，借鉴外国技术，发扬本国特色，循序渐进地发展完善，可以是高级的、中级的或初级的，要用系统工程设计来获得优化求实方案。它可以不断推动全面国防科技发展，带动相关产业进步，实现军民结合、战场市场结合、促进研究与引进结合，搞活经济，扩大内需，创造新的经济增长点。不可否认，航母在应对未来高技术条件下的局部战争或军事冲突、突发事件中，是海上作战体系中保卫与争夺战略防御海区局部制空、制海权的不可或缺的杀手锏。在加强空军的岸基航空兵、海军潜艇、陆基精制导弹、战场监视信息系统等的基础上，还要建设航母编队等联合作战兵力，才能构成具有真正三维立体联合作战威力的近中海作战综合体系，才有可能机动、灵活地执行反海上侵略的军事政治斗争任务。

2004 年 7 月，郑将军与原海军副司令、军事科学院政委张序三中将等国内海事界的知名专家和学者，联合北京大学，一起组织创建了“北京郑和下西洋研究会”（现已更名为北京郑和与海洋文化研究会，以下简称研究会）。在研究会的工作会上，我问郑将军：“将军您不干航母了？”他笑着说：“我只是个‘老水兵’！你们别忘了世人必须正确看待发展中国家发展或拥有航母将成为一种不可避免的趋势。中国绝不威胁别人，也绝不能再受别人威胁。‘人为刀俎，我为鱼肉’的时代绝不允许再出现。‘中国威胁论’只会激发中国人民同心同德，专心致志，把祖国建设得更加强大。”

此后，郑将军通过研究会不断宣传海洋意识，帮助我加深对航母战略的理解。他指出：“回想历史上航母基本上掌握在帝国主义、军国主义、霸权主义国家手里，作为他们执行炮舰政策、抢夺控制殖民地、干涉别国内政，以至在世界上争霸的有力工具，因而形成某种程度的垄断地位，如同核垄断、核讹诈一样威胁着爱好和平的人们。因此，某些人有时就把航母和侵略威胁画上了等号，其实这并不符合历史唯物主义。在第二次世界大战中，美、英航母曾在反法西斯战争中发挥了光辉的历史作用。当然对中国人民来说，20 世纪 30 年代日本侵略我国，从在中国沿海水域甚至深入领海、内水，进入长江口、杭州湾，部署多艘航母，以其舰载机群配合空军，对中国的上海、浙江、福建、广东等省市狂轰滥炸，这段航母的血腥历史我们也不会忘记！”

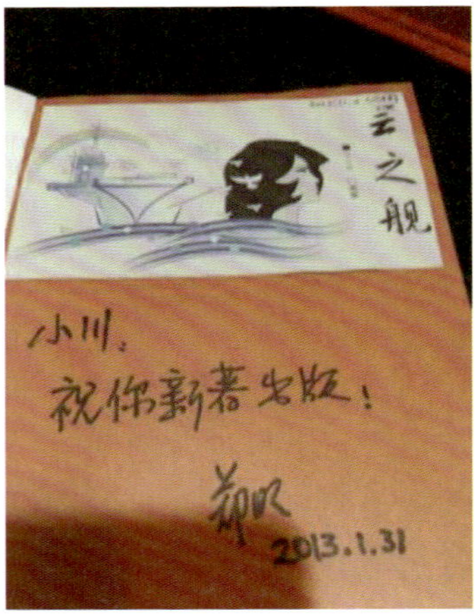

郑明少将在阅读完我的 2012 年出版的《航空母舰的衣食住行》后在书上写下：“小川，祝你新著出版！——郑明”。

摄影 陈振杰

2012 年 9 月 25 日，人民海军首艘航母“辽宁”号正式入列。我忍不住给郑将军打了祝贺的电话。他激动地说：终于迎来了中国航母时代！不久，在研究会的年会上，郑将军携带了我的新书《航空母舰的衣食住行》，当众说：“航空母舰的衣食住行也是战斗力。”他打开书，微笑着说：“你是航母小川，我是航母老郑，本该给你再写个序。”看到将军在书里多处圈点批注，并在扉页上贴了一张“云之舰”的书签作装饰时，我被深深地感动，愣愣地站着看将军提笔在他阅读过的航母书上写下：“小川，祝你新著出版！——郑明”。

Tips	**航母的系统**	海军常识小贴士

航母是复杂的系统工程，涵盖了船体结构、推进动力、操纵系统、导航设备、舰载武器等。走上航母，映入眼帘的每一件设备、设施，哪怕是一根缆绳、一个螺栓，都有它的“BOSS”。具体来说，航母系统包括船体结构、设备系统、航空保障系统、动力系统、电力系统和作战系统等。其中，船体结构是指组成船体的龙骨、船壳、船体骨架、甲板、舱室板等，俗称“板、条、梁”；船体结构需要承受很多外力，例如水压力、波浪冲击力等，是航母坚不可摧的关键。船舶设备系统是指为实现一定的功能在航母上使用的各种设备，如使航母灵活调转方向的舵设备、使航母停下来的锚设备、危急时实施救援的救生设备、补给物资的补给设备等。动力系统是航母的“心脏”，为推进、操纵系统提供能量。电力系统为航母提供电能。航空保障系统是舰载机在航母上作业的设备等。作战系统是航母上的武器装备、通信雷达等。

NO.9

“鸟中蝙蝠”的“基辅”号航母

如今，当游客欢喜地“到天津看航母”，触摸着静静的“鸟中蝙蝠”时，可曾想到，苏联文豪托尔斯泰著名的小说《战争与和平》？

关键词：

航母主题公园
国家的名片

小川说： XIAOCHUAN SHUO

2000 年 8 月 29 日，郑明少将打来电话说，天津民营企业买回了苏联北方舰队退役的“基辅”号航母，让我作为专家准备相关材料近期上舰。9 月 17 日 10:30，在天津环渤海控股集团原董事长郑介甫先生、假日经济活动组委会主任张合军先生等的陪同下，来自北京的航母专家组一行 5 人首次登上了“基辅”号航母。14:00 参观结束后，专家组紧急召开了专项研讨会。天津市政府高度重视航母的到来，希望各方人士积极配合做好航母改造工作。负责购买“基辅”号的天津天马拆船工程有限公司王玉才总经理介绍了购买情况以及拖运途中的特殊经历；投资开发方的解文玲主任讲述了为航母落座填海、深挖 8 米航道的过程；郑介甫董事长则激动地说：“曾经的海上霸王就在我们脚下，一定要把‘基辅’号航母打造成为国防教育基地，让国人懂得：国家解体，军威不再。”郑明少将、于瀛先生、张宝钧先生和我等专家组成员分别就如何将这艘 1975 年 1 月 3 日服役的被西方称为“鸟中蝙蝠”的重型载机巡洋舰打造成天津的“航母主题公园”发表了意见，“虽已无军事作用，但有军事技术价值”，大家各抒已见、畅所欲言。

其实，这艘 4 万吨级的庞然大物自从被拖离维佳耶夫锚地开始，到绕过好望角，穿越马六甲海峡，在大西洋、印度洋和太平洋经历了 100 多个惊心动魄、疾风险浪的日夜后，最终抵达天津起，在中国人心底唤醒的不仅仅是航母梦，还有回望战争的沉思、国家领土完整与珍爱和平的渴望。

基辅级舰，我们水晶般明亮的希望，国家的名片。

——苏联造船工业部部长 B.E. 布托马

苏联基辅级航母的建造是在古巴危机之后，美苏签订部分禁止核武器试验条约的情况下，利用美国陷入越南战争的大好时机，在时任海军总司令戈尔什科夫元帅的积极努力下完成的。苏联海军的航母发展道路一波三折，历尽沧桑。最终，他们冲破各种阻力“上演”了从直升机母舰、垂直起降飞机母舰到常规起降飞机母舰的“三部曲”：莫斯科级反潜直升机母舰（代号为 1123 型）、基辅级重型载机巡洋舰和库兹涅佐夫海军元帅级航母。其中，莫斯科级反潜直升机母舰共建成 2 艘，即“莫斯科”号和“列宁格勒”号。相比美国海军尼米兹级航母，作为苏联第一代航母的莫斯科级最多算是装备了较多直升机的反潜巡洋舰。1968 年 9 月 2 日，苏联政府决定，停止莫斯科级第 3 艘舰的建造，按设计代号 1143 型建造基辅级重型载机巡洋舰，装备垂直 / 短距起降的固定翼飞机和反潜直升机母舰，共建成 3 艘，分别是“基辅”号、“明斯克”号和“新罗西斯克”号。应该说，在当时冷战的背景下，基辅级舰已具有战略需求和技术基础两方面条件。首先，在作战需求上，由于美国海军发展并部署了能远距离向苏联本土攻击的“北极星”A-3潜射弹道导弹，迫使苏联海军必须具备无需岸基航空兵保护便能在中海、沿海实施反潜并具有制空能力的远洋型水面舰艇，基辅级航母满足了这一需求。其次，苏联于1967年成功研制出了“雅克”垂直起降飞机。虽然这型飞机最初并非为海军所用，但固定翼飞机的垂直起降技术已使当时的苏联人有了足够的信心来实现其作为舰载机使用的功能。与此同时，莫斯科级舰的建造与服役，为苏联造船业和海军积累了航母建造和舰载机使用的初步经验，进一步奠定了向大型、固定翼飞机航母发展的基础。

1968年10月16日，苏联海军总司令批准了1143型的战术技术任务书，新舰的总设计师是A. B. 马林尼奇。在进行初步设计时，一共提出了9个设计方案，除按战术技术任务书设计的6个方案外，还有3个是总设计师主动提出的带有弹射器和阻拦装置的方案。在这9个设计方案中，第2个和第3个方案保留了莫斯科级巡洋舰的基本外形，只是上层建筑不向右舷偏移；第1个和第7个方案的不同之处在于岛式上层建筑在飞行甲板上的布置，其武器配置和防护虽然满足了战术技术任务书的要求，但因排水量限制在20 000~25 000吨而无现代化改装余量；第4个方案考虑了保证雅克-36M垂直起降和弹射起飞的可能性，同时设有应急阻拦网，以备当飞机发动机发生故障时，进行应急着降；第6个方案则加强了舰的结构防护；第5个和第8个方案增大了飞行甲板的面积，可装载30~36架雅克-36M和米格-23型歼击机；第9个方案属于远景发展型：加强航空兵力，携带50架飞机，包括雅克-36M和米格-23型歼击机、侦察机、雷达预警机和反潜直升机卡-25，但取消了“风暴”对空导弹发射装置，采用核动力装置，排水量达到45 000吨。1969年3月4日，苏联海军和造船工业部审查并认可了1143型的初步设计，但是没有采纳涅瓦设计局主动提出来的设计方案，而是要求在第1个方案中将原本设计的排水量25 000吨做进一步的深化。由于当时在等待“莫斯科”号巡洋舰的试航结果，直到1970年4月30日，苏联海军和造船工业部才批准了新舰的技术设计。就在这一年7月21日，1143型首舰“基辅”号开工。

“基辅”号的建造周期为58个月。在这58个月中，解决了一系列设计上的新问题：研制面积约为3000平方米的无支柱机库结构；飞行甲板的特殊耐热涂层能耐垂直起降飞机发动机排气温度约1000℃的高温；能安装声呐站用的直径为8.4米的高强度导流罩；制定了防止航空武器使用中的火灾爆炸安全性措施和操作规程等。

至20世纪80年代初，苏联一共建造了3艘基辅级航母：首制舰“基辅”号于1970年由位于黑海之滨的尼古拉耶夫市黑海造船厂开工建造，于1975年5月完工，加入北方舰队；第二艘即“明斯克”号，于1972年动工，1978年2月服役，加入太平洋舰队；第三艘“新罗西斯克”号于1975年动工，1982年建成，1983年加入北方舰队，后改为配属太平洋舰队。这3艘舰成为当时苏联海军最大的水面战舰。1985年1月，“基辅”号的设计荣获了红旗勋章；总设计师A.B.马林尼奇、副总设计师和相关的设计人员都获得了不同等级的勋章和奖励。当时苏联的造船工业部部长B.E.布托马称：“基辅级舰，我们水晶般明亮的希望，国家的名片。”但它们在国家解体后均被迫背井离乡。“新罗西斯克”号被韩国购买后拆解；“明斯克”号于1998年被深圳民营企业购买；2年后，“基辅”号在天津南港码头安家；基辅级的“改进型”（代号1143.4型）“戈尔什科夫”号于2004年卖给印度，被印度海军改建成“维克拉玛蒂亚”号航母。

基辅级舰全长273米，水线长249.5米；宽47.2米，水线宽32.7米；吃水10米；

飞行甲板长 189 米，宽 20.7 米；标准排水量 32 000 吨，满载排水量可达 37 100 吨；装 4 台蒸汽轮机；最大航速可达 32 节，18 节航速时续航力 13 000 海里。基辅级舰有别于其他航母的地方在于其能将航空兵力送到远离本土或岸基飞机无法到达的作战海域和空域，同时还配置了很多其他水面舰携带的武器。相比莫斯科级舰，基辅级舰的战术技术性能显然有了很大的提高，除了具备能搭载直升机和垂直起降飞机的航母属性外，还具有一般巡洋舰、驱逐舰的作战能力，可担任编队指挥舰；执行编队反潜与防空任务；实施空中侦察、警戒和拦截；攻击敌航母编队，或用舰载机提供其他水面舰艇和潜艇发射对舰导弹的空中制导；实施垂直登陆，支援两栖作战；封锁敌海上运输与补给线等。从另一个角度看，将 4 万吨级的航母当作一艘巡洋舰使用，未免降低了该舰作战使用的规格。因此，西方戏称这一型航母与巡洋舰为一体的基辅级舰为亦鸟亦兽的“蝙蝠”；而俄国人自己也称其为“ГИЪРИЛНЫИ”，即生物学上的“杂交”之意。

“基辅”号航母服役后，常在地中海执行战勤任务。一次，“基辅”号在利比亚海岸与绕好望角、穿印度洋、过马六甲海峡，与北上跨越中国东海的“明斯克”号相遇，恰巧邂逅了美国海军第 6 舰队的舰艇。为了显示实力，“基辅”号和“明斯克”号同时起飞了 5 架“雅克-36”垂直起降机，在空中形成编队飞行。“基辅”号的服役，给苏联海军打了一针强心剂，也令西方世界为之一震。遗憾的是，苏联政体发生了巨大变革，“基辅”号被闲置起来。相比美国航母每年投资百万美元用于维修、平均每 5 年进厂大修一次或进行现代化改装，“基辅”号可谓“有福之物落入无福之地”了。正如当时的苏联海军司令切尔纳温所说：“我们需要它，但现役部队没有足够的钱来维护。”这不能不说是乱国之军的悲哀！

当然，将驶入天津港的“基辅”号和改装前的“明斯克”号进行比较，这艘“大哥”较“二弟”的总体状态要好得多，其主要原因是来天津之前的“基辅”号一直归属俄罗斯北方舰队，从俄海军管理上看，北方舰队要比太平洋舰队“正规”，舰员也更负责，在出售前没有再对“基辅”号进行“野蛮性”的爆破，且这艘航母也没有经过第三国的转卖和破坏。而“明斯克”号在出售之前经历了一次太平洋舰队的军火走私，被海关查出后，其舰体已遭到严重破坏。继这次人为破坏后，“明斯克”号在韩国被再次切割、研究和损坏，几经折腾，它已遍体鳞伤了。

2000年春，天津天马拆船工程有限公司以“供拆解用的废物原料”的名义从俄罗斯进口了“基辅”号航母，然后进行航母整修、航道挖掘、港池建设以及码头、道路、停车场等外围基础设施的修建。从当时的媒体报道可见，在继我国首个航母军事主题公园

曾经是苏联海军北方舰队旗舰的“基辅”号航母。

图片来源：《世界知识》杂志

——深圳明思克航母世界后，国人热情地希望“基辅”号航母能被留下来，成为北方旅游的一个亮点。同时，将这些“舶来”航母民用化，也为那冰冷的钢铁世界带来一丝现代文明的色彩，希望它们能像美国加利福尼亚州阿拉梅达市的“大黄蜂”号航母博物馆、得克萨斯州科珀斯克里斯蒂市的“列克星敦”号航母博物馆、纽约曼哈顿西侧哈德逊河畔的“勇猛”号航母博物馆一样，成为人们流连忘返的“故地”。

其实，研制航母难，改造航母同样是复杂而庞大的工程。美

国在将航母由军用改为民用之前，都会进行严格的论证设计，通常被改装的航母会回到当年建造它的船厂，由专业技术人员组成一个专项工程技术组，对航母现状进行考核、勘探，而后专家组会设计一套周密的改造方案。方案包括：经过严格计算，明确拆走有用的武器装备后，相应增设或改建一部分，以保证改造后的航母仍满足船舶设计原理，保证其稳性与生命力；设计泊位时，选择风浪不大的地方；对燃油舱进行彻底清洗，制订完善的防火措施；还要保证“三通”，增设许多新的逃生通道等。相较于普通舰艇而言，航母有更多的燃油舱室，这也对航母本身的安全造成了极大的隐患。航母历史上，70% 的灾难都是火灾，有飞机起降过程中撞击甲板引起的火灾，也有自身燃油泄漏而引起的火灾。这些都使本就复杂的改装工程雪上加霜。2003 年 9 月 3 日，正在山海关船厂改造装修的“基辅”号航母突然起火，浓烟滚滚，经过消防队员 8 小时奋力扑救，大火才被扑灭。据报道有 2 名在舱内进行管道作业的工人不幸遇难。

如今，当游客欢喜地“到天津看航母”，触摸着静静的“鸟中蝙蝠”时，可曾想到，苏联文豪托尔斯泰著名的小说《战争与和平》？

2000 年 6 月

第一次在“基辅”号航母上，查看了“沙箱”导弹发射装置，现已封舱。

摄影 张合军

Tips	航母的作战系统	海军常识小贴士

航母的作战系统主要分为信息源、指挥控制系统和武器等三大类。其中，信息源是航母能够发现目标来顺利执行作战任务的“使者”，一般包括雷达、声呐等探测设备，进行信息传输的通信设备，以及航空管制和导航设备等。指挥控制系统是航母作战系统的核心，为航母提供强大的编队与本舰作战指挥控制能力，利用指挥控制系统和通信系统建立起航母和护航舰艇层级式的编队作战指挥体系，执行防空、反舰、反潜和对陆攻击等作战任务。武器包括航母配置的自防御武器和舰载机，自防御武器需为航母提供分层的综合防御能力，从水下到水上到空中，一般包括近程武器系统、近远程有源/无源电子干扰等。

★ ★ ★ ★ ★
★ ★ ★
★

NO.10

到天津看航母，见“国家的名片”

我更深地体会到，作为“国家的名片”，航母承载着国家兴亡的铭印，是大工业时代彰显国家综合国力和科技发展的重器。

关键词：

航母改造
“基辅”号航母

小川说：XIAOCHUAN SHUO

“到天津，看航母！”这句广告词背后经历了许多鲜为人知的故事。

2000年9月，我们收到了天津市旅游局的邀请，为其《天津北洋舰艇博览游乐港》项目出谋划策，并成立“天津滨海航母观光游览区可行性报告”顾问组，支撑项目的有序开展。同年10月27日，顾问组收到了天津环渤海控股集团有限公司呈报的《关于天津北洋舰艇博览游乐港规划目标及说明》；11月7日，又收到《北洋舰艇博览游乐港规划设计理念及要点》等材料。郑将军组织我们迅速对其进行分析研究，我们很快提出了《关于航母改造工程总策划建议》，明确了航母观光游览的规划思路、经营思想和开发总目标，其中包括5类总包改装工程：舰上安全工程（确保航母自身安全项目，如防沉没、稳性、压载问题、重量控制等）、舰上复原整修改装新建工程（提供游客参观、游乐项目）、舰上保障工程（照明、通风、空调、消防、生活水等系统、设备与装置）、海上系泊工程（海上水鼓浮筒及舰上系泊装置、综合系统等）和舰岸联系工程（游客上舰通道、舰岸联接管线及桥梯等），并强调总包工作要对改造工程的全系统、全过程技术负责。

作为船舶人，我们有责任为我国航母事业添砖加瓦，为我们的航母梦、强军梦、中国梦贡献自己的微薄之力。

——舰船人因工程 施锦寿

2000 年 12 月 15 日至 16 日，天津市人民政府举办了为期 2 天的“基辅航母观光用途高层论证会”，会议内容包括“基辅”号航母现状和筹建天津滨海航母观光游览区规划思路介绍，听取有关单位和专家意见，制订下一步工作计划，部署航道清理工作。为此，郑将军结合 1998 年“明斯克”号航母改造工程的经验和教训，提前起草了顾问组的发言提纲，并以中国造船工程学会咨询工作委员会的名义为“基辅”号航母落座天津项目定了调：（1）社会效益。将废航母和平利用改造为观光工程，利于宣传我国坚持和平友好的方针，打破“中国威胁论”炮制者散布中国买旧航母作军用的谣言；铸剑为犁的民间商业运作，一方面可以尽量完整地保留一个具有一定技术借鉴作用的军舰实物，另一方面产生淡化我国抓紧国防现代化建设动向的某些有益效果。（2）经济效益。美国纽约“勇猛”号航母博物馆等 4 个航母博物馆几十年持续经营不衰；深圳明思克航母世界开业数月游客火爆。这些都证实了以航母为载体的主题公园式博览游乐中心是有市场效益的。为此，要求改造工程的项目咨询只从技术的角度提建议，不评论航母的军事作用，强调吸取“明思克航母世界”的开发经验和教训，加强总创意策划，稳妥论证评审，合理统筹规划，科学组织设计施工，力争做到控制投资、缩短周期、优化工程。基于此，我们首先依据检测情况，预判“基辅”号航母可开发出 5 万平方米展览面积的海上建筑物。因为基本情况远不如“基辅”号的深圳“明斯克”号已开放了 3 万多平方米，所以我们有足够的依据将“基辅”号开发成更理想的航母乐园。同时，购买“基辅”号与其改造工程的花费比完全在陆上新建相同面积的场所的投资要少，而前者在建筑形象的新奇与特色上更是无可比拟的，再加上陆海统筹规划协调开发，具有超越现在已有的航母博物馆的前景，以旅游带动经济的作用很大。（3）教育效益。以“基辅”号航母为龙头，扩展为北洋舰船博览游乐港的构想，展出古今、中外、军民舰船，并把天津北塘区域历史积淀加以开发，这对作为我国具有悠久历史的海港和开放城市的天津市，在面向海洋、迎接 21 世纪海洋新时代来说，在精神文明与国防科普教育上都将具有鲜明的时代意义和深远的历史意义。我们理应全力以赴，尽可能原汁原味地留下这张曾为苏联大工业时代的“国家的名片”。

此后，专家组多次前往天津。我还邀请了时任《舰船知识》的主编王义山先生等同仁，以及曾经参加人民海军接收苏联“四大金刚”之“抚顺”号和“长春”号驱逐舰的父亲一起上舰调研。后来，我们汇总调研结果，形成了正式的书面反馈意见：（1）航母上要分区改造，保留复原区，改造展示区，新建游乐区。尽可能复原航母指挥作战部位及情报中心的指挥台与仿真显示屏等，让游客身临其境地感受到航母作战时的神秘与紧张，强调航母外形和关键部位舱室要“修旧如旧”“原汁原味”。原貌开放区基本参照“明斯克”号的模式，分期修缮开放“岛”式上层建筑、飞行甲板，二期工程再开发甲板以下的关键区域，如作战指挥中心、导弹库、鱼雷储藏舱、炮弹舱、主机舱和锅炉舱等。（2）海上要分步扩展。改造“基辅”号，申请调拨潜水艇，新造仿古郑和宝船。

（3）陆上要分期建设。休假旅居先行，游乐、运动继之，视情况开发海空活动。（4）展览要早筹划。比如，海洋文明与人类、中外舰船历史与发展、海战历史与海洋人物故事等主题展览。

然而，对于退役航母改造主题公园，即使我们想得再周全，也是说来容易做起来难。

2003年9月3日，“基辅”号在改造过程中突然起火。当天，《中国青年报》记者刘世昕找到我，采访有关航母改造的问题。我向他阐述了以下观点：一是把航母作为娱乐科普基地不是中国的首创，在美国就有不少利用退役航母建造的航母博物馆，在加利福尼亚州阿拉梅达市3号码头就有被认为最具美国特色的“大黄蜂”号航母博物馆。自1998年10月16日开馆后的第一年，“大黄蜂”号航母博物馆就接待了80万名游客，收入7900万美元。二是在将航母改做民用项目之前都要进行严格的论证，然后再进行严格的改装，比如我在前文提到的美国航母的改造流程。另外，美国航母博物馆之所以能保持良好的状态，除了专业的改装外，还招募了很多曾在舰上服役的老兵、技术人员，成为航母博物馆的服务者；也就是说，改装后的航母的服务人员依然有相当一部分是训练有素的专业人员。但是，不得不说航母上确实容易发生火灾。尽管我国对船只改造有一系列的防火要求，比如火灾报警的规范、自动喷水灭火的规范等，但退役的航母上会有残余的燃油，油舱或输油管系也会处于非正常状态，水线以下的舱室更是航母上留有隐患的地方。

同年9月8日，《中国青年报》第二版题为《航母是座迷宫》的文章中报道了我的以上观点，其中包括相应的建议：管理者应该尽快请有关专家对参与项目的管理者、工作人员进行有关航母知识的培训，以确保项目在安全的基础上向公众开放。

终于，北京火车站第一次打出了广告：“到天津，看航母”。

不久，环渤海控股集团董事长郑介甫先生来北京，约我一起

1985 年

航行中的“基辅”号航母是苏联海军北方舰队的旗舰，可见改造前的风姿。

图片来源：《世界知识》杂志

做了一期以航母为主题的广播节目。在节目中，我们谈道：苏联海军退役的“基辅”号航母，曾被称为“国家的名片”，此时这个海上巨无霸正静静地躺在渤海湾的天津滨海海滩。它或许是一个时代结束的象征——第二次世界大战后冷战结束了；或许给您带来的是历史的沧桑感和难以抹去的负重感；或许它永远无法展现出当年的威风和雄姿；但是当您登上它的甲板时，您还是会被它庞大的结构和特殊的功能深深地震撼。也许，您从它静静的沉睡中，似乎感觉到战争离我们是遥远的过去。但是，当您细细地寻找那崭新如初的仍然盘绕在它的肚子里的电缆时，您也许能立即感觉到，战争的“神经系统”似乎并没有松弛下来……过去留给我们的，未来将要创造的，或许会在这一非常独特的“基辅”号航母的历史轨迹上再次展现出来，对它进行历史的钩沉了。

但据俄塔斯社报道，当年苏联居民对这件事的反应也各有不同。一些人咒骂那些将战舰出卖的人，指责他们对自己的历史不负责任，丢了“国家的名片”；另一些人则赞叹中国的收购，使这些退役的航母在远离祖国的海岸获得了新生。

多年后，我再到天津看航母，滨海新区已成为具有俄罗斯风情的游乐中心，参观“基辅”号航母需要办“护照”。如今的“基辅”号虽没能实现当初的全部设想，但严格遵照了“保留复原区，改造展示区，新建游乐区”的改造计划。我更深地体会到，作为“国

Tips	航母的防御	海军常识小贴士

航母的防御武器系统也是航母战斗力的一种体现，主要包括对空、对潜和对鱼雷等防御系统。防御武器系统是航母战斗力的重要保障。按照分层防御的原则，对空防御武器主要由战斗机、中远程防空导弹、近程防空导弹、防空火炮等组成，将其火力分别配置在远、中、近三个对空防御火力圈上。反潜武器系统通常由三部分组成，即固定翼反潜飞机、反潜直升机和舰载反潜武器系统；目前美国海军航母不装备反潜武器系统。鱼雷防御系统（又称反鱼雷系统）主要由鱼雷报警系统、拦截系统和诱饵系统等组成。随着现代鱼雷技术的快速发展，高速远距离攻击鱼雷的威胁越来越大，航母及其编队（战斗群）正在努力扩大对鱼雷的防御范围和提高反鱼雷能力。

★ ★ ★ ★ ★
★ ★ ★
★

家的名片”，航母承载着国家兴亡的铭印，是大工业时代彰显国家综合国力和科技发展的重器。航母改建工程不仅积聚了科学家宝贵的科学思维和工程理念，还展现了企业家敏锐与果敢的决策，而这一切似乎促进了中国航母的横空问世。

2015 年春节期间

平均年龄 32 岁的舰船人因工程团队参观了天津“基辅”号航母，右一为施锦寿。

NO.11

航母，大国海洋蓝色梦

在 30 多年里，苏联一举完成了航母发展的 3 次跳跃，获得了前所未有的成功，逐步实现大国海洋蓝色梦。

关键词：

俄国航母发展之路

航母发展的一波三折

小川说： XIAOCHUAN SHUO

众所周知，“辽宁”号是苏联未完工的“瓦良格”号续舰，如今俄罗斯多次提出建造航母的计划仍未见动工，即使是苏联，在航母发展道路上也好事多磨、命运多舛，其原因与国家战略相关，也受到政治家航母情缘的影响。几位在航母发展中起决策作用的领袖和名将在苏联航母坎坷的发展道路上，起到了举足轻重的作用。其中，赫鲁晓夫在位期间，一直强调航母在导弹大发展时期是个“活动的靶子”和“浮动的棺材”，并断言：“航母的出现将随着导弹核武器的出现而走向世界末日。”但是，他在后来所著的回忆录中对此另有别论，他承认：“我一直有个很矛盾的愿望，就是想要我们的海军能有几艘航母，可是我们没有足够的钱去建造。”那么，在建造航母的问题上，他的内心到底是怎样想的呢？为何他又言不由衷呢？

在寻求称心如意的事业方面，我没有换过职业，我的全部生活都同苏联海军连在一起，苏联在不久的将来会建造航母。

——苏联海军元帅尼古拉·格拉西莫维奇·库兹涅佐夫

俄国的航母发展之路与世界航母发展之路基本并行。

1928 年，著名的军事活动家杜哈切夫斯基提出了发展装有航空武器的专门舰船，但是在苏维埃政权创建之初，国家实在无力建造这种军舰。20 世纪 30 年代末，苏联的经济实力大大增强，重工业有了一定基础，在这种情况下，他们制订了建造 2 艘航母的计划。然而，正当苏联遭到德国和美国的拒绝而决定自己动手建造航母时，第二次世界大战的战火燃烧了起来。纳粹德国的大举进攻，使苏联不得不放弃发展航母的计划，苏联建造航母的梦想再一次化为泡影。

1946 年，吸取第二次世界大战中各国海军的经验和德国俯冲轰炸机攻击军舰的教训，再加上东西方冷战的开始，斯大林着手进行了第二次大规模的海军扩军计划。据报道，预定于 1960 年完成的计划包括 4 艘航母、斯大林格勒级战列巡洋舰、大批的巡洋舰以及潜艇等。其中，1949 年开工的“斯大林格勒”号战列巡洋舰曾是斯大林的“宠儿”，可惜还没有看到这艘巡洋舰的建成，他就于 1953 年 3 月 5 日突发脑出血去世了。同年 4 月 23 日，苏联政府决定终止第 3 艘斯大林格勒级战列巡洋舰的建造，第 2 艘也在船台上被拆除。当时，在苏联有一幅很有名的油画，画面上留着胡须的斯大林站在一艘巡洋舰的甲板上远眺。这从另一个侧面反映了这位南征北战的领导人酷爱大型水面战舰。

斯大林去世后，担任苏联共产党中央委员会第一书记的赫鲁晓夫认为“火箭核武器的高度发展已使大型军舰成为废物”，终止了斯大林未遂的航母梦。至此，苏联还未开始实施的航母计划便“胎死腹中”，但当时做的一切准备工作，都为后来建造莫斯科级直升机母舰奠定了基础。

给航母亮“红灯”的赫鲁晓夫反对大型水面战舰，却重视发展潜艇，特别是核潜艇。他在自己的回忆录中写道：“巡洋舰和战列舰作为海军骨干的时代已一去不复返了。当水兵们在巡洋舰甲板上利落地排队立正，欢迎一位海军上将或是去友好国家访问时，依然构成一幅美丽的图景。但是，这种仪式现在不过是一种优雅的享受罢了。”这段回忆录也反映出了他的军事思想。赫鲁晓夫上台以后，针对主张发展航母的观点说道：“我知道，现在有人吵吵嚷嚷‘看看美国有那么多航母！看看英国有那么多！还有法国！我们是个大国，难道不是吗？所以，我们也应当有航母’。他们迷惑周围的人，想把水搅浑，企图从政府那里勒索金钱建造航母。我的回答是‘这是胡闹’！”

苏联海军关于建造航母的建议迟迟得不到支持，这其中除了领导集团对航母本身的态度外，更有人提出：“从苏联的军事地理位置出发，北海和波罗的海上的小岛是天然的‘海上机场’，完全可以起飞作战飞机，对该海域活动的海军进行掩护。”总之，一时间关于是否要建造航母的问题在军内军外吵得沸沸扬扬。

但是，面对越来越严重的东西方“冷战”局面，苏联军方特别是海军开始意识到航母的重要性。1955 年 5 月 3 日，在伏罗希洛夫海军学院、克雷洛夫海军研究院、海军中央管理局和海军科研所代表的扩大会议上，苏联海军和造船工业部门讨论了建造航母的技术问题。与此同时，苏联海军和造船工业部门还讨论了海军研究所完成的航母设计方案——标准排水量为 27 000 吨、满载排水量为 35 000 吨的平甲板结构的航母。这种航母具有岛式上层建筑，甲板下机库可安置 22 架米格 -15 战斗机。遗憾的是，由于当时国家决策人物的反对，这项计划于 1955 年 12 月被迫“流产”。

对于苏联海军的发展，这两位政治领导人因国防军事战略观点不同而各有所好：斯大林偏爱大型水面舰艇，而赫鲁晓夫更醉心于导弹和潜艇。

在赫鲁晓夫时代，敢于公开发表意见并积极主张研制航母的是 1955 年 3 月被授予“苏联海军元帅”的尼古拉·格拉西莫维奇·库兹涅佐夫。这位时年 53 岁的海军元帅宣称：“苏联在不久的将来会建造航母。”

1902 年 7 月 11 日，尼古拉·格拉西莫维奇·库兹涅佐夫出生于德维纳河流域麦德维德卡村的农民家庭。17 岁那年，他成为北德维纳河区舰队的一名志愿兵。仅过 6 个月，他就被送往列宁格勒的一所海军预备学校学习，并于 1922 年转入海军学校，开始了他的海军生涯。正如他自己所说：“在寻求称心如意的事业方面，我没有换过职业，我的全部生活都同苏联海军连在一起。”

早在 1952 年 10 月，他曾在给斯大林的报告中指出：“在战役中，水面舰艇若无空中掩护则会招致重大损失。如在北方和太平洋海区，只有可搭载航空兵的航母才能给远离海岸的作战舰提供可靠的地、空掩护。”这位有着实际舰艇工作经验、成功地指挥海军参加卫国战争的元帅，十分了解战争对武器的需求，并知道海军发展最为关键的环节。然而，赫鲁晓夫不能忍受库兹涅佐夫的这种行为，他公开宣称：“库兹涅佐夫搞了个舰队十年建造方案，造航母……美国人建造航母，是因为他们要越过海洋办他们的事，库兹涅佐夫不懂业务，而且野心很大。我们搞清楚之后就撤了他的职。”就这样，库兹涅佐夫被革了职，军衔也被降为海军中将，继而由曾担任过潜艇舰长的戈尔什科夫接替了他的职务。

1974 年，库兹涅佐夫去世，但人们始终不能忘怀这位杰出的军事家在苏联海军和航母发展史上所做出的贡献。为了纪念他，俄罗斯仅有的现役常规起降飞机的航母被改名为“库兹涅佐夫海军元帅”号（简称“库兹涅佐夫”号）。

新上任的戈尔什科夫在航母问题上与库兹涅佐夫相同。他担任过舰长和艇长，参加过第二次世界大战，有着丰富的海上作战经验，十分推崇航母的发展。但是，他吸取了库兹涅佐夫的教训，不直接“顶撞”赫鲁晓夫，而是借助美国“北极星”战略导弹核潜艇的建成，巧妙地说服赫鲁晓夫在重视发展核潜艇和战略火箭的同时，也要重视反潜，并重新评估水面舰艇的作用，他决意要建立一支“均衡的海军”。

戈尔什科夫从抗击美国战略核潜艇威胁的角度出发，提出建造舰载机巡洋舰的方案，避开赫鲁晓夫对发展航母的反对态度，使他渐渐转变了思想，同意设计建造莫斯科级舰载机巡洋舰（实际上是直升机母舰）。而这一明智的决定，也解决了 20 世纪 30 年代与土耳其等国签署的条约中通过土耳其海峡的大型军舰受限的问题。

1958 年 12 月，苏联政府决定：在尼古拉耶夫市的黑海造船厂建造第一艘直升机母舰，并于 1967 年 12 月建成下水。苏联迈出了建造航母的第一步。美国“北极星”战略导弹核潜艇的出现，给苏联航母的发展打了一针强心剂，而戈尔什科夫对航母积极而讲究策略的态度，给航母发展带来了新的契机。

戈尔什科夫对苏联航母的发展做出了重大的贡献，他担任海军司令至 1985 年 12 月卸任，后于 1988 年去世。在俄罗斯，戈尔什科夫的著作之一《国家的海上威力》一直影响着后人。他极度重视“海权”的理念，使人们联想到美国的马汉。至今，基辅级航母的第四艘仍以“戈尔什科夫海军上将”号（简称“戈尔什科夫”号）来命名，以纪念这位对俄罗斯海军发展做出过伟大贡献的军事家。

在戈尔什科夫为航母申请到“绿卡”之后，苏联海军走上了从直升机母舰、垂直起降飞机母舰到常规起降飞机母舰的“三部曲”

Tips	航母上的作战指挥	海军常识小贴士

航母以编队形式作战，其构成复杂，涉及的部门多。作为一名优秀的航母编队作战指挥人员，必须首先明确航母编队复杂的层次或隶属关系，掌握航母编队的各个主要指挥部位。其中，航母编队指挥所是整个航母编队的指挥中心，其主要职责是分析和评估编队作战的态势和各种参数；指挥编队所有舰只和舰载机联队的作战活动；组织并形成航母编队的攻防体系等。本舰指挥所除了执行一般水面舰船通常作战指挥工作外，另外还增设了航空保障部门和飞行塔台指挥所；航空保障部门则主要负责舰载机的各项战斗勤务保障，主要包括航空供油、航空供气、航空供电、舰载机起降保障、舰载机调运保障、航空弹药贮运等；飞行塔台指挥所不直接指挥舰载机的作战，主要依托飞行指挥塔台实施指挥，其主要职责是舰载机的起降指挥和引导。此外，飞行塔台指挥所还负责协调通信、领航、导航、航空管制、气象等作战勤务保障部门，并按要求协助飞行指挥员开展飞行指挥工作。

道路，设计建造出了风格独特的 4 型航母，它们分别是莫斯科级直升机母舰、基辅级垂直起降飞机母舰（实为重型反潜巡洋舰）、“戈尔什科夫”号航母、库兹涅佐夫级常规起降飞机母舰。

在 30 多年里，苏联一举完成了航母发展的 3 次跳跃，获得了前所未有的成功，逐步实现了大国海洋蓝色梦。

俄罗斯仅有的现役航母“库兹涅佐夫”号，于 2018年开始大修，其间事故不断，至 2021 年初尚未完工。

NO.12

用设计谱写蓝色梦想

“人生如同船在茫茫大海里航行一般，有时会遇到恶劣的风暴，有时风平浪静、一帆风顺，但行船的人总把灯塔看作希望和方向。在人生航程中，祖国是我心中永恒的灯塔，照亮我前进的方向。”

关键词：

忘年交

莫斯科级直升机母舰

小川说：XIAOCHUAN SHUO

2012 年 8 月 2 日，为中国船舶科研事业奋斗一生的中国工程院院士张炳炎先生安详地走了，年仅 78 岁。这一突如其来的悲讯震惊了船舶行业。就在半年前，我们还约好等他来北京开会时见面。因为中国航母即将服役，想向他请教他在 1994 年撰写的《航母线型研究试验报告》和《研制直升机航母的必要与可行性分析》。记得张院士在电话里笑着说：“眼看就有自己的航母了，不再遗憾当时由于种种原因被搁置。”

张炳炎有着传奇的人生。4 岁开始，他跟随母亲当上了“小游击队员”，严酷的游击生活造就了他独立、自信、大胆、好奇的性格。少年张炳炎曾在题为《我的理想》的作文中这样写道：“将来，我造的轮船和军舰要乘风破浪航行在广阔无垠的海洋上，遨游世界，让中国有强大的海防。”1955 年，未满 21 岁的张炳炎在选择留苏学习的 3 个专业时，毫不犹豫地都填写了“造船”。5 年后，学有所成的他，怀着为祖国造船事业而奋斗的远大理想回到祖国，一干就是半个世纪。他主持或参与设计了世界上第一艘天然气水合物综合调查船“海洋六”号、中国第一艘万吨级科学考察船“向阳红 10 号”、中国第一艘全电力推进船“中国海监 83 号”、“雪龙”号破冰船、训练医院船等几十种舰船，为后人留下了“大胆设想、周密思考、仔细求证”“敢走自己的路、敢为天下先、敢承担风险”的舰船设计格言。

在人生航程中，祖国是我心中永恒的灯塔，照亮我前进的方向。

——中国科学考察船“向阳红 10 号”总设计师张炳炎院士

1997 年，在中国造船工程学会第六次全国会员代表大会上我第一次见到张炳炎先生。面对高大魁梧、满头银发的中国工程院院士，我紧张得语无伦次。当得知我在报考大学时填写的 3 个志愿也都是“造船”时，他开怀大笑：“我也是。”就这样，我和这位和蔼可亲、睿智风趣的长者成了忘年交。

2007 年底，在张炳炎院士家中，理想都是造船的两代人在一起讨论什么是“设计”。张院士的解读让我茅塞顿开，他说：

在张炳炎院士（右一）家中请教船舶设计。

摄影 宁薇

“设计其实包含‘设’和‘计’两字，自古以来都用于筹划，如‘规谋设法’和计谋、策略，又如‘从其计’，表示出主意、想办法等。这些都是表达人带有强烈倾向性和目的性的复杂而激烈的思维活动和力图付诸行动的潜意识行为。外文字的‘设计’也都有类同的意思，如英文 design，除我们习惯译为‘设计’外，还有构思、谋略等含义。另外，常译为‘设计’的 construction 的同根字 construct 有创造、构想、思维产物等意思。俄文中的‘设计’ проект 、проектирование 同英文 design 相对应，其义类同。俄文的 конструкция 和 конструировать 同英文的 construction 和 construct 相对应，其义也类同。可见，虽然语言、文字不同，但表达的基本思想都一致，所谓设计的内涵就是谋划、构思和创造。”

在如此博学的先辈面前，我当然不会放过讨论航母的机会。当问及如何看待当代世界各军事强国发展航母的问题时，从苏联留学回国的张炳炎院士毫不犹豫地说：“苏联从研制直升机航母开始走出了一条自己的航母发展路，他们的许多经验和教训都值得借鉴。”

西方把苏联的莫斯科级直升机母舰视为第一代航母，或类似于英国皇家海军的轻型航母，但苏联人自己称其为“反潜载机巡洋舰”。这除了政治上戈尔什科夫讲究策略的原因外，也有军事技术上定义不同的缘由。因为，航母（Aircraft Carrier），顾名思义就是一种以舰载机为主要作战武器并作为其海上活动基地的水面舰船，是一种携带许多飞机的庞然大物，如同一位子女众多的“母亲”。相比之下，莫斯科级直升机母舰不仅载机量十分有限，而且能力上也十分欠缺，只搭载直升机。

苏联海军的巡洋舰、驱逐舰和大型反潜舰一般都装有 1~2 架直升机，排水量最大的“彼得大帝”号核动力巡洋舰可搭载 3 架直升机，而莫斯科级直升机母舰可以搭载 14 架直升机。但是，把它列入巡洋舰，更容易得到批准立项、列入研制计划。此外，莫斯科级直升机母舰主要是针对美国“北极星”战略导弹核潜艇研

莫斯科级直升机母舰。

图片来源：杨廷望

制而用于反潜，若按照美国人对航母的定义，将莫斯科级直升机母舰称为“反潜载机巡洋舰”也未尝不可。

翻开莫斯科级直升机母舰的档案，我们可以看到，按照1959年1月31日，苏联海军总司令戈尔什科夫批准的1123型反潜巡洋舰的《战役战术任务书》中所说，莫斯科级直升机母舰的作战任务为，在远洋组成反潜搜索、攻击舰艇群，并协同海军其他舰艇和反潜飞机搜索、歼灭敌弹道导弹核潜艇及多用途潜艇。

第二次世界大战后，美国海军全力发展弹道导弹核潜艇。1959 年 12 月 30 日，第一艘“北极星”潜艇“乔治·华盛顿”号服役，其后续艇也相继被建造，到 1963 年又有 9 艘“北极星”潜艇相继交付海军使用。同时，还有 31 艘拉斐特级“北极星”潜艇列入计划，正在建造之中。“北极星”潜艇编入舰队，极大地改变了美国对苏联核威慑的态度。20 世纪 50 年代，苏联海军的主要任务是对抗美国航母搭载的核轰炸机。随着“北极星”潜艇服役，美国对苏联的核威慑也从空中转移到水下，而这也正是苏联海军装备差且十分薄弱的领域。因此，苏联海军决定有所动作，从而制订了大规模的反潜战计划。

这样，莫斯科级直升机母舰就成为这个计划的第一代主要军舰。该舰共造 2 艘，即“莫斯科”号和“列宁格勒”号。两舰均在尼古拉耶夫市的黑海造船厂建造，这是苏联在波罗的海以外建成的首批现代化大型军舰。东地中海是“北极星”潜艇袭击苏联军事和民用目标的最佳发射点。当时所有迹象表明，莫斯科级直升机母舰是为了在东地中海执行反击美国的弹道导弹核潜艇的任务而在黑海造船厂建造的。

首制舰“莫斯科”号于 1962 年 1 月 15 日开工，1962 年 12 月 1 日在船台上铺龙骨，1965 年 1 月 14 日下水，1966 年 11 月至 1967 年 5 月进行系泊试验，1967 年 5 月至 8 月进行航行试验，1967 年 6 月开始进行国家试验，1967 年 12 月 25 日正式服役。2 号舰“列宁格勒”号则于 1965 年开工，1968 年服役。

“莫斯科”号标准排水量为 11 300 吨，满载排水量为 14 600 吨；最大长度 189 米，最大宽度 34 米，设计水线宽 21.5 米，吃水（满载）7.7 米，带声呐罩时吃水为 13.6 米；采用 2 台蒸汽轮机，双桨，66.93 兆瓦（9.1 万马力），4 台锅炉，2600 吨燃油；续航力 6000 海里 /18 节，9000 海里 /15 节，自持力为 15 昼夜；航速 28.8 节；人员编制 541 人。

莫斯科级直升机母舰的最突出特点是采用了混合式舰型：前部类似于重巡洋舰艏部的样式，后部是典型的直升机母舰样式，中央是一个很大的上层建筑，将该舰分成前后两个部分。其首部是常规布置，装载主要武器及弹药库；后部是一个宽平的飞行甲板，一直通到舰艉。

莫斯科级直升机母舰的艏柱稍向前倾，首甲板前端呈圆弧形，首舷弧不很明显，干舷较高，遮蔽甲板除在各平台甲板处断开外，一直延伸到飞行甲板。按巡洋舰的布置，该舰上配置的主要武器有：1 座双管“旋风”发射装置，装 48 枚 82-P 型反潜导弹（西方称 SUW-B 反潜导弹）；2 座 PБУ-60 型火箭深弹（西方称 RBU-6000 型反潜深弹）；2 座 5 管 533 毫米鱼雷发射装置，1970 年被拆除。对空武器有：2 座双管 57 毫米火炮和 2 座双管“风暴”发射装置，装 96 枚 B-611 型导弹（西方称 SA-N-3 对空导弹）。

莫斯科级直升机母舰的尾部是飞行甲板。飞行甲板长宽分别为 81 米、34 米。主甲板下面的第一机库，长宽分别为 67 米、25 米。有两台升降机，尺寸为 16.5 米 ×4.5 米。该级舰最初设有 4 个直升机起降点，在每台升降机的前、后各有 1 个。它们以两个白色同心圆为标志，右舷为单数 1 和 3，左舷为双数 2 和 4。1970 年，中间增加了一个起降点，以俄文字母 P 代替了数码。

莫斯科级直升机母舰的主要武器为 14 架卡-25“激素 A”反潜直升机。卡-25 直升机服役于 1966 年，机身长 10.4 米，旋翼折叠后总长 12.3 米，旋翼直径 16 米，高度 5.4 米，空载重 5 吨，满载 7300 千克；采用 2 台 GTD-3 型涡轮发动机，每台 900 马力；最大巡航速度 190 千米 / 时，实用升限 3350 米，作战半径 300 千米。机上装有 400 毫米反潜自导鱼雷 1~2 枚。

电子设备有“日出”MP-600 型和“安加拉-A”MP-310 型雷达。为满足反潜战的特别需要，它还装有 1 部“猎户星座”（西方称为“麋颚”）舰壳声呐，布置在可伸缩的导流罩内；1 部“织女星”MG-325（西方称“牝马尾”）拖曳变深声呐。“猎户星座”声呐是一种大型中 / 低频全景声呐，具有远距离探测能力；“织女星”MG-325 拖曳变深声呐在苏联军舰上则是首次使用。

除了配置卡-25 直升机外，加上上述的反潜导弹、火箭深弹和反潜鱼雷，还有配套的电子设备，莫斯科级直升机母舰便可以执行它的主要任务——对抗美国的“北极星”弹道导弹核潜艇。同时，也可作为特混编队的指挥舰对敌水面舰只和飞机实施攻击，配合和支援两栖作战。

“莫斯科”号服役后不久，就在黑海使用直升机支援两栖登陆作战，并曾担任黑海舰队的旗舰，后于 1996 年 11 月退役；“列宁格勒”号服役较晚，且在苏联解体后即于 1992 年退出了现役。

张炳炎院士辞世后，我专程去上海看望他的夫人程蕴雪老师。交谈中，我回忆起 2007 年曾和张院士说：“等我退休有时间了一定写本您的传记。”记得当时他谦和地笑着说：“小川，我可不敢，没什么好写的。”2009 年，在上海国际海事会上再次和张院士说起此事，张院士爽朗地笑着说：“我给你准备了一些材料。”透着他那磁性嗓音的话语在耳边再次响起。程老师从书房里拿出张院士的笔记本，认真地交给我，看到整齐秀丽且附有俄语的字迹，我的双眼模糊了……作为忘年交，我知道张院士一生设计过许多船，但他很想有机会设计航母。当年，与他交流那篇题为《研制直升机航母的必要与可行性分析》的文章时，谈到苏联的第一代反潜直升机母舰，他从设计的角度分析道：“装备了很多的新式武器和设备，这对舰体本身从设计到试验都带来了极大的挑战，特别是直升机在舰上的起飞和降落，要适应不同的海况和气象，包括白天和黑夜、停航和航行状态。但这一切都为发展下一代航母积累了宝贵的经验，例如基辅级就充分应用了在莫斯科级直升机母舰上试验的一些新技术。”

如今，中国有了第一艘航母“辽宁”号，远比“莫斯科”号直升机母舰、“鸟中蝙蝠”基辅级航母要先进得多。然而，一生用设计谱写着蓝色梦想的张院士却离开了我们，未能赶上设计中国自主研制的航母。此时，回想起他的音容笑貌，耳边响起的仍

Tips	跨越领海线、赤道旗语	海军常识小贴士

出访舰艇编队跨越领海线、赤道时，为了激发出访官兵的出访热情，一般要组织宣誓仪式，同时要挂航行代满旗，即在两桅上悬挂国旗，舰艏、尾旗杆上不挂海军旗。我国海军出访舰船都组织过类似活动：飘扬的五星红旗、整齐的水兵方阵、紧攥的拳头、嘹亮的誓言、雪白的浪花，形成了一道特有的海上风景。

★ ★ ★
★

是那透着磁性嗓音的话语：“人生如同船在茫茫大海里航行一般，有时会遇到恶劣的风暴，有时风平浪静、一帆风顺，但行船的人总把灯塔看作希望和方向。在人生航程中，祖国是我心中永恒的灯塔，照亮我前进的方向。”

我在心里默默地说：“放心吧，张院士，您一直在努力，吾辈也会继续努力！”

NO.13

邂逅英国航母“卓越”号

回想当年，在奥斯陆码头、曾经血肉横飞的古城堡脚下邂逅英国皇家海军“卓越”号航母，望着港湾中与豪华客轮并靠的航母，望着岸边尽享阳光与海风的人们，望着满天飞舞的海鸥，我默默地祈祝：“世界和平永存！”

关键词:

英国皇家海军

无敌级航母

小川说: XIAOCHUAN SHUO

自1909年11月14日，美国民间飞行员尤金·伊利驾驶柯蒂斯式单座双翼民用飞机在“伯明翰”号轻巡洋舰上起飞成功后，美国、英国、日本等国在飞机与军舰“联姻”上使出浑身解数，走出了各具特色的发展道路。1917年7月，英国海军部订购了第一艘纯正的航母“竞技神”号，满心欢喜能拥有世界上第一艘“纯种航母”。遗憾的是，这艘英国皇家海军历史上第九艘以“竞技神”号命名的军舰，原本为纪念在第一次世界大战中被德军潜艇击沉的世界上第一艘水上飞机母舰，却被日本海军以悄然完工的“凤翔”号航母夺走了这一桂冠。

尽管如此，作为曾经的“日不落”帝国的英国在世界航母发展史上占据了多项第一：设计了世界上第一艘航母，发明了斜角甲板、助降镜装置和蒸汽弹射器等舰机适配关键设备，在百年航母发展史上占有重要地位。1982年，在英国与阿根廷的马岛海战中，英国海军的2艘轻型航母“竞技神”号和“无敌”号曾作为特混舰队的旗舰和主力舰投入了跨越半个地球的战争，突显了制海能力。从此，无敌级轻型航母让英国皇家海军复燃了“航母梦”。

很多国家都有航母，而中国这么大一个国家，也应该有。

——中国人民解放军国防大学李殿仁中将

英国皇家海军于20世纪70年代研制的无敌级航母是世界上最先采用滑跃式飞行甲板的轻型航母，共建3艘，满载排水量20 600吨，使用4台“奥林普斯”TM3B燃气轮机，持续功率72.5兆瓦(9.72万马力)，搭载“鹞”式和“海鹞”式战斗机，采用滑跃起飞、垂直降落的起降方式。这不仅适合当年英国的经济实力，解决了皇家海军继续拥有航母的问题，而且为世界经济实力不够强大的国家开辟了发展轻型航母的道路。

2001年5月，我随中国船舶工业集团公司代表团应邀参加在挪威首都奥斯陆举行的国际海事会，在被称为阿克·布利格港的“荣誉码头”（当年的“北欧海盗”就是从这里出发，经奥斯陆湾远征）邂逅了英国皇家海军无敌级航母的第二艘——“卓越”号。

5 月 30 日，当我们的车驶过港湾时，穿透阴雨中灰蒙蒙一片的桅杆，我的视线突然触及到停靠在城堡脚下的军舰，很快看到

停泊在奥斯陆码头的英国皇家海军“卓越”号航母。

摄影 田小川

了烟囱侧面的 R06 舷号、舷梯上 HMS ILLUSTRIOUS 的字样和舰艉飘扬着的“米”字旗。航母停在临街的码头，围观的人却不多，当地警察悠闲地站在那里，和气地告诉我：“航母是护送英国女王伊丽莎白来访的，周末对公众开放。”

我有些兴奋，想想在国内登上过的苏联航母“明斯克”号和“基辅”号，都是退役并“军转民”的航母主题公园，能登上现役的航母真的是可遇而不可求。

6 月 2 日，终于到了星期六。望着码头上用护栏围成的上舰通道和安检门，我脑子里闪现出 2 个字——出境。一会儿，顺利通过安检的我被 2 名女水兵热情地迎上了舷梯，她们认真地提醒我这个“老外”要注意安全。

我道了谢，径直走上“卓越”号。

舷梯通向机库，里面灯火通明，只是原本宽阔的停机区已被

红白相间的苫布遮挡得面目全非。被隔离出的参观区看上去像个过道，两边分别展出航空、消防、炊事与救援图片和什物。“路”窄人多，无法拍照。很快，我来到了舰艉平日里运送“鹞”机的升降机处，临时搭建的梯子和护栏使这里成为通往飞行甲板的路口。终于，我来到了全通飞行甲板。一眼望去，舰面很宽，尽管５架“海王”直升机列队排在靠海一侧的甲板上，使活动区域明显缩小，但游客的兴致并未因此受到影响，孩子们更是乐不思蜀地东奔西跑。

我拿着老式奥林巴斯相机拍照。突然，镜头里出现了一张腼腆的脸：他站在上层建筑旁的围栏边，身后有一辆大卡车。我走上前去，看见“地上”用黄色油漆画出的升降机标志，还有一套全副武装的特殊行头——我遇上了航母调运员。

“嗨，你好！”第一次和迎面走来的航母水兵打了招呼。

“你好！”年轻的水兵礼貌地回复，用手指了指车和笨重的衣服，“我负责把降落的飞机带回家。”他怕我听不懂，又指手画脚地补充：“飞机，是那种垂直起降的飞机（即‘鹞’和‘海鹞’），我用车将它们拖到安全的位置，再看是否需要送它们回机库或别的什么地方。”

“你喜欢这份活儿吗？”我出于本能地对航母舰员感到好奇。

“不。我本想找份挣钱的工作，还以为上舰会四处走走，或当个人人羡慕的英雄，没想到干这活。我不走运，你根本无法想象每次飞机落下来有多烦人，刺耳的声音，猛烈的气浪，还有冬天甲板上该死的冰。不要说打仗，就是平时训练伤亡也难免，让人受够了。”他一口气说着，与看上去的腼腆反差很大。

我的心有些沉重，联想到有人统计过的世界上“无战争日子为零”，真的有些不寒而栗。由于时间有限，我告诉他我想到舰艏看看。临别时，他向我自我介绍：“彼特，21 岁。”

彼特让我想起了在美国“日耳曼城”号两栖舰上21岁的杰克。

“喂，那里危险。”听声止步。我看了看脚下，不觉已越过了警戒线。

“我叫马克，这里可不是好玩的，你要小心哟。”一个快人快语的小伙子说。

“谢谢！我只是想多看看你们的军舰。”我实话实说。

“那你该和我们出海，航行起来才叫刺激。”马克神采飞扬，是个“自来熟”。

突然，马克顺势指给我迎面走来的军官，军官笑了笑，并示意马克让开。我有些好奇，发现军官身后走来一群人，其中有舰长。“他是舰长？”我脱口而出问马克。

舰长闻声停下脚步，看了看我这个“老外”：“你怎么知道我是舰长？”熟悉军事的人都知道舰长的军装有着明显的“四道杠”。我心想，嘴上却说：“我还知道你是世界上少有的能指挥空军飞机（‘鹞’式）的舰长。”这对我来说不算什么难题。

舰长怔了一下：“你是日本人？”也许，他是根据历史上日本建造过航母来判断的。

“我是中国人。”我心想：我们没有航母，不等于不了解航母。

舰长很友善，笑着和我们拍了照，又俯在我耳边低声道：“现在有事，一会儿见！”

5小时的参观很快就过去了，我对现役的航母真的有些恋恋不舍，临下舰时还和王义山主编在梯口的舰员出行牌上看舰员的名字。突然，一个声音从背后传来：“你好，中国姑娘，很高兴我们又见面了。”是舰长，我转过身，友好地伸出手。

“你好，舰长！”我礼貌地回答。

“我刚送走你中午见到的那批市政府官员和家属。认识你很高兴，没想到中国人也知道航母，我为你准备了一份特别的礼物，希望你喜欢。”他摸了摸没戴军帽已有些谢顶的头，悠悠地指着手里精制的“卓越”号出访奥斯陆的照片：夜幕下的航母与岸边灯火辉煌的古城堡交相辉映，十分壮观。

“非常感谢！希望每次见到航母都是和平愉快的，而不是战争。”我说的是心里话。

“这么好的天气，这么好的六月，这么好的相遇，我能为你做点什么？”舰长流利的伦敦音听上去像是与老朋友说话。

“快到生日了，您的礼物会让我对航母有新的了解。”长这么大第一次与航母舰长对话，却没有陌生感。

舰长看了看我，提笔在照片上写下：

赠田小川：来自我最美好的生日祝福。

“卓越”号舰长：查尔斯·斯特莱斯

“希望每次见到航母都是和平愉快的，而不是战争。”
（“卓越”号舰长查尔斯·斯特莱斯 赠送）

2001 年 6 月 2 日

邂逅英国皇家海军“卓越”号航母舰长。

摄影 王义山

我深深地被他的真诚所打动。是啊，我们虽然共存于同一地球，但谁能保证如此友善的舰长不会向自己的同胞开火呢？

此后，这艘英国皇家海军“卓越”号航母与美国航母并肩作战，参加了“9·11”军事行动。英国海军通过航母参与了监控伊拉克禁飞区、轰炸南联盟、支援阿富汗反恐作战以及伊拉克战争等作战任务。总结经验，英国皇家海军将发展能力定位在相当于美国海军尼米兹级航母 60% 的航母。2007 年 7 月，英国批准建造经过论证的 2 艘新航母，其主要用途是为英国提供远程空中进攻能力，可灵活操控尽可能最大范围的各种飞机，尽可能最广泛地执行各种任务。2008 年 5 月 20 日，英国国防部正式批准新航母进入建造阶段。新航母的满载排水量约为 65 000 吨，使用 2 台燃气轮机，带 2 台 35 兆瓦交流发电机，以及 2 台 11.7 兆瓦柴油机和 2 台 9.45 兆瓦柴油机，总发电功率 110 兆瓦，人员编制 1500 人；可搭载 36 架 F-35B“闪电Ⅱ”联合攻击机和 4 架预警机。新航母最重要的特征是具备“可改装性”，在未来服役期内可以改装成配备弹射器和阻拦装置的常规起降型航母。后来，改装后的舰只分别被命名为“伊丽莎白女王”号和“威尔士亲王”号。2009 年 7 月，“伊丽莎白女王”号航母举行钢板切割仪式；2010 年 7 月，“伊丽莎白女王”号航母的建造工作已完成了多个里程碑式的项目节点；2011 年 6 月，在 BAE 系统公司位于朴茨

Tips	舰载机联队指挥	海军常识小贴士

航母编队舰载机联队指挥是指由航母指挥所制订舰载机的作战计划，对所属舰载机的作战行动实施具体指挥，如向飞行员下达指令等作战指挥任务。通常，在航母编队指定的对空指挥能力较强的大型水面舰如巡洋舰或驱逐舰上，还增设舰载机联队辅助指挥所，主要担负舰载机作战的指挥和进入航母着舰的识别引导任务，以及对某个空域、某个方向临空舰载机的指挥引导和部分救护任务的临空指挥等；并对返航舰载机进行识别，没有筹划整个舰载机联队作战的人员和职能。例如，当舰载机执行完任务返航时，进入航母编队“进近管制空域”前，必须通过该舰上空进行识别，之后方可进入航母编队“进近管制空域”，在航母飞行塔台指挥所指挥下进行着舰飞行。预警机则在舰载机联队指挥所及其辅助指挥所的指挥下，为航母编队提供早期空中预警，与舰载机联队指挥所及其辅助指挥所的指挥引导部门协同，主要负责对舰载机联队作战空域或某个方向、某些批次舰载机兵力的指挥引导。

★ ★ ★
★

茅斯的大型造船车间内，该航母的两个船体分段实现合龙，并在不久后完成了管路、缆线、通风管道、机械系统的对接；2014 年 7 月 4 日，在苏格兰法夫的罗塞斯船厂举行下水仪式，英国女王伊丽莎白二世出席航母首次出坞典礼；2017 年 12 月正式服役后，进行了多次海试；2019 年 6 月 17 日，在进行为期 5 周的舰载系统测试和训练时，一个水密舱内发现积水 200 多吨，舰体虽未受损，但不得不于 7 月 7 日提前返回朴茨茅斯港。第二艘“威尔士亲王”号航母于 2011 年 5 月 26 日在 BAE 公司克莱德港高文船厂开工建造，2017 年 9 月 8 日举行了命名仪式，同年 12 月 21 日低调下水，预计将在 2023 年达到战备状态。

如今，无敌级航母三兄弟中除了“卓越”号已被改装成直升机母舰用于训练外，“无敌”号和“皇家方舟”号均已退役，轻型航母成为英国皇家海军的历史。回想当年，在奥斯陆码头、曾经血肉横飞的古城堡脚下邂逅英国皇家海军“卓越”号航母，望着港湾中与豪华客轮并靠的航母，望着岸边尽享阳光与海风的人们，望着满天飞舞的海鸥，我默默地祈祝：“世界和平永存！”

NO.14

“瓦良格”不再是“弃婴”

所幸的是，这艘“弃婴”的命运否极泰来，经过中国航母人全心全意地打造，终于在2012年9月25日以崭新的面貌入列人民海军，成为中国首艘航母，以“辽宁”号为名载入史册。

关键词：

国破家何在

中国首艘航母历史性的迁徙

小川说：XIAOCHUAN SHUO

2002年3月3日，在6艘拖船和1艘引水船的带领下，苏联建造的“库兹涅佐夫”号姊妹舰“瓦良格”号安全靠泊在大连内港西区4号散货码头。众所周知，中国航母“辽宁”号是苏联海军“瓦良格”号的续改舰，苏联的解体，导致一波三折发展起来的航母无家可归，完工60%的“瓦良格”号被迫遗弃在划属乌克兰的尼古拉耶夫市的黑海船厂，来不及与归属俄罗斯海军的姊妹舰“库兹涅佐夫海军元帅”号（简称“库兹涅佐夫”号）航母告别。

“瓦良格”号航母与“库兹涅佐夫”号航母有同一个设计代号，只是船厂订单批次不同。两艘航母均由涅瓦设计局设计，虽然同出“名门”，但命运却迥然不同。“库兹涅佐夫”号航母于1982年上船台，1985年下水，1990年交付苏联海军使用，现服役于俄罗斯海军。而“瓦良格”号航母于1985年上船台，1988年下水，1992年因无财政拨款而停建，最终因苏联解体而“胎死腹中”。对于苏联海军来说，这艘生不逢时的航母的悲惨命运实在令人扼腕慨叹，但对于此后转运中国，成为中国人民海军航母元年标志的首舰来说可谓是否极泰来。

惜别来临的瞬间，天才建造的巨舰，曾耸立在布格河边，梦想展翅高飞的黑色精灵，你迅捷躲进雾里，风吹干了眼泪，比起那隐蔽背叛的眼睛，世界上再没有更可怕的情景。

——苏联诗人维亚切斯拉夫·卡丘林

国破家何在？！

缓缓驶入大连内港散货码头的“瓦良格”号与俄罗斯海军现役的“库兹涅佐夫”号是同一级航母，它们均由涅瓦设计局于1982年以“重型载机巡洋舰”为名设计建造。在当时，这个计划受到时任海军总司令戈尔什科夫元帅的高度重视，得到时任国防部部长乌斯基诺夫的大力支持。“瓦良格”号设计代号为11436型，舰名最初命名为“里加”号，1983年2月22日为纪念刚去世的苏联领导人改为“勃列日涅夫”号，1985年12月6日上船台铺龙骨，1988年12月4日下水，1990年7月再次更名为“瓦良格”号，1991年11月总体工程进度达到了68%（直到转卖时，由于舰被损坏、倒卖等原因，造成完工率只相当于60%），1992年因无财政拨款而被迫停建，使原计划1993年装备苏联太平洋舰队的计划“胎死腹中”。

对于苏联海军来说，这艘生不逢时的“瓦良格”号的命运实在令人惋惜。《船台》杂志主编、尼古拉耶夫诗人维亚切斯拉夫·卡丘林在目送命蹇时乖的“瓦良格”号航母离开船厂时曾写下：“惜别来临的瞬间，天才建造的巨舰，曾耸立在布格河边，梦想展翅高飞的黑色精灵，你迅捷躲进雾里，风吹干了眼泪，比起那隐蔽背叛的眼睛，世界上再没有更可怕的情景。”

“瓦良格”号满载排水量 67 500 吨，标准排水量 55 000 吨；舰长 304.5 米，飞行甲板宽 75 米，吃水 10.5 米；航速 29 节，自持力 45 天；总设计师是 Л. А. 索科洛夫，主任建造师为 А. Н. 谢列金；副总设计师包括负责航空武器装备的谢尔盖耶夫、负责电气设备的勃罗夫金及负责无线电电子设备的捷列兹尼科夫等。舰体采用了总段模块化建造方法，在造船车间内要装配 1059 个建造安装单元，其中包括重量分别为 100 吨的汽轮发动机和 120 吨的柴油发电机，以及 450 多个住舱和公用舱室，为此船厂特地建立了专业化安装工段，到下水时，舰底层 10 个总段内全部主干电缆均已敷好。至乌克兰第一副总理 К. Н. 马西克签署停建命令时，完工率已达 68%。半途停建后，“瓦良格”号一直躺在尼古拉耶夫市新码头边，舰身不断生锈，还遭到人为的偷拆及破坏，致使其来中国之前的完工率评估只剩下约 60%。

乌克兰一位副总理曾在考察该舰时，深深地被这个气势恢宏的庞然大物所震惊，他沉思片刻后询问：“我们能不能集中力量把它建成？”主任建造师 А. Н. 谢列金对这位领导人的心情深表理解：我们何尝不想把它建成呢？如果能把该舰建造起来，不仅会使黑海船厂“活”起来，还可使苏联的数万家企业“活”起来。但是，谢列金不无惋惜地摇摇头，苦笑着说：“政府连拆毁的钱都没有，怎么可能在近几年拨款续建呢？”

乌克兰总统曾在竞选时似乎给“瓦良格”号舰带来过一线曙光。参选总统列昂尼德·克拉夫丘克举行竞选活动时访问了黑海船厂，并在竞选集会上坚定地说：“我们仍将建造这样的舰。”列昂尼德·克拉夫丘克参观该舰后，满怀信心地说：“乌克兰需要‘瓦良格’，我们一定把它建成。”他还高度赞扬该船厂，将其誉为乌克兰造船行业的一块瑰宝，并让工人们确信乌克兰将继续建造航母。他的讲话受到普遍欢迎，因此该厂的工人们一致推选他为总统候选人。但是，时过境迁，政治家的诺言化为泡影。“瓦良格”号终究未能续建。到第二次总统竞选时，克拉夫丘克再也没到黑海船厂来了。

然而，“瓦良格”号最终未能逃脱“弃婴”的悲惨命运。

停靠码头期间，有好几家外国公司希望购买它。法国人想把它改装成奢侈独特的水上游船，在上面举办举世闻名的航空展；英国人想把它改装为装甲式监狱，有的公司还想把它变成巨型浮动赌场或旅馆。当得知中国有意购买这艘半成品时，西方甚至要求乌克兰炸掉“瓦良格”号的内部结构，使其无法进行改建或改装，但终因种种原因均未能遂愿，其中一个原因包括黑海船厂在经费极度紧缺的情况下怕“煮熟的鸭子飞了”。1999年，迫于压力的黑海船厂拆掉了航母外围的几个舱室，以2000万美元的价格将“瓦良格”号及部分设计图纸卖给香港创律集团。不久，“瓦良格”号由以菲律宾船员为主的荷兰拖船队从尼古拉耶夫船厂的舾装码头拖走。当时，黑海船厂原厂长尤里·伊凡诺维奇·马卡马夫怀着沉痛的心情，走出休养所的病房，目送了它“最后一程”。那一刻，休养所的服务员看见他老泪纵横。

苏联未完工的“瓦良格”号航母在土耳其海域受阻。

图片来源：《世界知识》杂志

“瓦良格”号的厄运并未因此而终止。当该舰被拖运至黑海海峡时，遭到了土耳其政府的百般阻挠。禁运理由是它是进攻型武器装备，即航母，不允许通过博斯普鲁斯和达达尼尔海峡。眼看着每天付着高昂的停置费，它到底该何去何从？事实上，所谓的《蒙特里奥公约》并未明令禁止黑海沿岸国家的任何舰艇（包括航母）通过黑海海峡，只是西方媒体借机炒作罢了，以制造 2 个超级大国不和的事端。正如欧洲报纸所报道的那样：“只有土耳其才会相信苏联所说的‘基辅’号不是航母。”早在 20 世纪 70 年代，“基辅”号还在建造时，西方国家就试图阻挠其通过上述海峡，对此北约组织理事会虽然做了专门讨论，但并未做出任何决议。1976 年 7 月，“基辅”号因属反潜巡洋舰而第一次顺利通过了海峡，后来“诺沃罗西斯克”号及“戈尔什科夫元帅”号等也通过了这一海域。1998 年中国深圳民营企业购买的基辅级第二艘“明斯克”号航母虽小有波折，但也顺利拖泊至东莞，终成为中国第一个航母主题公园。这一次为何不让这艘无动力、无作战能力的“瓦良格”号过境呢？个中原因不言而喻。

“瓦良格”号因遭禁运而无法找到自己的栖身之地，一直被拖船拖带着，在黑海海域漫无目标地航行着，在海上整整漂泊了

17 个月。作为“瓦良格”号命运的见证人——黑海船厂的 3 个代表与最后一位总建造师，陪伴着这个可怜的无生命、无能源、冷冰冰的巨舰度过了 506 个日日夜夜。经过各种努力，“瓦良格”号终于获得了土耳其政府的批准，允许通过由其管辖的海峡。

2001 年 11 月 1 日，天气晴朗，博斯普鲁斯海峡风平浪静。上午 8 时，晨雾已散尽，“瓦良格”号航母，这艘没有动力的庞然大物，在 11 艘拖船拖行和 12 艘消防、救援船的前呼后拥下，开始进入曲折狭长的博斯普鲁斯海峡。“瓦良格”号以 4 节的速度缓缓前行着，到下午 2 时 30 分，终于安全驶过了海峡的最后一个危险弯角，进入了宽广的马尔马拉海。至此，“瓦良格”号航母顺利通过了长 32 千米、宽 650 ~ 3300 米、深 30 ~ 120 米的博斯普鲁斯海峡。然而，天有不测风云，该舰刚出达达尼尔海峡就遭遇了风速达 25~28 米 / 秒的强台风。

11 月 3 日，在爱琴海斯基罗斯岛附近的国际海域，由 6 艘拖船拖着的“瓦良格”号航母遭遇到了前所未有的风暴。正值夜晚，拖船的拖曳钢缆承受不住狂风的纠缠而断裂了，顿时这艘巨舰处于自由漂浮状态。这个庞然大物像疯子一样，在布满上千个岛屿的爱琴海中左冲右撞，随波漂流。当时该舰上还有 7 个人：3 名乌克兰人，来自黑海船厂；3 名俄罗斯人，来自俄罗斯拖船；1 名菲律宾人，荷兰拖船的领航员。直到第 2 天清晨，大家才发现“瓦良格”号正漂向一个 5~6 海里远的小岛。位于前方的拖船根本无法接收到该舰艄部抛过来的缆绳。几经周折，最终还是俄罗斯拖船化解了这次险情。该拖船绕到“瓦良格”号后面，船员们成功地接收到了从艉部抛过来的缆绳，这样才使该舰稳住了阵脚。遗憾的是，在狂风肆虐的 12 小时中，一名挪威拖船上的水手因被缆绳绊倒而跌入海中不幸遇难。

救援人员绞尽脑汁、拼尽全力营救，直至 11 月 7 日，“瓦良格”号才被 3 艘拖船和 1 艘希腊船的拖缆控制住。真是一波三折，有惊无险！2002 年 3 月 3 日，历尽艰险的“瓦良格”号航母终于抵达大连。早晨 5 时许，在 6 艘拖轮拖行及 1 艘引水船的带领下，“瓦良格”号航母离开了大连港外锚区，徐徐向内港进发。上午 9 时许，“瓦良格”号抵达内港。中午 12 时，“瓦良格”号安全靠泊到大连内港西区码头。

“瓦良格”号被以世界上最大的拖船俄罗斯的“尼克拉·奇瓦尔”号为首的 3 艘不同国籍的拖船拖带着，穿过运河，绕过非洲，跨越印度洋，经过苏联海军“明斯克”号为首的舰艇编队通往远东的航线，终于到达了目的地——大连港。

经过 8 年努力，“瓦良格”号成为中国海军第一艘航母“辽宁”号。

摄影 李唐

Tips	“瓦良格”的续建经历	海军常识小贴士

1999 年，“瓦良格”号航母在下水 11 年和停建 7 年之后，准备移居中国。“瓦良格”号的拖航路线是经博斯普鲁斯海峡，进入爱琴海、地中海；经苏伊士运河，进入红海；经曼德海峡，进入阿拉伯海、印度洋；再经马六甲海峡，进入中国南海；然后停靠大连港，预计航程 60 天左右。然而，“瓦良格”号历经 15 200 海里航程、耗时 4 个月（123 天）的艰难远航，于 2002 年 3 月 3 日才抵达大连。2005 年 4 月 26 日早上，“瓦良格”号在大批拖轮的前呼后拥下出现在公众视线中；7 月初，停靠至大连造船厂的一个专用码头，再次陷入了“沉寂”。直到 2010 年 3 月 19 日，“瓦良格”号在拖轮的推动下，停泊在距原船坞仅“一墙之隔”的 30 万吨南舾装码头，船体舱室与外观已进行了修整，飞行甲板上出现了新的可倒式护栏；船体原有的舷窗全部取消，内部舱室改为全封闭设计；舰岛涂装灰色的无机富锌底漆，烟囱涂成白色。2010 年 12 月，“瓦良格”号上锚链筒的喷水孔开始喷水，标志着“瓦良格”号已进入系泊试验阶段；不久冒出蒸汽，开始动力系统试车。2011 年 7 月 27 日，中国庄严地向外宣布：中国正在对一艘被抛弃的、未建成的航母平台进行改造，用于科研试验和训练。同年 8 月 10 日，“瓦良格”号正式下水，中国终于有了第一艘航母！

“瓦良格”号航母这次历史性的迁徙写满了海上惊险与坎坷遭遇。所幸的是，这艘“弃婴”的命运否极泰来，经过中国航母人全心全意地打造，终于在 2012 年 9 月 25 日以崭新的面貌入列人民海军，成为中国首艘航母，以“辽宁”号为名载入史册。

NO.15

航母梦 海洋梦 中国梦

生命的力量，始于伟大，着墨于细微，更会流芳于后世；作为船舶人，我们有责任为我国航母事业添砖加瓦，为我们的航母梦、海军梦、中国梦贡献自己的微薄之力。

关键词：

朱英富院士

中国航母精神

小川说：

2019 年 4 月 23 日，中国人民解放军海军成立 70 周年海上阅兵中，中国第一艘航母“辽宁”号成为亮点。同时，参阅舰中还有一艘“回娘家”的泰国海军“纳莱颂恩”号导弹护卫舰，它因与辽宁舰有“特殊亲缘”关系而备受关注。知情人都知道，这两艘看似不相关的军舰拥有同一位总设计师，他就是朱英富院士。

2019 年 5 月 27 日，在朱英富院士的办公室，我们谈起当年他作为总设计师，为泰国海军设计建造导弹护卫舰（F 25T）的经历。该舰是我国第一艘出口军舰，其综合性能与 20 世纪 90 年代最高水平的德国出口型 MEKO 级护卫舰相当。他认真地说：“当时为了满足泰国海军装备国内外先进电子武器、排水量比国外同类型舰小 10% 以及西方武器不在中国装舰的要求，在动力选型、电缆敷设、总体布置等许多方面

只要祖国需要，我愿意一直做下去。

——中国第一艘航母“辽宁”号舰总设计师朱英富院士

XIAOCHUAN SHUO

做了创新与改进，使其综合性能遥遥领先于国内其他护卫舰，还创造了6年时间建成并交付2艘新舰的纪录。”此后，朱英富院士于1996年主持了我国新型导弹驱逐舰“中华神盾”号的研制。作为总师，他率领大家攻克了许多被封锁的技术难关，本着“不等不靠、勇于承担技术风险”的精神，实现了我国水面舰艇编队区域防空的零突破，填补了我国海军中远海作战能力的空白，为我国海军从近海防御型转向远海防卫型的战略转型做出了重要贡献。2008年底，该舰赴亚丁湾执行护航任务，为祖国赢得了声誉。当回忆起参加“瓦良格”号航母改建工程的事时，耄耋之年的朱院士微笑着说：“真没有想到在我64岁那年，授命我为航母总设计师，在缺失设计文件、缺乏标准规范等情况下，将一座钢铁废墟改造成了航母。”

在海边长大的朱英富，儿时的梦想是当船长。高考时，为了节省家里的花销，他放弃了到大连海事大学学习航海专业的机会，考取上海交通大学造船系，毕业时又顺利考上了第一批国家统招研究生。求学期间，他努力学习，不仅专业成绩突出，还掌握了俄、英、日等多国语言，为以后的工作打下了坚实的基础。1982 年，已经参加工作 16 年的朱英富再次踏上了求学之路，赴美国加州大学伯克利分校留学。1984 年，作为技术人员兼技术翻译，他再次赴美，与其他科研工作者一起通过国际交流提高船舶设计理论水平，同时深入了解西方文化。1987 年，理论过硬、知识广博、经验丰富的朱英富担当总师重任，一肩双挑一干就是 10 年。1994 年，在中国造船工程学会军船学组会上，我第一次见到了儒雅大气的朱英富。在谈到当年有没有想过定居国外时，朱所长说："自己是最早公派留学的，压根没有产生过定居国外的念头。不仅自己没有这样想过，同一批次出去留学的人也没有这种想法。"他坦言："如果从物质生活和做学问的环境来衡量，当时中、西方的确有一定差距，然而要真正实现人生价值，唯有祖国才能实现一名设计师自行研制中国舰船的梦想。"从那时起，我的心底留下了深深的烙印：科学无国界，科学家有国籍！

1997 年，作为《舰船知识》杂志《专家谈航母》栏目的责任编辑，我写信给朱英富所长，恳请他撰写有关航母的文章。不久，我收到了由他和林尧清老师合写的《航母及其舰载机》一文，更加深了我对航母的理解。正如文中指出："第一次世界大战期间，航母作为舰艇辅助兵力出现在海战场，到了第二次世界大战时，发展成为海上空中攻击的主要工具，而现今已成为集中反映国家军事、工业、科技水平等综合国力的象征。"

航母是一种有机综合军舰和飞机各自优势的技术密集、投资大的大型武器系统。尽管苏联解体后，世界形势趋缓，许多国家军事经费削减，航母的高昂造价和维持费用再次成为人们争论的焦点，但美国仍在继续建造大型航母尼米兹级，一些中小国家也在积极发展航母，如法国正在建造"戴高乐"号核动力航母，泰国由西班牙的巴赞造船厂为其建造轻型航母，印度、日本、韩国、意大利、西班牙、阿根廷、澳大利亚、巴西等也在寻找发展航母的途径。

这些国家竞相发展航母并非偶然现象，诸多的事实表明：全球大战的威胁虽然逐步降低，但局部冲突不断，新的矛盾和危机不断出现。随着国际形势的深刻变化，在进程上趋于快速打击、迅速脱离的局部战争将是未来战争的主要形式。因此，将舰艇的高机动力与飞机的高打击力合二为一的舰载航空兵便成为最合适的有效兵力，航母就成为一些国家首要发展的武器系统。由于其独具海空一体化的作战能力，航母很快动摇了“大舰巨炮”海军理论下出现的战列舰统治海战局面的传统地位，并进一步取而代之，成为海上的核心兵力，常被誉为是强国的象征，是综合国力最富表现的支柱。从总的趋势来看，21 世纪海上的主体兵力仍然非航母莫属。由于当前各国各自的地缘因素、使用观点和经济技术实力的不同，航母顺理成章地朝超大型、大型、中型、小型方向发展，但把研制航母作为海军发展战略目标这一点是一致的。深入研究现代海军建军原则，我们不难发现，在确定了海军发展总目标之后，各国往往把建设一支均衡的海军作为总方针。所谓均衡的海军，主要体现在如何通盘规划海军的规模、结构、数量和组成，如何科学地按计划有重点地发展。

作为维护各国海洋利益与海上交通安全的国防力量，海军的发展一直以“均衡”为要求。其含义在于，一是根据各国军事学说的军事战略来确定海军在整个武装力量中的作用和地位，考虑国力的可能性，确定总体规模，使海军发展与其他军种保持协调的均衡，与完成国家军事总战略赋予海军的任务相适；二是保持海军内部各舰种有合理的结构比例的均衡。如果从总的排水量和舰艇数量来看，似乎是较强大但又不均衡的这种海军格局在整个战术战役的作战潜力并不比数量少而精，即经过优化均衡的海军来得更为有效。随着世界经济中心的东移和陆上资源日趋匮乏，海洋将是未来争夺的焦点，发生海上冲突的可能性是存在的。冲突不论在洋面上发生，还是在濒海发生，都将是一场高科技体系的对抗，其中取胜的关键因素是谁掌握了海上制空权。

2003年底，我在上海国际海事会上与朱所长相遇，说起当年那篇文章的观点：“夺取海上制空权可以采用多种方案，不过发展航母和以航母为核心的海上编队将是一条行之有效的途径，也是从根本上建立均衡海军的优化方案。”他笑着说：“该有好舰了。”

2012年9月25日，在人民海军辽宁舰的入列仪式上，温家宝总理高度赞扬了仅用8年时间就完成了10倍于驱逐舰建造工作量的航母工程，充分展现了“忠诚使命，报国强军的爱国精神；勇攀高峰，追求卓越的创新精神；遵循规律，求真务实的科学精神；迎难而上，无私奉献的拼搏精神；团结奋斗，同舟共济的协作精神”。

2012年9月25日

中国第一艘航母辽宁舰入列，充分体现了中国航母人“忠诚使命，报国强军的爱国精神；勇攀高峰，追求卓越的创新精神；遵循规律，求真务实的科学精神；迎难而上，无私奉献的拼搏精神；团结奋斗，同舟共济的协作精神”。

摄影 李唐

中国航母精神背后蕴藏着9000多台（套）设备的上舰安装和单机恢复、约400万米电缆的拉放铺设、3600多个舱室的内装和喷涂施工、2300余项系泊航行试验，10倍于驱逐舰建造的工作量，而现场施工周期却只有国外同类航母建设的一半，参建人员平均每天工作14小时，15位同志牺牲在工作岗位上。负责航母工程管理工作、同样深怀航母梦的贡毅敏曾审阅过我流着泪撰写的关于中国航母人的这些事迹，它们不仅仅是故事！

而我在参加航母海试的新员工的总结中，看到了新一代中国航母人的快速成长与担当！

年仅24岁的施锦寿在他的《蓝色的中国梦》一文中写道：当我登上一望无际的辽宁舰，当我凝视无垠海面上暗夜里的点点星光，我向往海洋。中国梦首先是一个强军梦，中华民族有着悠久灿烂的文明，长期居于世界文明发展的前列，近代中国的灾难，是从西方列强在军事上比中国强大并欺负中国开始的。我第一次出海，我们经常是早上6点不到就开始工作，晚上一般到11点多，没有间断，有一次访谈值班参谋作业流程更是到了凌晨1点。在出航后期阶段，几年难遇的风浪让许多舰员都严重晕船，有些人甚至已经倒下，我们的身体也几乎承受不住了，但仍然坚持做完了测试工作。船上的工作忙碌而简单，而舰员们的日常工作量也让我感到自愧不如，完成调研，我们就可以回家，而他们会在经历短暂的休整后重新出发，日复一日，年复一年，与大海为伴。平时在电视里看到航母甲板上划过的一道道机影，演绎的不仅是无数次朝起夕落的飞行任务，更述说了机舱内飞行员必须经历的眩晕与充血之苦。他们在服役的时光里，为我国国防事业奉献了自己的青春与梦想，不禁让我对那片迷彩蓝肃然起敬。生命的力量，始于伟大，着墨于细微，更会流芳于后世；作为船舶人，我们有责任为我国航母事业添砖加瓦，为我们的航母梦、强军梦、中国梦贡献自己的微薄之力。

中国航母人习惯了只做不说，我们的幸福来自一代又一代人的同梦，就如同年轻的军代表王晖曾这样自信地说："当凛冽的寒风倾诉着追梦者的孤独，我们仍然执着地追寻温暖的阳光；当漫长的黑夜吞噬着追梦者的道路，我们依然坚定地迈出刚毅的步伐。"

2019年5月27日，在辽宁舰总设计师朱英富院士的办公室里，作为中国航母人的代表，他为广大青少年郑重写下"努力学习，打好基础，学好本领，报效祖国"时，我问及他今后的打算，他平和地说："只要祖国需要，我愿意一直做下去。"

2019年5月27日

在辽宁舰总设计师朱英富院士的办公室里，朱英富院士（左）为广大青少年郑重写下"努力学习，打好基础，学好本领，报效祖国"。

摄影 吴纯清

Tips	中国航母梦	海军常识小贴士

20 世纪 60 年代，中华人民共和国在内忧外患下，中国共产党中央军事委员会提出了发展远洋海军船舶工业八年建设两步走的计划：第一步，以导弹为主，以潜艇为重点，同时发展中小型水面舰艇；第二步，建造航母。“航母之父”刘华清一直关注着世界各国航母的发展和应用，思考着航母研制的有关问题，并于 1970 年亲自主持起草了中国历史上的第一个航母工程报告，组织领导了中华人民共和国成立以来首次航母研制专题论证。在当时的条件下，还造不出一艘完全具有自主知识产权的万吨级舰船，建造航母只能是个梦。1973 年，周恩来总理在会见外宾时感慨地说道：“我搞了一辈子军事、政治，至今没有看到中国的航母。看不到航空母舰，我是不甘心的啊！”20 世纪 70 年代和 80 年代，刘华清在海军司令部出任要职，继续推动中国航母前期工作，多次组织航母专题论证，但由于发展航母经费巨大而不了了之。

★ ★ ★ ★ ★
★ ★ ★
★

中华航母第一舰"辽宁"号
舰母小川素描
2017.5.14.

30° W
20° W
10° W
0°
10° E
20° E
30° E
40° E
60° N
50° N
40° N
30° N
20° N
10° N
0°
10° S
20° S
30° S
40° S

PART Ⅱ

zhui meng

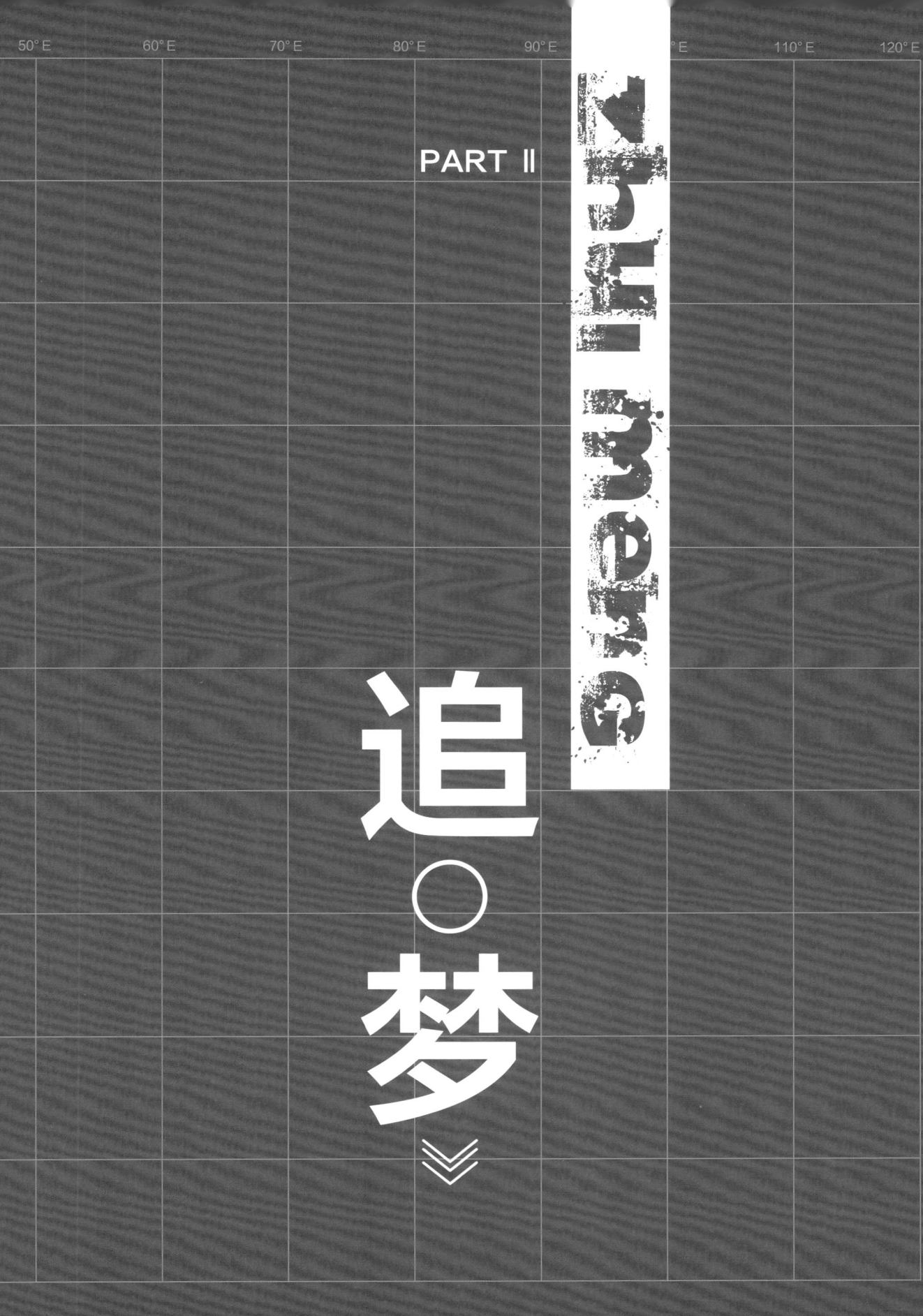

追○梦

NO.16

“柯蒂斯金鸟”还巢后的新航

飞机在舰上起飞和着舰这两次试验的成功，奠定了航母作为一种方兴未艾的新型舰种的存在基础，引起了各国海军的普遍关注，世界各海军强国竞相进行类似试验，并先后取得了成功。

关键词：

巡洋舰上起飞试验

首次飞机着舰试验

小川说：

2019年12月17日，我国第一艘国产航母山东舰交付海军。傍晚，中国海军首批飞行员舰长、我国航母接装训练首任指挥员李晓岩打来电话：“小川好！到三亚了吗？”一句亲切的问候，让我的血液瞬间上涌，心里感知到航母人之间浓烈、特殊的情谊！

“将军好！我不在现场，今天有评审会。您呢？” 在这个特别的日子，我们有许多话想说！“和你一样……”听着电话那端爽朗的笑声，我仿佛看到他当年飞过5种机型、驾驭过6艘战舰，带领海军陆战队机动4000多千米、跨越10个省时笑傲海天的风采。

“在大连，我曾目送航母启航，人未同行，心未分开，终于等到了这一天！” 我赶紧憋住往外奔的眼泪，怕激动得说不出话。尽管在这个值得永恒记忆的日子里，中国航母人之间有许多话不用说！

放下电话，回想起辽宁舰入列后，我和师妹曾约定：拍一组“航母闺蜜照”留作纪念。7年过去了，还没有时间履约。记得当时我们

XIAOCHUAN SHUO

在电话里笑着说："这辈子幸运地赶上设计了最美流线的航母，时光却带走了自己曾经最美的曲线。"作为研制航母的女性，我们很少有时间买漂亮的衣服，即使买了也没有时间和场合穿，但是一直都有爱美的天性。于是，我答应她：等国产航母服役了穿旗袍，穿着旗袍讲航母，讲中国航母梦，讲中国航母人的故事……想到这，我忍不住写下："放眼世界航母的历史已达百年，中国人的航母梦也做了百年，其中，

中国人民解放军海军山东舰舰徽

不仅有对强大武器的渴望，更饱含着不再承受侵略的企望。我们攻坚克难、负重前行，成就梦想！中国航母梦，是仰望星空者的坚实脚步，是探索前行者的执着背影，是战舰劈波斩浪的壮阔航迹。梦，从海上出发，强于天下者必胜于海。”

历史上，1903 年 12 月 17 日，在美国莱特兄弟驾驶着他们发明的可以称之为飞机的装置第一次飞上蓝天以后，军事家们敏锐的目光立即投向了飞机的军事价值。因为在他们眼中，人类进入航空时代有着更深一层的含义：平面战场将被立体战场所取代，天空将成为继陆地、海洋之后的第三维战场空间，为人类提供了又一个浴血厮杀的战争舞台。此后，在美国总统罗斯福的敦促之下，美国陆军部于 1908 年开始着手对莱特式飞机进行改进，使之能够用于陆上作战。尽管这时飞机各方面的性能还很不完善，但它在完成空中侦察、火炮校射等任务时的出色表现已经使许多人开始意识到，作为一种陆战武器，飞机在未来战场上具有强大的威力和广阔的发展前景。但是，飞机能否作为一种海战武器，特别是飞机能否随同舰队在远洋的海战中发挥作用，对于大多数人来说虽然无法想象，但是有很大的期待，当然关键在于飞机能否在军舰上起飞和降落。

在 1908 年美国陆军开始采用飞机的同时，尽管美国海军中已有一些极富想象力的人提出了让飞机从一艘战列舰上起飞的大胆设想，但这也仅仅是设想而已，他们并没有真正准备进行这种尝试，海军甚至连用于飞行试验的飞机都没有购买。就在这时，一则看似极为偶然的新闻报道，使美国海军的态度发生了转变。这则新闻报道称，德国人正在进行一项研究试验，准备让一架携带邮件的飞机，从一艘由德国汉堡驶往美国纽约的德国邮船的前甲板平台上起飞，以加快向纽约投递邮件的速度。

这条消息一经报纸刊登，立即引起了美国海军当局的警觉：德国，这个正在以惊人速度崛起的新兴的海军强国，其海军实力增长之快，已经足以令英国这个老牌的“日不落帝国”感到实实在在的威胁，而这一次的出奇举动，是否意味着德国海军又在以邮政试验做掩护，正在演习一种特殊的越洋攻击美国本土的新战术？对于长期奉行孤立主义的美国人来说，“两洋”是其赖以抵御外来攻击的天然屏障，他们对于来自“两洋”上的威胁极为敏感。因此，对德国人的这一出奇的试验，美国海军当然不能熟视无睹，更不能落后于别人！美国海军物资局局长助理华盛顿·欧文·钱伯斯海军上校随即被任命为组织飞机在军舰上进行起降试验的总负责人。

尽管钱伯斯被任命为试验的总负责人，但是美国海军部却没有资金支持他的试验。面对如此“无米之炊”的境地，信心十足的钱伯斯上校并没有望而却步。他先是设法动员了对航空事业颇具兴趣的政治活动家、出版商约翰·巴里·瑞安，使其慷慨解囊、出资捐助了1000美元；随后，他又说服了当时著名的飞机设计师格伦·柯蒂斯以及他的学生、民间飞行员尤金·伊利，得到了他们的全力帮助。1910年1月9日，钱伯斯领导的起飞试验小组在一艘新型的轻型巡洋舰“伯明翰”号的前甲板上搭起了一个向前倾斜的平台，并在平台上铺设了一条长25.3米、宽7.3米的

1910年11月14日

美国民间飞行员尤金·伊利驾驶复翼式“柯蒂斯”飞机从“伯明翰”号轻型巡洋舰艏部铺设的木质平台上起飞成功。

木质飞行跑道，从而建成了有史以来的第一个军舰上的“飞机场”。与此同时，其他起飞试验的准备工作也陆续就绪，起飞试验的具体时间定在同年的11月14日。

1908年7月4日

麦克迪对莱特式飞机进行上舰改进试验。

然而，就在万事俱备、只欠东风之际，一个小小的插曲却险些使美国海军失去了飞机上舰、世界首飞的殊荣。原来，就在美国海军起飞试验的决定公布之后，《世界报》决定支持一位名叫J. 麦克迪的飞行员，抢在海军的试验日期之前，于11月12日在“宾夕法尼亚”号邮船上进行一次起飞试验，准备给美国海军一个刺激，以加快其舰载飞机试验的进程。可惜的是，麦克迪在启动飞机引擎的时候，不慎打坏了螺旋桨的桨叶从而使这次试验“流产”，这对于美国海军来说则是不幸中的万幸了。这样，在经历了诸多曲折之后，飞机与军舰相结合的初次尝试终于在千呼万唤之中在一艘巡洋舰上拉开了帷幕。

在巡洋舰上起飞试验成功的两个月后，又一幕实际上将最终决定飞机上舰是否可行的飞机着舰试验，再次在美国西海岸的旧金山上演了。试验日期定在1911年1月18日，地点是停泊在旧金山海湾的另一艘重巡洋舰“宾夕法尼亚”号，试飞员仍然是第一次试飞的成功者尤金·伊利。在“宾夕法尼亚”号重巡洋舰的后主甲板上，铺设了一条长约36米、宽约9.6米的木质飞行跑道，跑道从巡洋舰的主桅杆下面一直延伸到舰体之外。在飞行跑道上，每间隔1米就在跑道的横方向上设置一道绳索，绳索的两端用22.7千克重的沙袋固定，这实际上就是最原始的飞机着舰的阻拦索，这样的绳索在跑道上一共设置了22道。当飞机着舰时，机身下装有一个特制的钩子会钩住这一道道阻拦索，这时，飞机会拖着一个个沉重的沙袋继续向前滑行，速度急剧下降，从而有可能在滑行距离非常有限的跑道上完成着舰。考虑到这是有史以来的第一次飞机着舰试验，而阻拦装置的把握性不大，于是在飞行甲板的尽头还设置了一个用巨大的帆布做成的斜坡屏障。

为了能使飞机在着舰时具有最小的相对速度，因此决定试验应在军舰航行时进行，这样，着舰的飞机就可以利用逆风的风速，使着舰试验的成功具有更大的保险系数。

1911 年 1 月 18 日，在重巡洋舰“宾夕法尼亚”号上进行的飞机着舰试验终于如期开始。然而这一天偏偏“天公不作美”，天气很差、风浪很大，“宾夕法尼亚”号的舰长认为，该舰所处的水域太小，在这样恶劣的天气中无法进行安全的机动，故此临时决定让军舰抛锚，只是让舰艉朝着风的方向。舰长的这一临时决定，实际上给即将开始的飞机着舰试验增加了相当的难度，同时也给担任试飞任务的驾驶员伊利带来了更大的危险。然而，驾驶员伊利对舰长的这一临时决定及由此而增加的风险几乎一无所知，他仍然像平常一样，信心百倍地驾机从旧金山海岸起飞，向实际上处于锚泊状态的“宾夕法尼亚”号飞去。当飞机飞临军舰上空时，伊利操纵飞机迅速降低高度并对准舰艉的飞行跑道，而后果断地向跑道俯冲下来，当飞机接近跑道的倾斜尾板时，他又拉起了机头，并迅速关闭了飞机的引擎。由于飞机着舰时的速度过快，机身下面特制的挂钩只挂住了后面的 11 根阻拦索，最后，飞机终于在距离跑道终端约 9 米的地方稳稳地停了下来。紧接着，1 小时之后，伊利再次驾驶飞机从“宾夕法尼亚”号上起飞，并安全地降落在附近的海岸上。

1910 年 10 月

伊利驾驶飞机进行陆上试验。

世界上首次飞机着舰试验，实际上也是一次完整的降落 / 起飞试验，又一次取得了圆满的成功！

就在此次试验成功后不久，发生了一件令人十分悲痛和遗憾的事。1911 年底，两次著名试验的试飞员尤金·伊利在其功成名就短短几个月后，在一次事故中不幸丧生，而美国海军部除了给他一封感谢信外，竟然未给予伊利任何报酬。尽管海军部的这一行为遭到了许多航空爱好者的纷纷谴责，然而无济于事，事后只

美国民间飞行员尤金·伊利

30° W 20° W 10° W 0° 10° E 20° E 30° E 40° E

有一家民间性质的基金会给予他500美元。直到25年后，尤金·伊利为美国海军做出的重大贡献才得到了应有的承认，美国国会追授伊利一枚飞行十字勋章。

飞机在舰上起飞和着舰这两次试验的成功，奠定了航母作为一种方兴未艾的新型舰种的存在基础，引起了各国海军的普遍关注，世界各海军强国竞相进行类似试验，并先后取得了成功。1922年3月20日，美国海军成功地将“木星”号运煤船改装为具有全通式木质飞行甲板的航母，命名为“兰利”号（CV-1），以纪念美国天文学家、物理学家和航空器的发展先锋塞缪尔·皮尔庞特·兰利。该舰甲板长165.3米，宽19.8米，最大载机量达57架。“兰利”号在使用过程中由于多次出现飞机起降事故，于1936年被改装成水上飞机母舰，最终于1942年2月27日在执行作战任务期间被日本海军攻击机击沉。

与此同时，1922年的中国正处于第一次直奉战争，张作霖乘坐的火车遭直系海军的炮击，决定着手组建东北海军，沈鸿烈受命筹建时想到了水上飞机母舰。1923年，张作霖指挥下的东北航警处购买了一艘2708吨的德国海军运输船“祥利”号，将其改装成可配备火炮、能搭载2~3架法国“史莱克”水上飞机的母舰，并改名为“镇海”号。该舰长80余米，航速12节，成为中国最早出现搭载飞机的舰船。1926年，东北海军“水面飞机队”于秦皇岛成立，这一年被视为早期中国海军航空兵的诞生之年。第二年，“镇海”号首次利用水上飞机轰炸了连云港，尝到甜头的东北海军立即将一艘8000余吨的运输舰“华甲”号改装成了水上飞机母舰，可搭载8架“史莱克”水上飞机。直到1928年底，张学良宣布东北易帜，东北海军内战就此结束。同年，陈绍宽就任国民政府海军署中将署长，旋即以海军署名义呈文政府，提出建造一艘航母。这是中国历史上第一次建造航母的正式提案。提案被否决后，他愤然辞职。直到1943年，时任海军部长的陈绍宽再次提出扩建海军计划，计划构建20艘航母以巩固国防，在当时的历史背景下，该方案再次被束之高阁。1944年11月，时任内地

Tips	世界第一艘水上飞机母舰	海军常识小贴士

1913年，英国海军率先将一艘轻巡洋舰改装成水上飞机母舰“竞技神”号，可搭载3架肖特“文件架”式飞机。舰艏铺设带有轨道的起飞平台，后甲板拥有一个停机平台，供所搭载的飞机在水上起降。此后，英国海军对“竞技神”号进行了多次舰载机飞行试验，可以完成攻击和防御敌机、攻击及防御薄弱区域、空中侦察、沿岸巡逻等多项任务。为此，“竞技神”号不仅使英国海军获得了“世界第一艘水上飞机母舰”的殊荣，还为各国开展舰机适配研究提供了有益的借鉴。

最大造船厂——民生机器厂副工程师、兼任重庆商船专科学校（上海交通大学造船系的前身）教员的杨槱应邀赴美国学习考察，在费城海军船厂监造埃塞克斯级航母长达1年之久。1945年抗日战争胜利后，英国提出将1943年下水的轻型护航航母“半人马座”号赠送给中国，中国方面预将其命名为“伏威”号，因之后内战爆发，英国终止了这一计划，留下了中国人的百年航母梦！

NO.17

日本“凤翔”摘取航母桂冠

日本“凤翔”号摘取了世界航母桂冠，战火始于航母又止于航母。
试想，如果当时美国没有航母呢？

关键词：
世界上第一艘航母
空袭珍珠港

小川说：

2019年9月23日，中国科学技术协会组织“大手拉小手”讲师团到陕西省宝鸡市5个县进行为期6天的国防科普活动。我在凤翔县做了题为《向海图强　深蓝止戈》的航母讲座，印象最深的是凤翔西街中学的同学自豪于自己的家乡有“凤凰展翅飞翔”之美意，但当听到百年航母发展史上，日本海军建造的世界上第一艘航母被命名为“凤翔”号时，现场提出了一系列值得思考的问题：“日本为什么用我们家乡的名字来命名他们的航母？”“日本当年为什么要建造航母？他们的航母都干了什么？”……望着同学们寻求答案的眼光，我讲述了1922年12月27日，在日本横须贺海军船厂竣工的“凤翔”号，标准排水量仅7470吨，成为世界上第一艘航母。此后，日本快速研制、改建航母，并于1941年12月7日，由山本五十六指挥、率6艘航母组成编队，趁美国海军周六休息之际，飞临珍珠港上空倾泻了舰载机所载的炸弹，险些让美国海军太平洋舰队全军覆没，从此点燃了太平洋战火。到第二次世界大战结束时，日本研制的10艘航母加上改装的15艘，共25艘航母服役参战，其中22艘被击沉。1945年

XIAOCHUAN SHUO

9 月 2 日，日本在停泊于东京湾的美国海军战列舰“密苏里”号上签字投降，反法西斯斗争宣告胜利。

凤翔的同学自豪于自己的家乡有“凤凰展翅飞翔”之美意，立志保卫祖国国土安全。

图片来源：陕西省科学技术协会

太平洋曾不太平！太平洋终归太平！

对于岛国日本来说，海军在其国家安全中的重要地位不言而喻。近代日本海军的建设虽然起步较晚，但其发展却相当迅速。1913 年底，日本开始对“若宫”号商船进行改装，不到一年便将其改装成一艘水上飞机母舰，并在其前桅杆和主桅杆的前部用铁

日本对“若宫”号商船进行改装，使之成为水上飞机母舰。

架和帆布搭成临时机库，成为日本与世界航母发展史同步的最早载机母舰。有了这样的基础，日本于 1919 年开始研制与英国皇家海军“竞技神”号相似的真正意义上的航母。“竞技神”号航母是世界上第一艘从一开始就按航母标准设计的军舰，在航母发展史上具有划时代的意义，被认为是现代航母的“鼻祖”。“竞技神”号航母于 1918 年开工，但出于设计的谨慎考虑，“竞技神”号的服役时间一拖再拖，一直到 1924 年才服役。1942 年 4 月，“竞技神”号航母被日本海军航母编队的舰载机击沉，结束了它“起大早、赶晚集”的一生。

第一次世界大战后，竞相造舰备战的势头迫使美国、英国、日本、法国、意大利 5 国于 1922 年签署了《华盛顿海军条约》，即美国、英国、日本 3 国主力舰总吨位的比例为 5∶5∶3，新建航母的标准排水量最大限定为 27 000 吨，美国、英国 2 国海军舰艇总吨位各为 135 000 吨，日本为 81 000 吨。为此，日本海军暂停了于

1920 年 12 月 6 日在吴港海军船厂开工建造的天城级战列巡洋舰；但日本利用条约中未对 10 000 吨以下的航母做限制的“漏洞”，于 1922 年 12 月 27 日完成了世界上第一艘航母的建造，在日本横须贺海军船厂竣工时命名为“凤翔”号，标准排水量仅 7470 吨，但这艘“先天不足”的“凤翔”号暴露出许多问题。1946 年 9 月，“凤翔”号航母最终被拆解。

航行在东京湾的日本海军“凤翔”号航母。

图片来源:《世界知识》杂志

1923 年，根据《华盛顿海军条约》，日本将停建的天城级战列巡洋舰改建为航母，分别是“赤城”号和“天城”号。其中，“赤城”号于 1925 年 4 月 22 日下水，1927 年 3 月 25 日完工，其对外公开的排水量刚好在华盛顿条约规定的范围之内，但实际标准排水量为 29 500 吨、满载排水量超过 30 000 吨，航速 31.7 节，成为当时世界上最大的航母。“赤城”号采用了 3 层飞行甲板，并分 3 段呈阶梯状布置：上层是起降两用甲板，全长 190 米，宽 30.5 米；中层甲板后部是机库，前部较短，供小型飞机起飞；下层甲板的后部也是机库，前部较长，供大型飞机起飞，中、下两层与双层机库相接，可供飞机直接从机库起飞。为了消除烟囱排烟对飞机着舰时造成的不良影响，舰上的 2 个烟囱布置也很特别，前面的大烟囱向下弯曲，后面的小烟囱向上外伸，锅炉的废气从右舷伸向舷外并由向下弯曲的烟囱排出。

1928 年，山本五十六曾出任“赤城”号航母舰长，这段时间“赤城”号进行了一系列的试验，这段经历使山本五十六意识到航母对海战将产生本质上的影响，促使他后来决定用航母编队偷袭珍珠港。同年，相比当时有“世界最大”之誉的“赤城”号，“天城”号航母下水却“生不逢时”，因遇到了东京大地震，船体遭到了严重的破坏。

1929 年，日本继续打“凤翔式擦边球”，开始建造排水量只有 8000 吨的“龙骧”号航母。为了最大限度搭载飞机，“龙骧”号设计了双层机库，且其实际排水量在竣工时也远远超过了初步设计。“龙骧”号服役后由于出现稳定性差、舰艏甲板过低、飞行甲板的结构强度不足等问题，不得不撤除 4 座 127 毫米舰炮，又被迫追加 500 吨压载，因此严重影响了航速和总体性能。

1930 年 4 月 22 日，《华盛顿海军条约》缔约国签署了新的条约，保留了旧条约中的主要条款，但放宽了对航母的限制。借此机会，日本于 1932 年获准建造 2 艘标准排水量为 15 900 吨的航母“苍龙”号和“飞龙”号，比“凤翔”号和“龙骧”号航母大了近一倍，且航速高达 34.5 节。其中，日本对“飞龙”号航母做了设计上的改装，不仅增加了 1400 吨排水量，而且设置了体积相对较小的右舷岛。2 个扁圆形烟囱紧贴着飞行甲板呈水平状向外延伸一段，直通甲板上设有 3 台升降机、9 根阻拦索和 2 个阻拦网，机库为双层轻型支架式结构，总体反映了当时日本海军在航母研制上经过种种试验和尝试所取得的成果。至此，与“苍龙”号相比，“飞龙”号除了排水量增大以外，舰宽增加约 1 米，贮油量增加 20%，作战半径提高近 4580 海里。后来，为配合编队作战，“飞龙”号将岛式建筑移至左舷，但考虑到飞行员若在降落过程中发生事故，容易因本能向左转而导致撞岛，所以岛式建筑又重新改为右舷设计。

这一时期，日本通过研制“凤翔”号、“龙骧”号、“苍龙”号、“飞龙”号，改建“赤城”号，以及这些航母在使用过程中发现的问题，为其后续航母研制提供了许多经验。

1935 年 10 月，“赤城”号在佐世保海军船厂进行了改装，满载排水量达 41 300 吨，最多可载飞机 90 余架。改装重点取消了中、下两层飞行甲板，拆除了中层飞行甲板前面的 2 座双联装 200 毫米火炮，将上层飞行甲板改为全通式，加长加宽并加大结构强度，机库向前延伸，升降机增为 3 个；考虑到航母编队会有同行航母，且所搭载的飞机起降时容易造成“空中交通冲突”，“赤城”号采用“左舷”舰岛，本以为可以便于同行航母飞机起降，但事实恰好相反。

至此，日本出于军事野心，早已不满足于听从美、英等国的限制。1936 年 12 月 31 日，《华盛顿海军条约》期满后便不再续约，不再受任何条约限制，日本开始快速研制、改建航母，其能力之强、速度之快、方案之隐，超出了所有国家的判断。

1937 年侵华战争爆发后，日本开始建造 2 艘所谓满足其军事需求的航母：“翔鹤”号和“瑞鹤”号。这 2 艘航母的排水量高达 25 675 吨，航速 34.2 节，每艘搭载舰载机 84 架，首次加装了防护层，形成了日本航母设计的基本风格。在建造“翔鹤”号和“瑞鹤”号的同时，日本又制订了航母建造的扩建计划，在 3 年内将按潜艇供应舰设计建造的 3 艘大型水面舰快速改装成航母“祥凤”号、“瑞凤”号、“龙凤”号；同时，征用了 3 艘 17 000 吨的豪华邮船，将其改装成相当于护航航母的“大凤”号、“冲鹰”号、“云鹰”号；连日本邮船公司 2 艘未竣工的 27 000 吨级邮船也被改建成航母“隼鹰”号和“飞鹰”号。

与此同时，在如何歼灭或重创美军太平洋舰队的问题上，曾任航母舰长、海军航空本部部长的山本五十六经过深思熟虑，提出了一个在许多人眼中似乎是异想天开的作战方案——用航母搭载航空兵，远程奔袭珍珠港！这位早年曾就读于美国哈佛大学、后来又当过几年驻美使馆的海军武官，在驻美期间，对美国的工业生产能力、后备资源以及军事潜力留下了深刻的印象。他认为，日、美两国将来很可能会发生冲突，甚至是战争，但从日、美两国的总体实力对比来看，美国一旦将整个国家转入战争轨道，其巨大的战争潜力将使国土面积小、资源贫乏的日本根本没有获得胜利的可能性。在山本五十六的心中，以航母编队空袭珍珠港，是打赢美国太平洋舰队的一计良策。作战方案出笼之后，虽然曾一度在联合舰队内部的高级将领之间引起了激烈的争论，但丝毫没有改变山本五十六的决心，在作战会议上，他斩钉截铁地说：“请你们了解，只要我还担任联合舰队司令长官这个职务，这一仗非打不可，希望你们研究万全之策！”

1941 年 11 月 22 日，在蓄谋已久的日本海军联合舰队司令长官山本五十六指挥下的航母编队包括：第一航空舰队下辖“赤城”号、“加贺”号；第二航母战队下辖“苍龙”号、“飞龙”号；第五航母战队下辖“翔鹤”号、“瑞鹤”号；以及以上 6 艘航母搭载的 400 余架舰载机，此外，机动部队还编有 2 艘战列舰“比睿”号、“雾岛”号，2 艘重巡洋舰“利根”号、“筑摩”号，1 艘轻巡洋舰“阿武隈”号以及 9 艘驱逐舰、3 艘潜艇和 8 艘油船，在择捉岛的单冠湾集结完毕，准备空袭珍珠港。

11 月 26 日 6 时，晨空阴云低压，日本机动部队的 28 艘舰船开始起锚，依次驶出单冠湾，驶向波涛汹涌的北太平洋。12 月 2 日 17 时 30 分，航行在北太平洋中的南云舰队收到了暗语为“攀登新高山 1208”的密电，其含义为：按原计划于 12 月 8 日发起攻击。选择 12 月 8 日是因为夏威夷当地时间是 12 月 7 日，星期日。情报表明，美军舰队通常都是在周末从训练海域返回珍珠港，而在港的舰艇被偷袭反抗能力很差。

参加偷袭珍珠港的日本海军“赤城”号航母，飞行甲板上搭载的是三菱 B1M 和 B2M 轰炸机。

12 月 6 日，南云舰队收到了指挥官山本五十六发来的训示电报：“皇国兴废，在此一战，我军将士务须全力奋战。”与此同时，机动部队旗舰“赤城”号航母的桅杆上升起了“Z”字旗。1905 年 5 月 27 日对马海战时，日本海军联合舰队司令长官东乡平八郎海军大将的旗舰“三笠”号战列舰上也曾升起过“Z”字旗，日军一举击溃了俄国海军的太平洋分舰队。

30 多年后，“Z”字旗再次在太平洋上飘起，目标则换成了美国太平洋舰队。

12 月 7 日 6 时 15 分，第一批空袭珍珠港的队伍——183 架舰载战斗机、轰炸机和鱼雷机，分别从 6 艘大型航母上起飞，15 分钟内全部起飞完毕，编队完毕后直扑珍珠港。由空中攻击编队指挥官渊田美津雄海军中佐直接指挥的 49 架水平轰炸机、村田海军少佐率领的 40 架鱼雷攻击机、高桥海军少佐率领的 51 架俯冲轰炸机、板谷海军少佐率领的 43 架零式战斗机，飞行 1.5 小时后到达瓦胡岛附近。 7 时 40 分，渊田美津雄拿起信号枪，朝座舱外发射了一发信号弹。

第一发信号弹发射后，日军各攻击机队立即行动：俯冲轰炸机队向上爬升至 4000 米高度，鱼雷机队下飞至贴近海平面，水平轰炸机队则在云层下方飞行。在攻击机队中，唯一没有行动的是战斗机队。当时战斗机队正在云层上空飞行，可能没有看到信号弹。于是，渊田美津雄又朝战斗机队的方向发射了一发信号弹。收到信号后的战斗机队立即加快速度，向瓦胡岛方向飞去。可是，这发信号弹却使俯冲轰炸机队的指挥官误认为是第二发信号弹，即实施强攻的命令信号。既然是强攻，就应该由他的俯冲轰炸机队先下手了。

这时，“筑摩”号派出的侦察机发回包括美舰锚位的报告：珍珠港内有 10 艘战列舰、1 艘重巡洋舰、10 艘轻巡洋舰，没有航母。

“通知各机，发起攻击！”渊田美津雄回头向无线电兵喊道。无线电兵立即按动电键，反复拍发密令：“托拉，托拉，托拉！”这 3 个重复的密码为日文的“虎”字，即“虎！虎！虎！”，意思是：“我奇袭成功！”时间：7 时 49 分。

就这样，当空袭珍珠港的日军攻击编队发出奇袭成功的信号之际，疏于戒备的美国海军太平洋舰队却仍然在沉睡之中。

7 时 55 分，由高桥海军少佐率领的俯冲轰炸机队率先开始攻击。由于误解了信号，高桥以为要实施强攻，立即将其所率领的 51 架九九式俯冲轰炸机分为两队：一队由他率领，直扑福特岛和希凯姆机场；一队由坂本明海军大尉指挥，飞向惠列尔机场。当飞临希凯姆机场的日军俯冲轰炸机队看到停机坪上排列整齐的重型轰炸机后，高桥猛地横摇飞机，进行俯冲，其余飞机则紧紧跟随。第一批炸弹落到了希凯姆机场上，福特岛和惠列尔机场也随之遭到轰炸。刹那间，弹如雨注，铺天盖地，在阵阵巨大的爆炸声中，希凯姆机场、福特岛机场、惠列尔机场大火熊熊，黑烟腾空。那些排列得整整齐齐、宛如正在参加大检阅的美国飞机，转眼间就被炸得支离破碎，只有少数几架侥幸起飞成功，但很快就被机动性极高的日军零式战斗机击落。仅仅数分钟内，美军机场疮痍满目，弹坑遍地。7 时 57 分，由村田海军少佐率领的鱼雷攻击机队共 40 架九九式鱼雷机，对美军的战列舰群展开了凶猛的鱼雷攻击……由板谷海军少佐率领的制空战斗机队共 43 架零式战斗机，由于没有作战对象，便开始对地面进行疯狂扫射。8 时 05 分，渊田美津雄在下达了攻击命令之后，率领其直接指挥的 49 架水平轰炸机，对美军的战列舰群实施了猛烈轰炸。短短几分钟内，珍珠港水柱涌起，火光冲天。

在偷袭珍珠港事件中被击沉的美国海军“亚利桑那”号战列舰。

而此时，美国海军太平洋舰队司令部才匆匆地将十万火急的电报发出：“珍珠港遭受空袭！这不是演习！”当美军金梅尔海军上将赶到太平洋舰队司令部时，他所指挥的这支舰队的 8 艘主力战列舰均已被击沉或遭重创，而第一波攻击奇袭得手、取得赫赫战果的日军舰载航空兵，已于 8 时 25 分从容不迫地扬长而去。紧接着，第二波攻击的 171 架飞机由岛崎海军少佐率领，再次空袭瓦胡岛。这次袭击持续了大约 1 小时，仓促应战的美军损失惨重，8 艘战列舰有 4 艘被击沉、1 艘搁浅，6 艘巡洋舰和 3 艘辅助舰艇被击伤，188 架飞机被击毁，

Tips	世界服役时间最短的航母	海军常识小贴士

日本“信浓”号航母由战列舰改造而来，标准排水量约 6.5 万吨，最大航速约 28 节，在主甲板上安装了飞行甲板、机库和岛式上层建筑，载机量达 40 ~ 50 架，是当时世界上最大的航母。1944 年 11 月 28 日，“信浓”号航母在 3 艘驱逐舰护航下首次出海，在航行至东京湾以南约 100 海里水域时，被美国“射水鱼”号潜艇发现，共发射出 6 枚鱼雷，其中 4 枚击中了“信浓”号，造成航母舱内浸水、失去全部动力，并于第二天上午沉没。“信浓”号在服役后仅十天，航行仅十几个小时，未经一战，甚至搭载的 47 架最新式的飞机都来不及起飞一次就沉入海底，成为世界海军史上最短命的一艘航母。

造成 2402 名美军殉职和 1282 名美军受伤，险些让美国海军太平洋舰队全军覆没。

相比之下，日军仅损失 29 架飞机和 5 艘袖珍潜艇、65 名士兵阵亡或失踪以及 1 名潜艇人员被俘。随后，“苍龙”号和“飞龙”号在返航途中参与袭击威克岛；“赤城”号、“加贺”号、“翔鹤”号、“瑞鹤”号参与攻击东南亚外围诸要地，包括新几内亚俾斯麦群岛的拉包尔基地、澳大利亚达尔文港、锡兰（现斯里兰卡）科伦坡和亭可马里港，后向西横扫了南太平洋至印度洋的整个海域，干掉了英军航渡中的“竞技神”号航母和 2 艘重巡洋舰，从此燃起了太平洋海上战火，历经 5 次历史上著名的海战：珊瑚海海战、中途岛海战、东所罗门群岛海战、圣克鲁斯海战以及规模最大的马里亚纳海战。直到盟军联合在反法西斯战争中先后击沉 22 艘日本航母，太平洋才恢复了太平。

时任美国总统罗斯福发表著名的《国耻演说》，声称 12 月 7 日是美国“活在耻辱中的一天”，成为美国的“国难日”。

日本“凤翔”号摘取了世界航母桂冠，战火始于航母又止于航母。试想，如果当时美国没有航母呢？

NO.18

太平洋上航母的角逐对抗

大洋上美、日两国航母经过了 5 次对抗（珊瑚海海战、中途岛海战、东所罗门群岛海战、圣克鲁斯海战，以及规模最大的马里亚纳海战），长达 4 年，终于迎来了第二次世界大战的结束。

关键词：

5 次对抗

第二次世界大战的结束

小川说：

2020 年 2 月 20 日，我国驻日本使馆发言人就中国在新冠肺炎疫情期间向日本无偿提供核酸检测试剂回答记者："病毒没有国界之分，需要国际社会共同应对。" 此前，日本某机构向湖北高校捐赠的一批物资，包装上除了两国国旗，还有一行寓意深刻的诗句："山川异域，风月同天"。这首收录在《全唐诗》中题为《绣袈裟衣缘》中的八个字提醒世人：中日两国一衣带水。

1941年12月7日，日本航母编队偷袭珍珠港致使太平洋战争爆发后，日军只用了 4 个月的时间占领了东南亚及西太平洋岛屿等广大地区，许多将领得意忘形，变成了"胜利狂"。1945 年 8 月 15 日正午，日本裕仁天皇通过广播发表《终战诏书》，宣布无条件投降，标志着第二次世界大战以同盟国的胜利而宣告结束。同年9月2日，日本新任外相重光葵和参谋总长梅津美治郎分别代表日本天皇和政府、日军大本营在美国海军"密苏里"号战列舰上正式签署投降书；9 月 3 日，世界反法西斯战争胜利；9 月 9 日，侵华日本总司令冈村宁次

XIAOCHUAN SHUO

在南京向中华民国政府陆军总司令何应钦呈交投降书；2014 年 2 月 27 日，十二届全国人大常委会第七次会议以国家立法的形式通过决议：确定每年 9 月 3 日为“中国人民抗日战争胜利纪念日”。

灾难就像一面镜子，映射百姓同根：寒极必暖。

历史也是一面镜子，照出世道人心：否极泰来。

1941 年 10 月

遭遇偷袭前的美国珍珠港俯瞰图。

图片来源：《世界知识》杂志

被日本海军航母击沉的英国皇家海军“竞技神”号航母。

太平洋战争爆发后，日军只用了 4 个月的时间占领了东南亚及西太平洋岛屿等广大地区，许多将领得意忘形，变成了“胜利狂”。日军进一步南下，夺取新喀里多尼亚和斐济，以切断美国和澳大利亚之间的补给线。大洋上美、日两国航母经过了 5 次对抗（珊瑚海海战、中途岛海战、东所罗门群岛海战、圣克鲁斯海战，以及规模最大的马里亚纳海战），长达 4 年，终于迎来了第二次世界大战的结束。

1942 年 1 月，日军名为 MO 的进攻计划的主要目标是英属所罗门群岛的拉包尔和卡维恩基地，以及占领新几内亚的莫尔兹比港，避免同盟国空袭他们的基地，同时打开澳大利亚东北海岸，支持日军以地面为基地的飞机发动进攻。为了实施 MO 行动，日军组织了 5 支独立的特遣部队：（1）由 11 艘运输舰、数艘海上辅助舰和扫雷舰、1 艘轻型巡洋舰和 6 艘驱逐舰组成“入侵部队”，负责攻击莫尔兹比港；（2）由 1 艘运输舰、2 艘布雷舰、数艘巡逻舰、扫雷舰和 2 艘驱逐舰组成“图拉吉入侵部队”；（3）由 1 艘水上飞机航母、2 艘轻型巡洋舰和 3 艘炮艇在路易西亚德斯建立水上飞机基地，组成“支援部队”；（4）由轻型航母“祥凤”号、4 艘重型巡洋舰和 1 艘驱逐舰组成“掩护部队”，为入侵的队伍提供保护；（5）由“翔鹤”号和“瑞鹤”号组成“航母部队”，2 艘重型巡洋舰和 6 艘驱逐舰担任护航，负责打击阻碍日军登陆的同盟国军舰和摧毁同盟国在澳大利亚的空军基地。其中，“翔鹤”号和“瑞鹤”号上装载有 126 架飞机，“祥凤”号上装载有 21 架飞机，同时在拉包尔还有大约 120 架飞机和其他水上飞机提供支援。

1942 年 5 月 4 日，日军派 4000 名陆战队员分乘 12 艘运输舰在 1 艘轻型巡洋舰和 6 艘驱逐舰的护航下，攻打莫尔兹比港。为了保护登陆运输船队，日本派了 2 支实力雄厚的机动部队配合作战：一支由“祥凤”号轻型航母、4 艘重型巡洋舰和 1 艘驱逐舰编成，担任直接掩护任务；一支由“瑞鹤”号和“翔鹤”号航母、3 艘重型巡洋舰、6 艘驱逐舰编成，担任间接掩护任务。这 2 支掩护部队拉开距离，于 5 月 6 日大摇大摆地开进了珊瑚海。由于 4 月初，美国和英国的密码翻译员开始破译 MO 行动的常规代码，美国海军尼米兹将军在珍珠港听取了密码翻译员破译的信息，正确地判断出了日军的攻击目标是同盟国在澳大利亚的防御要塞莫尔兹比港。为了抵御日军的进攻，他决定派出“列克星敦”号和“约克城”号直奔珊瑚海迎战。这 2 艘美国航母共载有 143 架舰载机，日军的 3 艘航母共载有 147 架舰载机，就这样，它们在西南太平洋上相遇了。双方在彼此看不见对手的情况下，进行了世界上第一次航母大战——珊瑚海海战。

双方实力旗鼓相当，彼此的飞机都攻击了敌舰，但双方的指挥官却都没有看到对手。日方损失飞机 77 架，12 000 吨的“祥凤”号轻型航母、“菊月”号驱逐舰和 3 艘小船被击沉，伤亡 1047 人。其中，作为第一艘沉没的日军航母，“祥凤”号被历史学家维莫特（H. Willmott）这样描写道：“那些巡洋舰好像竭力要和航母（‘祥凤’号）撇清关系似的，只希望自己能逃脱，它们当然不会用自己的高射炮来保护‘祥凤’号。”在战争中，当“列克星敦”号和“约克城”号空中部队首先发现“祥凤”号以及护航的巡洋舰和驱逐舰时，日军派出“零式”战斗机和“克劳德”战斗机飞上天空疯狂截击美军，然而五藤少将的 4 艘重型巡洋舰却驶离“祥凤”号约 8000 码（7315.2 米），并拒绝用高射炮保护“祥凤”号，最终“祥凤”号航母上的 800 名舰员只有 200 人幸存。与此同时，美方损失飞机 66 架，42 000 吨的“列克星敦”号大型航母、“西姆斯”号驱逐舰以及“尼奥肖”号油船被击沉，伤亡 543 人。按吨位计算，日本海军虽取得了战术上的胜利，但却使日军南下切断美、澳供应线的战略企图彻底受挫，实非战略上的胜利。

英国首相丘吉尔在回忆录中写道：“这次珊瑚海遭遇战所产生的影响与其战术上的重要性不成比例，就战略上而言，这是美国与日本交战以来第一次可喜的胜利。像这样的海战，从前是没有见过的，这是水面舰只没有互相开炮的第一次海战。”

第二次是 1942 年 6 月 4 日至 6 日进行的中途岛海战。日军挺进新几内亚和所罗门只是新的战略进攻的第一步。第二步他们将要占领中途岛和西阿留申群岛，进一步扩大日本的防御边界，迫使美国的“太平洋舰队”与日军“联合舰队”签订决定性的协议。扩展后的防御边界将会穿过阿留申的吉斯卡岛延伸至中途岛、威克岛、马绍尔群岛和吉尔伯特岛，西面则会延伸到新几内亚的莫尔兹比港和东印度群岛。一旦夺取中途岛之后，杜利特袭击给日本国内带来的恐慌会有所缓解，日本还会夺走美国在前线的潜水艇基地，同时为 1942 年底占领瓦胡岛提供踏板。为此，联合舰队的总司令山本五十六坚持要执行进攻中途岛和阿留申的计划，并将计划命名为“MI”行动，这样就可以在冬天之前袭击瓦胡岛。因为，冬天一到，太平洋中部的天气会让瓦胡岛行动变得极其困难，如果延迟瓦胡岛行动，1943 年早春进攻锡兰的计划也要跟着推迟，而到了夏天，再进攻印度洋海面的锡兰就不是那么容易了，甚至要延迟一年。因此，虽然有许多将士提出要推迟中途岛行动，但山本五十六始终坚持按时出击。另一个理由是，他提出趁着美国众多战舰都还在建造中，太平洋的决定性战役必须在 1942 年完成。

参加偷袭珍珠港的日本海军“飞龙”号航母。

日本参战航母为“赤城”号、“加贺”号、“苍龙”号、“飞龙”号，美国参战航母为“企业”号、“大黄蜂”号和“约克城”号。本来，美国太平洋舰队在兵力上处于劣势，但是由于情报部门破译了日军的密码，于是美军集结重兵，置日军其他几路部队于不顾，在中途岛西北方向设伏，专门攻打日军的航母机动部队。结果，日方 4 艘航母全部被击沉，美方只有“约克城”号（CV-5）受创后被日军伊 -168 号潜艇击沉。这次作战使一直处于劣势的美国太平洋舰队从此扭转了被动挨打的局面，而不可一世的日本航母机动部队从此一蹶不振。直到这时，那些迷信大舰巨炮的人们才从梦幻中彻底醒悟过来，承认航母已经取代了战列舰，成为新一代海上霸主。

第三次是1942年8月23日至25日进行的东所罗门群岛海战。日本参战航母为中途岛海战中缺席的“翔鹤”号、“瑞鹤”号、“龙骧”号。其中，山本五十六的超级舰队中的“翔鹤”号因为珊瑚海之战受损正在横须贺船厂检修，“瑞鹤”号在珊瑚海海战中失去了部分飞机和飞行员，作为中途岛行动的备用航母在吴港整休。美国参战航母为“萨拉托加”号和“企业”号。中途岛战役后，日本和美国海军总结，战时飞机出动架次率是决战胜负的重要因素。于是，他们分别增加了航母搭载战斗机的数量，日本从18架增加到27架，美国从27架增加到36架。由于现役航母上空间有限，双方将飞行甲板所有空出来的地方都停放了飞机，以至于新增的飞机如同被“塞”上船一样。

1942年8月23日黎明，3艘美国航母载着256架飞机停靠于所罗门群岛之外，距离瓜达尔卡纳尔东面约100海里（185.2千米）处。日军分为5队从特鲁克出发与美军战舰交战。9时50分，美军一架飞机发现日军运输队（日军也发现了它），“萨拉托加”号航母立即派出31架SBD“无畏”和6架TBF“复仇者”轰炸机出击日军。这37架战机由停在亨德森机场的23架海军陆战队飞机带路。这些飞行员大部分是这几天与日军密集交战的幸存者，有临战经验，但因天气恶劣无法确定日军位置，60架飞机全部在亨德森机场降落待命。8月24日，日军指挥官收到警报，他们的运输舰已被美军发现，于是在1艘重型巡洋舰和2艘驱逐舰掩护下，让“龙骧”号受命领航，作为“鱼饵”引诱该地区的美军航母和飞机，而其他舰船撤退，另待战机。美军航母“企业”号集合了19架轰炸机准备空袭，但因日军已有所防备而没有找到敌舰，因燃料即将耗尽，当晚被迫降落在亨德森机场。“萨拉托加”号的2架“无畏”和5架“复仇者”舰载机幸运地发现了日军舰艇，水上飞机母舰“千岁”号在俯冲轰炸机的围攻下遭受重创。当天，美军共损失了 17 架飞机；日军损失了航母“龙骧”号、56 架舰载机、2 架水上飞机和 3 架地面基地轰炸机，但“翔鹤”号和“瑞鹤”号完好无损。8 月 25 日早上，从亨德森机场出发的美国海军陆战队和海军俯冲轰炸机发现了继续向瓜达尔卡纳尔前进的日军运输舰，“萨拉托加”号的一架飞机击中了 9300 吨的日军运输舰，还击损了一艘护航的巡洋舰。另有 8 架 B-17“空中堡垒”轰炸机在执行任务中击沉了一艘日军驱逐舰、炸坏了另一艘驱逐舰。尽管日军驱逐舰舰长曾不服气地说“B-17 偶尔也会击中目标的”，但此举阻止了日军当天登陆瓜达尔卡纳尔的计划。东所罗门群岛之战是美、日航母之间的第三次对抗战，日军损失了 1 艘航母、1 艘驱逐舰、1 艘运输舰和 61 架飞机；美军的“企业”号严重受损，很快驶回珍珠港接受检修。经过此战，和美军航母舰载机空中交战屡次受挫后，日军终于意识到通过运输舰登陆瓜达尔卡纳尔实在过于危险，3 天后，日军轻装上阵，改用驱逐舰登陆。

太平洋上不仅海浪涌动，流动的战舰也暗藏杀机。

第四次美、日航母海上对抗是 1942 年 10 月 24 日至 27 日进行的圣克鲁斯海战。日本参战的瓜达尔卡纳尔支援部队是以近藤信竹中将为指挥官的先遣队，下辖 2 艘战列舰、4 艘重型巡洋舰、1 艘轻型巡洋舰和 14 艘驱逐舰；以南云忠一中将为指挥官的突击队，下辖 2 艘战列舰、4 艘重型巡洋舰、1 艘轻型巡洋舰、16 艘驱逐舰和 4 艘加油艇；以南云忠一中将为指挥官的第一航母分队，下辖 CV“翔鹤”号、CV“瑞鹤”号和 CVL“瑞凤”号，参战航母为“翔鹤”号、“瑞鹤”号、“瑞凤”号“隼鹰”号；以角田觉治少将为指挥官的第二航母分队，下辖 CV“隼鹰”号航母。美军中参战的有以哈尔西中将为指挥官的西南太平洋部队，包括金凯德少将指挥的第 16 特遣部队，下辖 CV“企业”号、1 艘战列舰、1 艘重型巡洋舰、1 艘防空巡洋舰和 8 艘驱逐舰；以默里少将为指挥官的第 17 特遣部队，下辖 CV“大黄蜂”号、2 艘重型巡洋舰、2 艘防空巡洋舰和 6 艘驱逐舰；以威利斯·李少将为指挥官的第 64 特遣部队，下辖 1 艘战列舰、1 艘重型巡洋舰、1 艘轻型巡洋舰、1 艘防空巡洋舰和 6 艘驱逐舰。交战中，美国海军陆战队控制了亨德森机场，美军航母得以对日军战舰进行迅猛的攻击，使日军损失了 90 架飞机、“翔鹤”号和“瑞凤”号航母严重受损，最终使日军运输舰无法接近瓜达尔卡纳尔，更重要的是日本曾经参与珊瑚海和中途岛战役的有经验的航母飞行员伤亡惨重，只剩下小部分训练有素的飞行员难以应对后续海战。美国损失了 74 架飞机，战损了“大黄蜂”号航母和一艘驱逐舰；“企业”号航母、“南达科他”号战列舰和 2 艘驱逐舰严重受损。其中，美国海军“大黄蜂”号航母于 10 月 26 日下午 5 时被日军发现。日本“隼鹰”号航母派出 6 架“零式”战斗机和 4 架“瓦尔”俯冲战斗机进行攻击，它们发射的炸弹在“大黄蜂”号的机库甲板爆炸；一艘日本驱逐舰在距离“大黄蜂”号 1 海里的地方投放了 8 枚鱼雷，有 3 枚击中了“大黄蜂”号；很快，另一艘日本驱逐舰又投放了 8 枚鱼雷，有 6 枚击中了摇摇欲坠的“大黄蜂”号；紧接着，日军驱逐舰驶近航母，用 127 毫米口径的舰炮轰炸“大黄蜂”号。黑暗之中方圆几里内都可以看到“大黄蜂”号航母上的红色火光。已经承受了 8 枚炸弹、9 枚鱼雷、2 架飞机的撞击和驱逐舰的舰炮轰击的“大黄蜂”号顽强地漂浮在水面上。日军兴奋地观赏着这艘在杜利特袭击中轰炸东京的“大黄蜂”号正遭受的折磨。2 艘日军驱逐舰驶近航母，再次向其投放了 4 枚鱼雷，实施了毁灭性的进攻。就这样，1942 年 10 月 27 日凌晨 1 时 35 分，“大黄蜂”号载着船上 111 名成员沉入海底，标志着圣克鲁斯战役的结束。

第五次是 1944 年 6 月 19 日至 20 日进行的马里亚纳大海战。单从双方出动的航母数量和作战飞机的数量而言，这是人类历史上规模最大的一次航母大战。

1943 年 4 月山本五十六死后，古贺峰一将军成为日本联合舰队的总指挥。他试图保留并重建日军舰队，但是他能够使用的以航空母舰为基地的飞机储备并不多。1944 年 3 月 8 日，古贺峰一公布了他处心积虑的“Z 行动大纲”，其中有从马里亚纳群岛经加罗林群岛至新几内亚的一个“拦截地带”，作战时间为 1944 年 6 月。但是，他并没有活着看到联合舰队参加这次被称为“历史上最大规模的航母海战”。1944 年 3 月 31 日夜，古贺峰一及其参谋人员在帕劳群岛登上 2 架四引擎水上飞机飞向达沃岛时，遭遇了恶劣的天气而失踪。之后，海军中将高须四郎担任了一个月的联合舰队指挥。5 月 3 日，最高战争委员会的前成员丰田副武被任命为舰队总指挥，并在东京湾将自己的旗帜挂在了轻型巡洋舰“大淀”号上。丰田副武与其前任总指挥一样希望尽早和美军太平洋舰队交战，并将“Z 计划”更新为“A 出击行动”。参加行动的“单独一支打击部队”由所有日本现役主力水面舰组成，小泽治三郎任总指挥，兼任第一航母分队指挥官，下辖航母“翔鹤”号、“大凤”号、“瑞鹤”号，以及 2 艘重型巡洋舰、1 艘轻型巡洋舰和 7 艘驱逐舰；第二航母分队指挥官为海军少将城岛高次，下辖航母“飞鹰”号、“隼鹰”号、“龙凤”号以及 1 艘战列舰、1 艘重型巡洋舰和 8 艘驱逐舰；第三航母分队由海军少将小林末雄指挥，下辖航母“千岁”号、“千代田”号、“瑞凤”号，以及 4 艘战列舰、4 艘重型巡洋舰、1 艘轻型巡洋舰和 8 艘驱逐舰；前锋部队由海军中将栗田健男指挥；第一补给部队下辖 4 艘油轮和 4 艘驱逐舰，第二补给部队下辖 2 艘油轮和 2 艘驱逐舰。此次，日本海军在“单独一支打击部队”中集合了 9 艘航母，可以说是当时日本海军航母兵力的全部家当。这 3 支舰队的航母最初被派到新加坡进行训练和保养，然后在 5 月 15 日抵达婆罗洲东北部的塔威塔威岛，目标直指美国航母。由美国海军中将米歇尔指挥的 58 特遣部队，有 5 支部队应战，其中包括海军少将克拉克指挥的 58.1 特遣部队，下辖航母“大黄蜂”号、“约克城”号、“巴丹”号和“贝劳伍德”号，3 艘重型巡洋舰、2 艘防空巡洋舰和 14 艘驱逐舰；海军少将蒙哥马利指挥的 58.2 特遣部队，下辖航母“邦克山”号、“黄蜂”号、“卡伯特”号和“蒙特雷”号，3 艘轻型巡洋舰和 12 艘驱逐舰；海军少将约翰·利维斯指挥的 58.3 特遣部队，下辖航母“企业”号、“列克星敦”号、“普林斯顿”号和“圣哈辛托”号，1 艘重型巡洋舰、3 艘轻型巡洋舰、

Tips	第二次世界大战时期航母可以搭载多少舰载机	海军常识小贴士

不同的年代、不同的国家、不同型别的航母以及同型航母按其担负的不同任务，航母所搭载的飞机数都不相同。为了有数量上的概念，举几个例子：早在 1940 年 11 月，奇袭塔兰托而闻名的英国舰队航母“光辉”号（标准排水量 23 000 吨），当时搭载“剑鱼”攻击机 24 架，“大鸥”战斗轰炸机 8 架和“管鼻燕”战斗机 4 架，共 36 架。1942 年 5 月，参加珊瑚海海战的美国“约克城”号航母（标准排水量 19 900 吨）搭载 F4F“野猫”战斗机 21 架，SBD“无畏”俯冲轰炸机 38 架和 TBD“破坏者”鱼雷攻击机 13 架，共 72 架。而日军参战的“瑞鹤”号航母（标准排水量 25 675 吨）搭载“零式”战斗机、“九九式”俯冲轰炸机和“九七式”攻击机各 21 架，共 63 架。较小的“祥凤”号航母（标准排水量 11 200 吨）搭载“零式”战斗机 10 架、“九六式”战斗机 4 架和“九七式”攻击机 6 架，共 20 架。

1 艘防空巡洋舰和 13 艘驱逐舰；海军少将威廉·哈瑞尔指挥的 58.4 特遣部队，下辖航母“埃塞克斯”号、“考彭斯”号、“兰利”号，3 艘轻型巡洋舰、1 艘防空巡洋舰和 14 艘驱逐舰；海军中将威利斯·李指挥的 58.7 特遣部队，下辖 7 艘快速战列舰、4 艘重型巡洋舰和 13 艘驱逐舰。

交战结果，美国航母部队共击沉日方“大凤”号、“翔鹤”号、“隼鹰”号 3 艘航母和 2 艘油轮，摧毁了 400 多架日军舰载机和约 100 架陆基飞机，此外还消灭敌军大量巡洋舰和战列舰水上飞机；而美军方面，“黄蜂”号和“邦克山”号受轻伤。与珊瑚海海战、中途岛海战、东所罗门群岛海战和圣克鲁斯海战中航母对抗不一样的是，美军在马里亚纳群岛海战中的胜利，让日本海军联合舰队伤了元气。

此外，在莱特湾大海战时，美国航母部队在菲律宾恩加诺附近海域还攻击了日本航母，由于日本航母没有搭载飞机，所以这次作战只是一次一面倒的战斗，没能算作彼此之间大打出手的航母对抗。

NO.19

日本海上自卫队难圆航母梦

日本从“大隅”到“初云”，通过各种形式活跃在海上，但相比英国皇家海军已服役的“伊丽莎白女王”号航母、美国海军新服役的“福特”号航母还相差甚远，尚难圆其航母梦。

关键词：
初云级直升机驱逐舰
日向级大型水面舰艇
大隅级两栖舰

小川说：XIAOCHUAN SHUO

灾难深重的太平洋战争已经结束70多年，战争的硝烟虽已消散淡去，但珍珠港事件那惊心动魄的一幕人们终难忘记。第二次世界大战结束后颁布的《和平宪法》规定，日本不可以拥有航母等进攻性武器，军队数量有严格限制，只能有基本的自卫军队。尽管日本海上自卫队对于航母的建造抱有浓厚的兴趣，但是在公开场合从来不露声色，甚至一概予以否认。然而，从早期发展了大隅级两栖船坞运输舰再一次应用直通甲板，到借由“直升机驱逐舰”的设计理念和运用方式研制日向级和初云级“准航母”，以及引进MV-22“鱼鹰”偏转翼飞机和AAV7两栖突击车，与大隅级两栖舰配合搭建所谓“水陆机动团”等，特别是研制采用直通甲板、可搭载直升机的初云级排水量超过了意大利和西班牙的轻型航母。

2019年初，有媒体称英国承包设计建造英国皇家海军伊丽莎白女王级航母的公司表示：有能力为日本改造2艘初云级“准航母”以搭载F-35B战斗机。不久，有报道称日本海上自卫队已将初云舰计划搭载F-35垂直起降战斗机写入新修订的《防卫计划大纲》，而初云舰的排水量已超过第二次世界大战时期日本海军“飞龙”号航母。为此，再度引发人们对日本能否重温航母梦的思考。

2009 年

日本横滨开港 150 周年期间，“日向”号的舰桥与甲板向公众开放。

图片来源：《世界知识》杂志

早在 1994 年，日文杂志《世界舰船》就披露过，日本于 20 世纪 50 年代就又开始酝酿航母的发展。1951 年 9 月 8 日，日美签订《日美安全保障条约》，商定由美海军租借给日本 10 艘护卫舰（后来增加至 18 艘）、50 艘登陆支援舰艇，作为日本重新建设海军的基础。1952 年，日本成立了所谓的“海上警备队”。当时，为了将原先在“海上保安厅”名义下的部队改组成“海上警备队”，日军以旧海军野村吉三郎大将为首设立了一个名为“Y 委员会”的机构。Y 委员会的成员由海上保安厅的工作人员和在第二复员局工作的旧海军军人组成，专门负责接收租借舰艇、征兵员，编制训练计划和制订舰艇部队编成。

在进行接收租借舰艇的准备阶段，由保科善四郎中将和 Y 委员会中以山本善雄少将为中心的旧海军方面的委员，一起进行重建海军的探讨研究，制订了名为《新日本海军再建案》的计划。该计划提出，为应日本国防所需，新海军的规模为：舰艇总吨数应在 30 万吨左右，需 300 余艘大小各型的舰艇，其中包含 4 艘 8000 吨级的护航航母。这一“再建案”由野村大将和保科中将向美海军上层部门提出。由于计划过分庞大，未能获得美方同意，再加上当时日本国内正全力投入战后经济复兴，国家预算也无力承担，该计划被搁置。

1954 年 7 月 1 日，日本开始实施《防卫厅设置法》，将“海上警备队”改称为“海上自卫队”，而后再次提议建造航母。为了能在“第二次防卫力整备计划”中，即在 1962—1966 年这 5 年军备建设计划中拥有“直升机母舰”，1959 年日军在海上自卫队参谋部内进行建造直升机母舰的规划，同年 8 月在技术研究所完成了作为探讨资料用的设计方案。该型直升机母舰标准排水量达 8000 吨，满载排水量 14 000 吨；全长 166.5 米，水线长

160 米，最大宽度 22 米，吃水 6.5 米；动力装置由 2 座主锅炉、2 台蒸汽轮机组成，总功率 60 000 马力，双轴，航速约 29 节；飞行甲板长 155 米，最大有效宽度约 26.5 米，从甲板升降机后部至飞行甲板后端的空旷场地可供 3 架直升机同时进行起降作业。该舰舰型采用首楼型，从首楼后端至舰艇甲板前端设有直升机机库；舰艏为非封闭式；为了减小舰体侧面的受风面积和上层建筑的重量，机库和飞行甲板并未延长至舰艉端部，这将有利于保证舰的稳性和抗摇性能。首楼甲板以下有 4 层全通甲板（机舱区除外），下甲板之下占全长约 3/4 的区间设有 2~4 列水、油密的纵隔壁和双重底，特别是在机舱和弹药舱区，两舷各有 4 列纵隔壁保护，采用了与 3 万吨级航母或战列巡洋舰同等的防御配置。2 个主机舱之间设有一个 8 米长的中间舱，当前、后主机舱之一发生战损时，水下破口不会波及另一主机舱，这是因为舰体受鱼雷攻击后的破口范围一般小于 8 米，加了中间舱后，相比 2 个机舱前后直接相邻的布置方式，动力装置的生命力要强得多。直升机机库长度为 112.5 米，最大宽度 22 米，可容纳 18 架 HSS-2 型直升机；机库前部有一部 17 米 ×8 米的甲板升降机；机库在舰体中后 4 米处设有一道防火、防烟的移动门；门后的右舷设有一部与甲板升降机同样尺度的舷侧升降机，这样可在机库中弹、起火等应急情况下，关闭移动门，使机库前后部隔离，以便继续使用未受损害的部分；机库的最后端还有一道移动门，必要时打开此门通往艇甲板，并可将艇甲板上的机动艇移入库内存放。武备为两舷各有双联装 76 毫米平高两用速射炮 2 座，总共 4 座。各配备有一台 MK63 射击指挥仪，2 台指挥仪可在各自分工的射界内联动相关的速射炮发挥火力，这一火力配置在当时来说确属上佳水平。电子设备则装有：OPS-3A 对海警戒雷达、OPS-1 对空警戒雷达、“塔康”飞机归航引导雷达以及 SQS-4 舰壳式声呐。这些装备在当时都是现实可得的，就建造技术而言，也无任何困难，如果确定建造，是完全可以实现的，但是经过深入全面探讨后，日本得出了“建造此型直升机母舰为时尚早”的结论，因此进一步的详细设计未能继续进行，从而被搁置了起来。

1967—1971 年执行“第三次防卫力整备计划”时，日本海上自卫队内部要求建造直升机母舰的呼声又起，但当时却受到了另一种对立意见的阻挠。这种意见认为如果不造直升机母舰，而多造几艘直升机驱逐舰，其反潜效果将更为优越。再则，考虑到在当时的国际形势下建造航母确实有些不合时宜，最后通过了建造 2 艘 5000 吨榛名级直升机驱逐舰的计划。

1972—1976 年执行“第四次防卫力整备计划”，拟订计划时又一次提出了建造 2 艘 8000 吨级直升机母舰的构想，以“大型直升机驱逐舰”之名列入计划。后又遇上第一次石油危机，由于财政困难、预算不足，只能作罢。

1982 年英国和阿根廷爆发马岛之战，英海军的“无敌”号轻型航母和鹞式垂直 / 短距起降飞机初露锋芒，引起各国海军的重视。日本海上自卫队也对混合搭载鹞式飞机和直升机的小型航母的战术运用做了详细探讨，并在拟订 1984 年的中期业务计划时，重新提出小型航母的建造计划。但是，当时日本严格规定防卫费不能超过国民总收入的 1%，所以，他们在公布《防卫计划大纲》时不得不取消了这个计划。但也有一种说法是：小型航母不能为E-2C舰载预警机提供足够的起飞条件，不能实现远距离搜索，降低了航母的使用价值，并且将削弱与美国海军机动编队协同作战的保障力量，因而遭到美海军的反对。

根据《简氏战舰年鉴》1985—1986 年版报道，日本海上自卫队曾计划建造排水量为 16 000 吨、能搭载 14 架 HSS-2 直升机的轻型航母，但日本防卫厅对此予以了否认。尽管如此，日本航母计划的制订工作并没有停止过。

1986 至1990 年的计划中，日本海上自卫队提出两艘 3500 吨级船坞登陆舰的建造方案，欲搭配现有和原有的登陆舰组成两个两栖战斗群，但终因提案敏感而遭到否决。日本最早的两栖舰是来自美国的郡级坦克登陆舰，随后日本又自行建造了主尺度、排水量、设计性能均与其差不多的渥美级和三浦级坦克登陆舰。1992 年，日本海上自卫队以渥美级和三浦级坦克登陆舰不能适应长时间的海上航行为由，提出设计建造一艘大型两栖舰艇。提案于 1993 年获得通过，即与渥美级、三浦级大不相同的大隅级两栖舰，其标准排水量为 8900 吨，满载排水量 14 000 吨；舰长 178 米，舰宽近 26 米，能运载 1000 名陆战队员、16 架 CH-47 重型直升机、10 辆 90 式主战坦克、1400 吨物资和 2 艘大型气垫登陆艇。由于外形经过隐身设计，舰体、舰岛均采用倾斜的表面以减少雷达反射面积，舰体采用民用标准，采用向上渐缩的合金制全密封式主桅，且主桅上雷达位置的后方都装有电磁防护装甲，总体性能等同于船坞运输舰。它最主要的自卫武装是两门分别位于舰岛前后方的 MK-15 密集阵，此外还配备日本自制的雷达、电子战系统与美制 MK-36 SRBOC（干扰弹发射器）。由于大隅级的设计大量引用了新科技，自动化程度甚高，特别是采用直通主甲板，上层结构位于舰体右侧，舰型与航母十分相似，因此许多国家认为日本又有建造航母的野心和意向。虽然日本列出很多设计点证明大隅与航母相差甚远，但有报道称，大隅级可在 72 小时内经结构加强后搭载固定翼飞机而被首次称为“准航母”。

日本海上自卫队大隅级两栖舰是名副其实的“准航母”。

2004 年，日本开始以直升机驱逐舰名义研制日向级大型水面舰艇（日本称之为“护卫舰”）。首舰名为“日向”号（舷号 DDH-181），2006 年 5 月 11 日在石川岛播磨重工横滨船厂开工，2007 年 8 月 23 日下水，2009 年 3 月 18 日于横须贺服役，替代了同天退役的“榛名”号。第二艘“伊势”号于 2008 年 5 月 30 日开工，2009 年 8 月 21 日下水，2011 年 3 月 16 日服役，取代了同年 1 月 17 日退役的榛名级第二艘舰“比睿”号；参加了日本当年 3 月 11 日发生的芮氏规模 9.0 级大地震与海啸的救灾工作。日向级舰再次采用直通甲板、右舷岛式结构，标准排水量 13 500 吨；动力系统采用 LM-2500 IEC 燃气涡轮组成的燃气涡轮与燃气涡轮机组，双轴推进，极速达 30 节，航速 20 节时续航力达 6000 海里。舰上装备了两组八联装 MK-41 VLS（导弹垂直发射系统），还拥有两具美制最新型 MK-15 Block 1B 改良型密集阵 CIWS（近防武器系统）和两座三联装 324 毫米鱼雷发射管。设计之初，日本海上自卫队对日向级舰的要求是：可收容整个护卫群的 8 架直升机，且作业时至少能同时让 2 架直升机起降。但建成时飞行甲板设有 4 个起降点，能同时操作 4 架直升机。同时，与大隅级舰一样，日向级舰也做了降低雷达截面积隐身设计，配备了当时最先进的指挥管理系统和战斗处理系统，分为四个主要部分：先进战斗指挥系统、零零式射控系统、反潜情报处理系统、电子战管制系统。尽管日本称它为“直升机护卫舰”，但该舰已完全具备一艘轻型航母的功能，按北约标准实际上就是直升机母舰。值得一提的是，“日向”与“伊势”是第二次世界大战时期日本海军伊势级战列舰的名称。

日本海上自卫队称日向级舰为直升机驱逐舰，实已具备轻型航母雏形。

初云级直升机驱逐舰是在 2000 年制订的“中期防卫计划”中确定的，以取代 20 世纪 70 年代建造的 2 艘榛名级直升机驱逐舰，是日本海上自卫队继大隅级舰、日向级舰之后的又一级“准航母”，其排水量超过英国皇家海军无敌级轻型航母。初云级（16DDH）驱逐舰，其名称中的“16”代表这是于日本平成 16 年批准的建造计划；“DDH”为直升机驱逐舰的军用编号，在 2006 年、2008 年各开工建造一艘，其飞行甲板超过了英国搭载“海鹞”战斗攻击机的无敌级轻型航母（飞行甲板 167.8 米 ×13.5 米，航速 28 节）、意大利搭载“鹞”II 垂直起降攻击机的“加里波第”号航母（飞行甲板 173.8 米 ×30.4 米，航速 30 节）。该舰装备 2 台燃气轮机，双轴，航速为 30 节。但是，日本防卫厅强调该舰并非搭载“鹞”/“海鹞”飞机的航母，其理由是“甲板上没有滑跃

日本海上自卫队称初云级为直升机驱逐舰，实已具备轻型航母雏形，是第二次世界大战结束后日本所建造的排水量最大的军舰。

装置，在设计上也不能承受喷气发动机的高温”。舰上装备先进的雷达、指挥控制系统，可通过雷达、红外线、声呐等传感器和数据链从其他舰只和飞机上获取数据，进行综合处理，遂行水面战、防空、反潜、电子战等任务。它不仅可作为水面舰队的旗舰，还可以统一指挥其他的水面编队、P-3C 反潜巡逻机等航空作战装备，甚至可以指挥日本陆海空自卫队的联合作战，指挥控制能力远远超过榛名级舰。

自从 1956 年服役的战后第 1 艘驱逐舰“春风”号（DD101）到 2006 年开工的“初云”号，其排水量从 1700 吨猛增到 13 500 吨，满载排水量达到 18 000 吨，远远超过了美国海军的满载排水量为 9957 吨的提康德罗加级宙斯盾巡洋舰、俄罗斯标准排水量 9380 吨的光荣级导弹巡洋舰。仅从排水量来看，加上 2 艘爱宕级和 4 艘金刚级驱逐舰，日本万吨级以上的舰艇超过 10 艘。无论从哪个角度来讲，这些作战舰艇都不是“自卫”装备的范围。初云级舰的航母特征十分明显，飞行甲板上除了装备有直升机进场指示灯以外，以后还将装备与 SH-60K 直升机的自动着舰装置配套的辅助着舰引导装置。与舰载机相关的设备还有直升机牵引车，可使直升机在甲板上移动，另外还有遥控操作的牵引装置、消防车、自行吊车、高空作业车、叉式起重车等，这些航母上配装的调运设备大部分是首次装备在驱逐舰上的。从这个意义上来说，替代榛名级舰的初云级舰已发生了“转基因”，也使得初云级舰的设计有许多创新点。首先，是设计理念。目前，日本海上自卫队的作战对象发生了变化，新近在广阔的海洋上遂行反潜作战，不断增加与美国海军等联合行动，作为远洋反潜作战编队的旗舰，初云级舰搭载直升机反潜覆盖的海域将增加数倍，且一旦有所需求，便可在改装后搭载 F-35B 短距垂直起降战斗机。其次，是一舰多能。平时，它是反潜作战编队的旗舰，搭载反潜直升机，兼海上指挥部；可搭载 MH-53E 或 MCH-101 扫雷 / 运输直升机，可担负水雷战任务；所搭载的 SH-60K 直升机可挂载反舰导弹，执行对海打击任务；又可成为一个各项功能完备的海上指挥部。再者，是舰型设计独特。驱逐舰和轻型航母的特点与功能集于一身，具备相当强的反潜、对空作战能力，如 MK-41 导弹垂直发射装置，配备“改进型海麻雀”、垂直发射“阿斯洛克”反潜导弹；同时又有直通式甲板，具备很强的运用航空装备的能力。此外，大量采用新技术。首先，在舰形的隐身设计方面，较现役舰艇有较大进步，如隐身桅杆、小艇和鱼雷发射装置布置在舰体内并用折叠门遮蔽。其次，采用新装备提高作战能力，如 FCS-3 火控系统和“改进型海麻雀”导弹组合、97 式鱼雷和 HOS-303 三联装鱼雷发射装置组合、航空控制室和 SH-60K 直升机等，

Tips	第一艘拥有起降甲板的航母	海军常识小贴士

1917 年，英国皇家海军“暴怒”号航母完工，成为世界舰船史上第一艘拥有起降甲板的航母。该舰排水量 19 153 吨，主机采用蒸汽轮机，四轴推进，航速约 31.5 节；载机数最初为 10 架，其中 6 架“幼犬”式战斗机、4 架“肖特 184”式水上飞机。由于“暴怒”号第一次改造是在一艘轻巡洋舰的基础上进行的，所以它拥有前起飞甲板，但舰后部仍然保留了后炮塔，这使得改装后的航母同时拥有飞机和大炮，但飞机可从舰上直接起飞，却无法直接降落到舰上。1918 年 7 月 19 日，第一次世界大战中，7 架飞机从“暴怒”号上起飞，攻击德国飞艇基地，成为航母舰载机首次发动攻击的案例。1922 年 6 月到 1925 年 8 月，第二次改造拆除中部舰桥、桅杆和烟囱等，贯通前后飞行跑道，“暴怒”号拥有了长 175.6 米、宽 27.7 米的全通式飞行甲板和双层机库。随后，英国皇家海军组织了 13 次降落试验，但仅 3 次成功。1948 年，“暴怒”号解体，所做的改进为后来的航母发展开拓了思路。

增强了防空和反潜能力。再次，加强了信息作战能力，如宽带卫星通信装备、新型舰艏声呐、ORQ-1C 直升机数据链、OPS-20C 对海雷达、OQQ-21 声呐系统等。最后，为日后增加新装备做好了充分的准备，如 MCH-101 扫雷直升机和无人机上舰。所有这些创新点提升了初云级“准航母”的灵活作战使用能力，可遂行的作战任务也越来越多。2017 年，被贴上“准航母”标签的初云级舰首次与美国海军航母编队进行了海上联合演习。同年 10 月，美国兰德公司在《未来航母的选择》中称，日本从“大隅”到“初云”，通过各种形式活跃在海上。2020 年 8 月，日本防卫省首次带领媒体参观了“初云”号的甲板、机库和升降机等，日本政府批准的新版《防卫计划大纲》中提出对“初云”进行改装，使其可搭载 F-35B 垂直起降的战斗机。但相比英国皇家海军已服役的“伊丽莎白女王”号航母、美国海军新服役的“福特”号航母还相差甚远，尚难圆其航母梦。

NO.20

危机时，最近的航母在哪里

美国前总统克林顿曾说：“每当发生危机的消息传到华盛顿，我们的第一反应就是：最近的航母在哪里？”
人们常说：看看最近的航母在哪儿？想想那里是否有危机！

关键词:
五次大海战局部战争中的航母
人类命运共同体

小川说:

2020年3月24日，美国《国会山报》发布一则消息：美国海军代理部长首次公布“西奥多·罗斯福”号（CVN-71，以下简称“罗斯福”号）航母上出现了新冠肺炎确诊病例，已于当天用飞机将其运往医院进行治疗，并对所有与这三名水兵接触过的舰上人员进行隔离。同年4月2日，时任美国代理海军部长托马斯·莫德利专程抵达因疫情停泊在关岛海军基地的“罗斯福”号航母，以应对疫情挑战不专业等为由将克罗泽舰长解职，由此引发争议和质疑。不久，莫德利在各方面压力下辞职，美国海军开展调查并发布了《航母“罗斯福”疫情调查报告》，涉及上百项调查问题。其中，“罗斯福”号航母于2020年1月从圣迭戈出发，驶往西太平洋海域执行军事任务。3月5日，正当全球聚焦新冠肺炎战“疫”之际，“罗斯福”号和同属美国海军第7舰队的“邦克山”号导弹驱逐舰（CG-52）抵达越南岘港，虽未靠港，但用直升机运输了物资和人员，举行了美、越建交25周年纪念活动。此后，航母在海上进行了14天的隔离，未停靠任何其他港口，但于3月15日

2020 年 4 月 3 日

“罗斯福”号航母布雷特·克罗泽舰长因致信美国海军高层示警舰上新冠肺炎疫情而被革职，当他从机库走下舰艇时，上千名舰员自发前来送行。

图片来源：美国海军网站

XIAOCHUAN SHUO

协同两栖攻击舰“美国”号（LAH-6）、“蓝岭”号两栖指挥舰进行了联合演习，随之与空军的 B-52 轰炸机、F-15C 战斗机进行了协同训练。疫情暴发后，这艘航母上有超过 1000 名舰员感染，直到 5 月 21 日离开关岛的阿普拉海军基地，与“尼米兹”号和“里根”号三个航母战斗群在菲律宾海部署。6 月 18 日，美国海军官方网站发布消息，一架从“罗斯福”号航母上起飞的 F/A-18F 战斗机在常规训练时突然坠毁，2 名飞行员从飞机中弹射逃离后被直升机救回。

美国海军现役 11 艘航母，以尼米兹级为例，每个战斗群通常由 10 万吨级的核动力航母为核心，曾配属 2 艘提康德罗加级宙斯盾导弹巡洋舰，2 艘弗吉尼亚级攻击型核潜艇，2~4 艘阿利·伯克级宙斯盾导弹驱逐舰，2 艘进行综合补给的快速战斗支援舰组成，可搭载 F/A-18“大黄蜂”战斗机、EA-6B 电子战飞机、E-2C 预警机、SH-60F 反潜直升机、HH-60H 救援直升机、ES-3 电子侦察机等约 80 架各种舰载机，兵力可达万人左右。目前，福特级航母因搭载 F-35C 舰载机而减少了航空联队的舰载机型种类。

美国前总统克林顿曾说：“每当发生危机的消息传到华盛顿，我们的第一反应就是：最近的航母在哪里？”

人们常说：看看最近的航母在哪儿？想想那里是否有危机！

美国航母在其百年发展和运用中不断改进、提升，它是美国海军各时期军事战略的强大支撑，是美国推行政治、外交政策及军事战略的主要手段之一。每当美国插手地区冲突或挑起战争时，其航母编队总是最先被部署在前沿，起着威慑作用并担负着最艰巨的作战任务。在美国总统下达海外部署命令之后的几十个小时内，至少有1~2艘航母会到达危机地区海域，进入舰载机可以发起攻击的阵位。第二次世界大战的硝烟还未散尽，美国为了牵制苏联、遏制中国，纠集多国重兵参加了朝鲜战争。首先派往朝鲜战争前线的2艘航母同为埃塞克斯级，该级舰曾在太平洋战争中发挥了重要作用。直到签署停战协定的4年时间里，美国先后派出了护航航母和轻型航母25艘次参与朝鲜战争，部署在黄海和日本海海域。

“企业”号核动力航母上的舰载机飞行员。

越南战争是美国在第二次世界大战后投入航母兵力最多的一次战争，从1965年3月到1973年1月“体面撤军”，先后投入了17艘航母，累计部署71艘次，其中埃塞克斯级6艘，累计30艘次；中途岛级3艘，累计10艘次；福莱斯特级（包括小鹰级）7艘，累计25艘次；核动力航母“企业”号1艘，累计6艘次。

世界第一艘核动力航母“企业”号服役期间曾参加多次局部战争。

大西洋舰队唯一没有参加越南战争的航母是“肯尼迪”号。

1996 年，航行在纽约“双子大厦”前的美国海军“肯尼迪”号航母。

在伊拉克战争期间，美国海军最大限度地动员、部署了航母兵力，先后共派出了 6 艘航母，占当时美国海军全部现役航母的 50%。海湾战争时期，美国拥有 15 艘航母，派出 6 艘，占总数的 40%。阿富汗反恐战争期间，美国部署 4 艘航母，约占总数的 33%，其中**“小鹰”号航母没有承担攻击任务，只是作为特种作战部队的支援基地。**按照航母作战部署、训练、维修各占 1/3 的比例，在战争期间，美国将处于训练状态的航母也进行了作战部署，除了在战区部署的 6 艘航母以外，美国海军还要在太平洋和大西洋各部署 1 艘航母。

“小鹰”号常规动力航母在执行任务期间进行海上补给 。

为了达到美国国防部的战略目标，美国海军曾提出“舰队反应计划”，即平时要保持 6 个具有随时参与作战行动能力的待命航母编队，保证能在 30 天内抵达全球任何地区；并且可以在 90 天内紧急部署另外 2 个航母打击大队（即所谓“6 + 2”方案），一改过去航母 18 个月的行动周期，包括训练、执勤和休整各 6 个月；采用舰员轮换制度，舰艇停泊在部署地区，减少了渡航时间，也相应地节约了使用费，成为名副其实的“海上基地”。

航母是舰载机的海上活动机场。在海湾战争期间，美国先后派遣了 6 个航母打击大队参战，仅在“沙漠风暴”行动（Operation

曾经常驻日本横须贺海军基地的“小鹰”号常规动力航母。

Desert Storm）中，就有包括加油机等支援飞机在内的固定翼舰载机共419架，占盟军固定翼飞机总数2780架的15%，占总出动架次11.2万架次的16%。其中，部署在红海的固定翼舰载机飞行约6200架次，部署在波斯湾的固定翼舰载机飞行约11 800架次。出动架次最高的是1991年2月26日、27日2天，分别达到628架次和606架次，平均每艘航母105架次和101架次。

在1995年8月至9月间为期两周的时间，北大西洋公约组织（简称北约）实施了代号为“周密力量”的空袭行动，以保卫所谓的安全区和削弱波黑塞族的军事能力，打击萨拉热窝附近的目标和波黑西北部整个塞族控制区的目标。空袭持续了11天，美国海军的58架舰载机（36架F/A-18、14架F-14和8架EA-6B）出动了583次对地攻击架次和165个支援架次，平均每天的攻击架次为53次，平均每天每机的出动率仅为0.9架次，与此同时，空军每架飞机的日出击率为1.5架次。

1993年4月，北约盟国的飞机开始在波黑上空禁飞区进行巡逻，兵力组成包括美国海军、空军和北约其他国家空军。到1995年12月，美国海军先后有6个航母编队在亚得里亚海值勤，航母部署在距波黑作战空域仅约100海里处。即便是在这种比较有利的情况下，舰载机仅出动8290架次，只占北约出动飞机总架次的10%左右。而在同一时期内，法国空军出动12 502架次，英国空军出动10 300架次，美国空军出动24 153架次。

阿富汗反恐战争期间，截至2001年12月23日，在76天的作战中，美军共计完成约6500次攻击任务，投下17 500枚炸弹和导弹，其中精确制导武器占75%。美国海军出动飞机4900

架次，占总架次的75%以上，平均每天46架次。根据以上数字推算，海军飞机的投弹量平均每架次1.2枚，以每枚454千克计算，1架次的投弹量约合0.5吨。

苏联解体后，美国失去了在海上作战的对手，航母的作战重点也随着“由海到陆”的战略调整发生了变化，对陆攻击逐渐成为海上兵力运用的主要方式。海军作战不断向内陆纵深延伸，作战时利用远程打击武器先消灭敌指挥控制机构、防空设施，利用空中作战平台杀伤对手的有生力量。阿富汗战争期间，“小鹰”号航母只搭载了少量用于空中警戒的舰载机，主要任务是为特种作战部队提供海上基地。这也证明了航母的多用性。海湾战争时，1艘搭载72架作战飞机的航母，3天内每天可以打击62个目标点。而现在，虽然载机数量有所减少，A-6攻击机等飞机退出现役，但是，由于作战能力更强的F/A-18E/F战斗攻击机的首次实战使用和能够搭载精确制导武器的飞机增加，再加上飞机信息化程度的提高，同样在3天的时间里，1个拥有约50架作战飞机的航母舰载机联队，能打击的目标数量却增加了4倍。现代精确制导武器使海军航空兵从“一次打击一个目标”发展到“一个目标一次打击”，作战能力剧增。海湾战争时，打击1个目标约出动10架次的飞机，而在伊拉克战争中，一个起飞架次要执行对2个或2个以上目标的攻击任务。美国对叙利亚的精确打击得益于武器和信息装备性能的提高，使得现代战争从机械化步入信息化，甚至进入“智能化”。

美国海军在海湾战争之后认真总结经验和教训，对现役装备进行了调整、改进，特别是在现有平台上加装信息装备、智能装备，使其作战能力倍增。美国海军的做法是将航空兵传感器、海基传感器、其他军兵种的陆基传感器和机载系统集合成一体，最大限度地提高海军航空兵在空中侦察时联合情报、监视和侦察传感器的图像能力，通过安全可靠的系统组合以及传感器网的快速信息交换，来提高航空兵的作战能力。10多年前，美国海军各种作战平台普遍装备有16号数据链，它可以使作战平台共享空中、海上、地面参战部队的位置信息和战况信息，极大地增强了飞行员感知战场态势的能力。这种感知信息还同时传输给加油机等作战支援平台，以提高协同攻击能力。

自海湾战争以来，美国遂行的几次大规模军事行动都是以空中打击拉开的序幕，首先打击对方的战略目标，包括对方的指挥控制系统、政府机构、国家基础设施等。如海湾战争是在空中轰炸了 38 天之后，地面部队才出动，只进行了 100 小时的地面作战；科索沃战争基本没有动用地面部队；阿富汗反恐战争也是先动用空中力量进行大规模轰炸。而在伊拉克战争中，美、英联军采取了战略轰炸与战术打击同步实施的策略，一方面对巴格达和北部重镇进行大肆轰炸，打击重要的战略目标；另一方面，在南部配合地面部队作战，根据需要对地面目标进行战术打击。

马克思说过，军人虽然“不生产谷物”，却能“生产安全”。

常驻日本横须贺海军基地的“卡尔·文森”号核动力航母。

历史上航母虽有数，但战争中的伤亡却是无数的。美国海军现役 11 艘航母，离我们最近并常驻日本横须贺海军基地的是“卡尔·文森”号(舷号CVN-70)。“卡尔·文森”号是美国海军尼米兹级航母的三号舰，于 1980 年正式下水，以卡尔·文森众议员的名字命名。卡尔·文森，这位最早洞悉核动力航母对未来海权扩张的重要性并积极推动核航母建造的重要推手，因此成为第一位非历届美国总统或军事将领身份但却获此殊荣的人。2010 年 3 月，完成大修后海试的“卡尔·文森”号重新服役，并于当年 12 月 30 日被部署至西太平洋地区，接替正在检修的“华盛顿”号航母执行前沿部署任务。2017 年 2 月 28 日，美国海军发布声明，“卡尔·文森”号核动力航母战斗群进入南海开始进行“巡航”，这是美国总统特朗普上台后，美国海军首次在南海进行巡逻。2018年3月5日，美国海军“卡尔·文森”号航母抵达越南岘港，这是1975年越南战争结束后美国航母的首次到访。

2020年初，曾到访越南的“罗斯福”号（舷号CVN-71）隶属美国海军大西洋舰队，是隶属太平洋舰队的“卡尔·文森”号的姊妹舰，均属尼米兹级核动力航母：1981年10月31日开工建造，1984年10月27日下水，1986年10月25日服役；标准排水量为80 777吨、满载排水量达104 600吨，舰长332.9米，舰宽40.8米、飞行甲板宽76.8米，吃水11.8米；舰上装有2座A4W核反应堆和4台蒸汽轮机，航速30节以上，最大航速可达35节，装填一次核燃料可持续使用13年，航程可达100万海里；舰身从龙骨到桅顶，高达76米，相当于一幢20余层楼房的高度。从外形上看，这艘航母采用封闭式舰艏、闭式机库、斜角甲板、舷侧飞机升降机，舰体从舰底至飞行甲板形成整体式的箱形结构，飞行甲板为强力甲板，增加了全舰的总纵强度，保证了高性能舰载机着舰的要求。1991年1月17日海湾战争爆发，“罗斯福”号航母编队远程跋涉到达红海阵位，1月24日舰载机发射导弹各击沉、击伤一艘伊拉克布雷舰；战争期间所投掷弹药多达480万吨。1999年参与突袭南联盟的军事行动中，“罗斯福”号航母编队麾下的13艘巡洋舰、驱逐舰和核潜艇在快速战斗支援舰的保障下，用几百枚“战斧”“万弹齐发”；仅4月7日当天，从“罗斯福”号航母上起飞的24架“大黄蜂”舰载机，多次袭击南联盟民用目标，所投掷被国际法禁止的集束炸弹造成了大量平民伤亡。2001年9月19日，“罗斯福”号航母前往地中海；同年10月13日通过苏伊士运河参加打击阿富汗的军

1991年，参加海湾战争的美国海军尼米兹级“罗斯福”号核动力航母及配属舰。

2020 年 3 月 5 日，驶抵越南的尼米兹级“罗斯福”号航母在海湾战争中曾投掷弹药多达 480 万吨。

事行动。2014 年 8 月 17 日，美国海军 X-47B 无人机在“罗斯福”号航母上首次演示了与 1 架 F/A-18F“超级大黄蜂”舰载机的共同编队飞行。

由于尼米兹级航母的基本设计也是源于参加过越南战争的福莱斯特级航母，在设计中吸取了越南战争中的作战经验，性能上提高了弹药容量和燃料存储量，共有 15 134 立方米的弹药和燃料存储空间。如“卡尔·文森”号航空弹药装载量达到了 1950 吨，

与“罗斯福”号同为美国海军尼米兹级航母的“卡尔·文森”号装载 MK64 鱼雷。

Tips	快速战斗支援舰	海军常识小贴士

快速战斗支援舰（又称综合补给船）是美国航母编队中必不可少的成员，能在海上航行状态下，利用专门的补给装置及舰载直升机等向航母提供燃油、弹药、粮食及备件等各种消耗品，使战斗舰艇在航渡和作战海区时摆脱对基地的依赖，从而提高作战能力。美国海军从 20 世纪 60 年代起发展大型快速战斗支援舰，现役供应级支援舰是在萨克拉门托级的基础上改进建造的，标准排水量 19 700 吨，满载排水量 49 000 吨，舰长 229.7 米，舰宽 32.6 米，吃水 11.6 米；航速 22 节，最大航速 25 节；舰上装备 1 座 Mk-29 型 8 联装“北约海麻雀”舰空导弹发射装置，2 座 Mk-15“密集阵”近防武器系统，2 座 25 毫米舰炮，4 挺 12.7 毫米机枪，Mk-23 型对空搜索雷达，AN/SPS-67 型对空对海搜索雷达，AN/SPS-64（V）9 型导航雷达，2 部 Mk-95 型火控雷达，URN-25 型“塔康”战术导航系统，4 座 6 管 Mk-36 型 SRBOC 无源干扰发射装置；搭乘 160 位民间船员，28 位军人；可搭载 156 000 桶燃料，1800 吨弹药，400 吨冷冻物品，250 吨普通货物，20 000 加仑（1 美制加仑≈ 3.79 升）淡水；共设 6 个补给站，干、液货各半，补给装置采用标准横向补给系统，通常能在 4~6 级海情补给，单次补给时间仅为 3 ~ 4 小时，是美国海军现役主力快速战斗支援舰。

航空燃油的装载量为 9000 吨，足够支持 2 个星期的作战任务。

想到危机时，“最近的航母在哪里？”

航行在西太平洋海域的“罗斯福”号航母首次确认有舰员患新冠肺炎，我们该反思些什么？相比第二次世界大战中太平洋上演的五次大海战，当代航母在战争与非战争时期将扮演什么角色呢？如何通过此次全球疫情，更深刻地理解人类命运共同体需要的更多的是和平呢？

服从命令是军人的天职。看着执行任务期间出生的萌娃，相信“航母新爸”内心与百姓同样渴望和平。

NO.21

“小鹰”谢幕：美航母“全核化”

甲板上的舰员特意列队排成日语英译“SAYONARA”（再见）字样，结束了它在日本海外基地的驻防任务，后于 2009 年 5 月 2 日退役。
从此，美国航母进入了“全核化时代”。

关键词：
常规动力航母
核动力航母

小川说：XIAOCHUAN SHUO

2020年2月24日至25日，时任美国总统特朗普首次访问印度。为此，印度总理莫迪主导的内阁批准海军购买 24 架美制 HM-60R“海鹰”多用途直升机，这笔订单金额约达 26 亿美元，此外还将签署一些美印军购项目。消息传出，人们再议当年美国欲将其退役的“小鹰”号航母免费赠送给印度，但前提条件是印度海军需购买其 65 架 F-18 舰载机。印度是继日本之后亚洲第二个拥有航母的国家，早在 20 世纪 80 年代购买了英国海军退役的“竞技神”号，改名为“维克兰特”号；2003 年，从俄罗斯引进“戈尔什科夫海军上将”号航母后进行改建，其间因多次交付俄方上涨的改建费用而被迫推迟进度，终于在 2013 年交付印度海军，成为现役的“维克拉玛蒂亚”号。印度海军在切身体会“天下没有免费的午餐”后，不敢接受飞来的“小鹰”。

1903 年 12 月 17 日，莱特兄弟在美国北卡罗来纳州一个叫“小鹰”（Kitty Hawk）的小镇附近首次成功驾驶航空器升空，拉开了人类航空史上第一次载人飞行的序幕。为了纪念“铁鸟飞天”这一具有历史意义的事件，美国海军曾先后两次以“小鹰”来命名军舰。2009 年 5 月 2 日退役的“小鹰”号航母是第二次命名，也是美国最后一艘常规动力航母。小鹰级航母共建造了 4 艘，分别是：1 号舰“小鹰”号（CV63），于 1956 年立项，1961 年 4 月 29 日正式服役；2 号舰“星座”号（CV64），于 1961

年 10 月 27 日建成；3 号舰“美国”号（CV66），于 1965 年 1 月 23 日建成；4 号舰“约翰·F. 肯尼迪”号（CV67），于 1963 年获得批准建造，较前 3 艘舰有所改进，于 1968 年服役。目前 4 艘航母均已退役，2 号舰被拆解，3 号舰作为航母打击验证对象被炸沉。“小鹰”谢幕，意味着美国航母开启了“全核化时代”。

小鹰级航母是美国建造的最后一级，也是最大的一级常规动力航母，其标准排水量为 60 100 吨，满载排水量为 86 000 吨，舰长 323.8 米，舰宽 76.8 米，吃水 11 米。

小鹰级航母的研制体现了第二次世界大战后美国海军的战略调整和科技进步。为了在战后继续保持其海军优势，夺取海上制空权、制海权，实现其全球战略目标，美国于 20 世纪 50 年代相继建成了名噪一时的“超级航母”福莱斯特级，分别是“福莱斯特”号、“萨拉托加”号、“突击者”号和“独立”号。然而，由于搭载了喷气式飞机，美军在航母使用过程中发现因设计建造而导致的不足，如升降机配置不理想，影响了舰机的适配性等，于 1956 年至 1958 年进行大幅改进，总结其经验教训，研制了后来的 4 艘小鹰级航母。小鹰级航母采用封闭式舰艏，方尾，舰体从舰底至飞行甲板形成一个整体式的厢型结构，加大了舰体强度，具有良好的安全性，各关键部位均有装甲防护。该级舰的特点是，上层建筑较小且集中，位于右舷，位置更靠近尾部，动力装置后移，这样一来，缩短了轴系，并可为机库和飞机维修车间提供更多的空间，使全舰的整体布局更为合理。

小鹰级航母从舰底到飞行甲板共有 10 层，舰桥有 7 层甲板，全舰共 17 层，约 17 层楼房那么高，被称为“航行的帝国

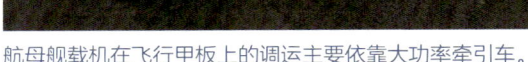

航母舰载机在飞行甲板上的调运主要依靠大功率牵引车。

大厦”。从舰底至飞行甲板的第1~4层是燃料、淡水和武器弹药库；第5层是水兵住舱、行政办公室和食品库；第6层是餐厅；第7层设有飞机维修间；第8层是维修人员和雷达人员住舱；第9~10层主要是机库，第10层还设有战斗值班室和飞行员餐厅。10层以上为岛式上层建筑，分别为消防舱、医务舱、参谋人员舱、助理人员舱、媒体中心、舰长室、舰长住舱、领航室、飞机起降指挥台、器材仓库、观察人员室等。全舰共有约1500个舱室，其中人员住舱150个，各种油、水舱及空间892个，机舱和操纵室57个，仓库154个，电缆舱16个，以及各种通道等。此外，舰上还设有图书室、电影室、电视室、休息室、体育室，各居住区还设有娱乐室。在医疗设施方面，舰内设有数个手术室、理疗室及药房等；在生活设施方面，有洗涤室、理发室、邮电局、酒吧、小卖部等。

在外形上，该级舰的前3艘大体一样，只有“肯尼迪”号稍有不同；“小鹰”号和“星座”号采用矩形烟囱，“美国”号采用较小的方形烟囱，而为了防止烟灰落在飞行甲板上腐蚀天线，“肯尼迪”号的烟囱向右舷倾斜。在动力装置方面，小鹰级航母装有4台蒸汽轮机、8座锅炉，分4个机舱布置，每个机舱有1台蒸汽轮机、

2 座锅炉；每个机组有一个控制室，4 轴带动 4 个直径为 6.4 米的 5 叶螺旋桨。锅炉除保证舰的全速航行外，还要保证飞机弹射器的正常使用。在各机舱内还装有汽轮发电机，发电机可为升降机、各种泵、电梯、舵机、照明等提供所需的全部电力。

小鹰级航母的飞行甲板长 318.8 米，宽 76.8 米，面积约 255 00 平方米；飞行甲板的钢板厚度为 100 毫米，飞行跑道长 270 米，跑道两头宽分别为 30 米和 24 米；斜角飞行甲板向前伸展（约 12 米），以保障舰载机得到更有效的利用空间。该级航母配有 4 部 C13 型蒸汽弹射器。其中，“肯尼迪”号有一部弹射器为 C13-1 型，同时设有 4 根阻拦索和 1 道阻拦网。机库为封闭式，安装有滚动式防火门，将机库分割成几个区。机库甲板最大尺寸为 225.6 米 ×32.6 米，高 7.6 米，比福莱斯特级航母更大，但仍不能容纳整个舰载机联机的所有飞机，还需要将一部分飞机停放在飞行甲板上。左舷处设有 1 部升降机，右舷设有 3 部，每部宽 15.8 米，外侧长 29.5 米，内侧长 21.4 米，安全升降能力为 40.2 吨。左舷的升降机配置在飞行甲板后部，以利于斜角甲板的起飞作业。为了增加主结构强度，升降机舷侧开口四角为圆形，以减少舷侧外板的应力集中。为了均衡使用机库和升降机，舰桥移到右舷第 2 部升降机的后部。弹射器设在前部靠甲板边缘处，这样就可以使斜角甲板的前部作为连续使用首部弹射器时的待机区，从而大大改善了舰面飞行作业状况。这种很有创意的布局，成为美国后来所有航母建造时采用的标准设计。小鹰级航母舰载机联队编有能够遂行多种战斗任务的固定翼和旋翼飞机，其数量视执行任务的性质与强度而定。最多时可载 2 个 F-14D“雄猫”战斗机中队共 20 架飞机、3 个 F/A-18“大黄蜂”战斗攻击机中队共 36 架飞机、1 个 EA-6B“徘徊者”电子战机中队共 4 架飞机、1 个 E-2C“鹰眼”预警机中队共 4 架飞机，以及 6 架 S-3B“北欧海盗”反潜机，6 架 SH-60 和 HH-60H“海鹰”直升机。在役期间，随着 F-14D 战斗机的退役，其所搭载的舰载机数量和种类也都发生了明显的变化，可载 F/A-18A/C/E/F 飞机多达 44 架；航空燃油装载量为 5882 吨。

"小鹰"号航母上的档案室记录着这支常驻西太平洋"桥头堡"舰队的频繁的军事行动。

自20世纪60年代"小鹰"号竣工后编入美国太平洋舰队序列，母港先设在美国加利福尼亚的圣迭戈海军基地，后驻扎在日本横须贺海外基地。在47年的海上生涯中，这个铁灰色的庞然大物幽灵般地巡游在世界各大洋上，成为"山姆大叔"挥舞的"狼牙棒"，但所执行的任务大部分都不是出于现实的军事需要，更多的是出于政治上的需要。在1997年大修之前，"小鹰"号频繁执行过18次海外任务，先后搭载过第11、第15、第9航空联队。1998年"小鹰"号驻泊日本横须贺港，为美国"看管" 亚太地区，被称为"懂政治"的航母。在美国人的观念中，亚太地区是一个充满变数、值得关注的地方，随着该地区在美国全球战略中地位的不断上升，美国对亚太地区的关注程度也在不断上升；而美军决定在日本横须贺永久性地部署航母，其本身就是这种关注程度加重的体现，也是一种寓政治于军事的措施。每逢亚太地区出现紧张局势时，"小鹰"号采取"兵临城下"，上演了一幕幕"以慑促谈"的海上大戏。

1998年8月11日，"小鹰"号开始长期进驻日本横须贺海

"小鹰"号航母常驻日本横须贺海军基地，直至2008年5月28日回本土准备退役。

军基地，所搭载的第5舰载机联队驻地为厚木航空基地，是唯一常年进行前沿部署的常规动力航母，经历了亚太10年的风云岁月。同年，李登辉发表“台独”言论，台海关系骤然紧张，美国紧急调派当时在印度洋执勤的“小鹰”号航母进入南中国海，与“星座”号航母汇合并举行双航母编队演练；时任美国海军第7舰队司令的多兰中将宣称，美国海军将密切监视台海局势。1999年3月2日，“小鹰”号开始进行为期3个月的海上部署活动，其间参加了美国与澳大利亚在关岛外海举行的“双重突击”联合军事演习，然后赴阿拉伯海执行对伊拉克的“南方监视”任务。在116天的部署时间里“小鹰”号先后出动舰载机8800架次，对伊拉克地面目标进行了军事打击。2000年2月，距离中国台湾地区领导人选举不到一个月，“小鹰”号航母离开母港横须贺，驶向台海区域。当时的美国太平洋司令部说，“小鹰”号的出海活动是事先排定的，与中国台湾地区领导人的选举无关。但对台海局势稍有了解的人对美军高层的这种口吻都不会很陌生，因为每逢台海局势紧张的时候，美国海军的航母总会“碰巧”地出现在台海附近地区，传递着似有似无的政治信息。此次“小鹰”号的出海，无非是这种“偶然性”的再现而已。同年10月12日，“小鹰”号正在日本海中部进行海上补给，突然被俄罗斯的1架苏-24和1架苏-27临空飞越，极大地震惊了美军高层。更令人想不到的是，事后不久，执行此次临空任务的俄罗斯飞行员把他们飞越“小鹰”号航母上空时所拍摄的照片传到了“小鹰”号的网站上，好像是要告诉美国人：你们航母编队的防空能力也不过如此而已。而此次被俄罗斯的2架飞机如此轻易地突破层层防御圈临空飞越，对美国海军来说无疑是一个沉重的打击，不亚于给了“小鹰”号一记耳光！屋漏偏逢连夜雨。随后一个月内，俄罗斯飞机先后于10月17日和11月9日2次飞越“小鹰”号上空，在新世纪的门槛上又重重地打了美国人两记耳光。

2001年9月30日，包括“文森斯”号导弹巡洋舰、“钱瑟勒斯维尔”号导弹巡洋舰、“柯蒂斯·威尔伯”号驱逐舰、“库欣”号驱逐舰、“加里”号护卫舰、“拉帕汉诺克”油船和“布雷默顿”号潜艇组成的“小鹰”号航母在内的战斗群参加了“持久自由行动”。“小鹰”号此次远征负有特殊的使命，在行动中，除出动F/A-18C“大黄蜂”战斗攻击机向目标投下许多枚精确制导炸弹外，还投送了特种部队约600名作战人员，直接参加了阿富汗地区的地面战斗。其间，“小鹰”号仅搭载了少量舰载机，主要是作为特种作战部队的海上前进基地，搭载了陆军第160特种航空团、海军“海豹”突击队和空军特种作战部队共1000多名作战人员，以及10多架用于特种作战的MH-60“黑鹰”直升机、6架MH-47“支奴干”直升机和若干架MH-53直升机。这是美国海军首次将航母用作海上特种作战平台，体现了美国航母较强的战场环境适应能力。2003年2月，“小鹰”号航母接到命令，转往中央总部辖区为美军全球反恐作战提供支援，并参加了对伊拉克的南方监视和伊拉克自由行动，前后部署共104天。

曾有人提出改派“肯尼迪”号接替“小鹰”号，但因二者同级而被否定。“肯尼迪”号于2007年3月22日退役。

2005年10月28日，美国海军宣布，出于服役期限的考虑，目前长期驻守日本担负前沿部署任务的“小鹰”号常规动力航母将于2008年退出现役；此前有人提出改派“肯尼迪”号接替“小鹰”号的建议基本没被考虑，因为“肯尼迪”与“小鹰”属同一级别航母，不仅服役期限已到，而且该舰的战备状况也不是很好，不利于履行驻守西太平洋地区的任务，美国海军考虑派出1艘尼米兹级核动力航母接替“小鹰”号。

2008年5月28日上午9时，日本神奈川县的横须贺军港码头上，“小鹰”号正缓缓地向港外驶去，一排排身穿白色海军礼服的官兵整齐地站在甲板舷边，向码头上的人们还以海军特有的“站坡礼”，同时甲板上的舰员特意列队排成日语英译“SAYONARA”

Tips	“鹰”号航母采用右“岛”式上层建筑	海军常识小贴士

1920 年 4 月，由战列舰改装而成的、尚未完工的“鹰”号航母在英国入役，进行舰载机运用试验。同年 11月，该舰被送回造船厂继续建造，共历时 4 年完成其作为航母的改装。“鹰”号航母的标准排水量约 2.2 万吨，最大航速 24 节，载机量约 21 架；最突出的特点是借鉴“百眼巨人”和“暴怒”号的改装经验，成为世界首艘拥有大型右舷“岛”式上层建筑的航母。1931 年和 1935 年，“鹰”号航母两次接受进一步改装，为了适应“鹰”号航母的要求，英国海军专门设计了“豹”式舰载战斗机，也曾先后采用索普威思“骆驼”2F1 式、“豹”式战斗机，特别是索普威思“杜鹃”式鱼雷机连续安全起降 59 次未发生任何事故的傲人佳绩，为研制现代航母的舰机适配性打下了坚实的技术基础。

（再见）字样，结束了它在日本海外基地的驻防任务，后于 2009 年 5 月 2 日退役。谢幕后的“小鹰”号由“乔治·华盛顿”号核动力航母（CVN73）接替了它在日本横须贺部署的任务。从此，美国航母进入了“全核化时代”。2022年5月31日，“小鹰”号航母抵达德克萨斯州的布朗斯维尔，于同年7月被拆解。

2009 年 5 月 2 日

“小鹰”号航母正式退役，由“乔治·华盛顿”号核动力航母（CVN73）接替了它在日本横须贺部署的任务。

图片来源：美国海军网站

NO.22

敢为天下先的“企业”号

由于“企业”号核动力航母有着非常重要的核心技术，包括核动力、蒸汽弹射技术、舰机适配技术等，为确保美国处于核动力航母的绝对领先地位，美国宁愿其“玉碎”。

关键词：

世界上第一艘核动力航母

历史性飞跃

小川说： XIAOCHUAN SHUO

2012 年退役的美国海军“企业”号是世界上第一艘核动力航母，与甘愿被赠送的“小鹰”号航母命运相反，“企业”号举行完退役仪式后，便由拖船拖离诺福克海军基地，同日抵达建造它的纽波特纽斯造船厂，先安全地拆除反应堆燃料棒后，再由拖船拖行到华盛顿州的皮吉特湾，在那里拆除了 8 座反应堆，最终船体被拆解成总重 9 万吨的金属碎片，相对完整地保留了舰“岛”。由于“企业”号核动力航母有着非常重要的核心技术，包括核动力、蒸汽弹射技术、舰机适配技术等，为确保美国处于核动力航母的绝对领先地位，美国宁愿其“玉碎”。

第二次世界大战结束后，为了继续保持其海军优势，夺取海上控制权，实现其全球战略目标，美国海军采取了两项措施：一是淘汰一批舰龄长、吨位小、性能差的航母，封存或报废大部分战列舰；二是着手设计和建造一批载机多、能有效操作喷气式飞机、性能好、适应现代海战需要的超大型航母。1950 年，在美国“核潜艇之父”里科弗的多方游说下，美国海军作战部长福莱斯特·谢尔曼对核动力装置的兴趣陡增。他认为，美国不仅仅需要核潜艇，还需要“探讨建造一艘具有核动力装置的大型航母的可能性”，因而下令研究发展核动力航母的可行性。1952 年 1 月，美军完成了航母核反应堆的选型研究。很快，在美国海军福莱斯特级航母的基础上，美军完成了世界上第一艘核动力航母“企业”号的设计。

1954年8月，美国原子能委员会同意研制航母反应堆的陆上模式堆。同年9月30日，美国第一艘核潜艇“鹦鹉螺”号正式服役，引起世人瞩目。核潜艇卓越的性能引起了人们对于建造核动力水面舰艇的兴趣。1956年1月，美国海军正式宣布开始核动力航母的论证设计。1957年8月，苏联宣布成功发射了一枚洲际导弹。为了与苏联抗衡，美国海军决定将核动力航母列入1958年的造舰计划。“企业”号设计标准排水量达75 700吨，满载排水量94 000吨；长342.3米，宽40.8米，吃水11.9米，飞行甲板长331米、宽76.8米，续航力达400 000海里/20节，最大载机量84架。“企业”号于1958财年批准造价为4.5亿美元，1958年2月4日在纽波特纽斯造船及船坞公司铺设龙骨，8个月后，由西屋公司建造的航母反应堆陆上原型A1W首次运行。在此基础上，西屋公司又开发了A2W反应堆，用于“企业”号航母。1960年9月24日，“企业”号下水。1961年11月25日，“企业”号服役。

“企业”号采用福莱斯特级航母作为母型设计，相似的封闭式飞行甲板，舰体从舰底至飞行甲板形成整体厢型结构，设有斜直两段式飞行甲板，安装有大功率蒸汽弹射器、舰侧飞行升降机以及自动化的飞机着舰系统等。在提高舰的生存能力方面，“企业”

世界上第一艘核动力航母美国海军“企业”号。

号亦采取了相同的结构防护措施。其作为强力甲板的突降飞行甲板，采用厚度达 50 毫米的 SH-60 高强度钢制成，在关键部位敷设有防弹装甲，水下部分的舷侧装甲厚达 150 毫米，并设有多层防雷隔舱等，两者在上述方面几乎完全相同。然而，由于“企业”号首次采用核动力装置，因而其舰体结构必然会发生某些变化，其中最明显的变化是不再设置通气道和烟囱。从某种意义上说，这解决了航母设计的一个大难点，也是一个革命性的进步。

美国海军“企业”号核动力航母上的特种工作服。

“企业”号的岛式上层建筑大致可分为 7 层，其中第 1 层是下级军官集会室、舰长休息室、高级军官休息室以及军官特等舱；第 2 层为战斗情报中心和空战指挥中心、各种辅助舱、舰员住舱和修理设备间等；第 3 层设有各种办公室、修理间、电池间、理发间和小卖部等；第 4 层为机库甲板；第 5 层设有医院、军官特等舱、舰员舱，以及各种办公室、厨房、餐厅、柴油机舱、电站和飞行员预备舱等；第 6 层设有住舱、机械键盘、军士长厨房及餐厅、电工间、油舱、弹药舱、配电板和辅机舱等；主甲板以下第 7 至第 10 层为主机舱和反应堆舱；第 11 层为内底水舱和油舱。整个舱体内部舱室布置和结构与福莱斯特级舰大致相同。然而应当指出的是，“企业”号上的居住和工作条件显然要比福莱斯特级舰要好。首先，“企业”号不再使用燃油作为主机的能源，舰员不会受到烟囱排放的烟气和有害气体的影响，舰内也听不到蒸汽锅炉鼓风机发出的令人烦恼的噪声；其次，“企业”号舱室空调效果好，居室宽敞舒适。另外该舰设有海水淡化装置，使用淡水不必像常规动力航母那样受到限制。

“企业”号核动力航母为搭载现代喷气式飞机安装的航空设施，主要包括：斜直两段式飞行甲板、蒸汽弹射器、阻拦装置、升降机、助降装置以及机库等。飞行甲板面积共 18 211.5 平方米，舰前部甲板为起飞区，后部斜角甲板为着舰区。这种布置可使舰载机起飞和降落同时进行，互不干扰。“企业”号装有 4 部高性能、大能量的 C13-1 型弹射器，其中 2 部布置在舰艏起飞区，另 2 部布置在斜角甲板着舰区前方。弹射器长 89.91 米。当 4 部弹射器同时使用时，可在 1 分钟内将 8 架飞机送上天空。阻拦装置由阻拦索和应急阻拦网组成。阻拦索装在斜角甲板的降落区内，共 4 根，可以停住重 30 吨、以 140 节以上速度进场的飞机。阻拦网为尼龙绳制成，平时放倒，只在应急情况下（如飞机油料用完或阻拦索阻拦失败）竖起。“企业”号装有 4 台升降机，左舷 1 台，右舷 3 台。升降机用铝镁合金制造，每台重 105 吨。尺寸为长 23.5 米，宽 15.9 米，面积 374 平方米，垂直行程为 11 米，具有在 1 分钟内升降全重 47.6 吨飞机的能力。升降机与机库相通的开口四角设计为圆弧形；机库内外有两重门扉，在遭到核生化武器攻击时可密封关闭。机库高约 7.62 米，相当于 3 层甲板的高度；机库面积为 6540 平方米。

1961 年 10 月下旬，首任舰长文森特·德普瓦海军上校指挥尚未正式服役的“企业”号开始了海上试航，以检验其作为核动力航母的各种性能。10 月 30 日，3 架运输机从“企业”号甲板上起飞，将参加海上试航的军政官员送回美国本土。1962 年 1 月 12 日，在正式服役后的“企业”号甲板上，美国海军中校飞行员乔治·塔利驾驶 1 架 F-8“十字军战士”战斗机进行了弹射起飞和阻拦着舰演示，由此拉开了“企业”号核动力航母舰载机空中飞行演练的序幕。

1962 年 2 月 20 日，“企业”号参加了划时代的美国“水星计划”航天活动，来自海军陆战队的约翰·格伦中校乘坐“友谊 7”号飞船实现了美国人的首次轨道空间飞行。同年 8 月，“企业”号进入美国海军第六舰队辖区被部署至地中海，2 个月后又返回诺福克；10月22日，美国总统肯尼迪发表电视讲话，宣布美国侦察机发现苏联在古巴构建进攻性导弹基地，决定对古巴实施海空封锁，并要求苏联立即拆除导弹基地。根据肯尼迪总统的命令，美国陆军开始向佛罗里达州集结，“企业”号和第二舰队的舰只进入战时动员。2 天后，“企业”号在“独立”号（CV－62）、“埃塞克斯”号（CV－9）和“伦道夫”号（CV－15）航母以及第二舰队部分舰只的支持下进入加勒比海，正式开始海上封锁行动，严禁任何进攻性军事装备通过船运进入古巴。25 日，第一艘苏联船只遭到美国航母拦截；28 日，苏联总理赫鲁晓夫宣布同意将导弹撤出古巴并拆毁已建成的导弹基地。至此，古巴导弹危机遂告结束。

1962 年 12 月 19 日，由海军中校飞行员拉姆齐驾驶的 E-2“鹰眼”预警机在前起落架牵引装置（此装置的设计目的是取代弹射器缆绳并减少弹射间隔时间）的首次舰上试验中，从“企业”号上弹射升空。几分钟后，又一架 A-6A 战机采用前起落架牵引弹射方式起飞成功。“企业”号成为首个采用这一先进舰载机弹射方式的航母。

1963 年，“企业”号第二次赴地中海部署。当年 2 月 9 日，在中大西洋海域，一排巨大的海浪突然冲到“企业”号的 1 号飞机升降机上，当场将 4 名舰员卷入海中，有 2 人被救，2 人失踪。几天后的 2 月 20 日，一架飞机在“企业”号上降落时发生撞击，在甲板上引起火灾，致 2 名舰员丧生。

1964 年，“企业”号第三次部署地中海海域。当年 5 月 13 日，美国海军组成了以“企业”号为旗舰、以“长滩”号和“班布里奇”号核动力导弹巡洋舰为护航舰的世界上第一支核动力特混舰队。7 月 31 日，这支特混舰队离开地中海直布罗陀海峡，开始了史无前例的“大洋轨道”环球航行。在连续 65 天的时间里，“企业”号战斗群在没有任何燃料补给的情况下，以 22 节的平均航速连续航行 49 190 千米，途中顺访了巴基斯坦的卡拉奇、巴西的里约热内卢和澳大利亚的悉尼。“企业”号战斗群以其巨大的动力和续航能力成功完成了环球航行，实现了航母史上的一个历史性飞跃。据此，美国海军决定从 1965 年起不再建造常规动力航母，改为全部建造核动力航母。

1965 年 11 月，“企业”号转入太平洋第七舰队，部署东南亚越南战争前线。同年 12 月 3 日，“企业”号成为该战的第一艘核动力战舰，当天即派出满载炸弹的战机对越南边和地区的北越军队进行狂轰滥炸，共出动飞机125架次，投放炸弹和火箭弹167吨。次日，“企业”号又创下了一天之内出动战机165架次的纪录。1966—1967年，“企业”号两次部署东南亚海域参与对越作战，击落24架越军战斗机。1973年1月23日，越南方面宣布停火，从当月27日开始生效，随即“企业”号、“美国”号（CV-66）和“突击者”号等奉命停止对越南的所有空袭行动。

1969年1月14日上午，在珍珠港外海75海里处，“企业”号的甲板上突然发生爆炸：一架F-4舰载机悬挂的导弹，由于发动机废气流引起的高温而被引爆。爆炸很快引起了连锁反应，附近机群中的炸弹和导弹相继发生了连锁爆炸。此次爆炸共造成27人死亡、343人受伤、甲板上32架飞机中的15架被毁。“企业”号破损严重，被

1969年1月，美国海军“企业”号航母爆炸事故机及事故现场。

为减少航母因火灾带来的战损，美国海军现役航母多采用性能良好、使用便捷的消防车。

图片来源：美国海军网站

拖回珍珠港修理，2 个月后才重新回到海军继续服役。同年 7 月，“企业”号在总航程达到 207 000 海里后，进入纽波特纽斯造船及船坞公司，进行第一次核燃料换装和第一次全面检修。其中，仅核燃料换装就花费了 2000 万美元。

1979 年至 1982 年，“企业”号在完成第 9 次西太平洋、印度洋部署任务返回母港后，进入普吉特海军船厂进行全面大修和第三次燃料换装。此次大修，主要是对“企业”号的舰岛、通信、雷达和武器系统进行检修和换装。其中，舰岛由原来的圆顶式设计改为现在的方顶形；安装了类似于尼米兹级航母的新型桅杆；采用 SPS-48C 型和 SPS-49 型雷达取代了原来的 SPS-32 和 SPS-33 型雷达；用 3 座雷声公司的 Mk29 八联装“海麻雀”舰空导弹系统代替了原先的 M-5 型导弹系统，并使用至今。

1983 年 3 月，“企业”号离开远东回国。4 月 28 日，当行驶到旧金山附近海域时，“企业”号不慎触礁搁浅。5 小时后，多艘拖轮利用涨潮机会将“企业”号奋力拉出。1984 年，“企业”号第 11 次赴西太平洋部署。1985 年 11 月 2 日，在演练活动中，“企业”号在圣迭戈以西 100 海里处海域又一次不慎触礁，船身裂口长达 20 米，1 条螺旋桨被毁。尽管如此，“企业”号仍继续参加了 86-1 战备演习，直到演习结束才于 11 月 27 日入坞修理。1986 年 3 月，“企业”号第 12 次赴西太平洋执行部署任务。当年 4 月 28 日，“企业”号用时 9 小时穿越苏伊士运河，成为历史上首次穿越运河的核动力航母。“企业”号此行的目的是赶赴地中海，接替“珊瑚海”号航母在利比亚外海执勤，支持旨在打击利比亚的“黄金峡谷”作战行动（同在此执勤的还有 CV-66“美国”号航母）。这是22年来“企业”号首次重回地中海。1988年4月，“企业”号在第 13 次部署行动中被派往北阿拉伯海，奉命为在波斯湾行驶的科威特油轮保驾护航。4 月 14 日，美国驱逐舰“塞缪尔·罗伯茨”号在国际水域遭伊朗水雷袭击。4 月 18 日，美国发起报复行动，动用海军力量打击伊朗目标。“企业”号的第 11 舰载空中联队作为空中主要战力参加了行动，派出 A-6“入侵者”攻击机、

A-7“海盗”攻击机和F-14“雄猫”战斗机为水面战斗群提供空中保护，协助水面力量对两个被认为是伊军基地的石油平台进行打击，同时与伊朗海军进行了自朝鲜战争以来最激烈的战斗，结果伊朗海军遭重创。1989 年 9 月，“企业”号第 14 次部署西太平洋。

1990 年 10 月，在历时 8 年的海上奔波之后，“企业”号再次进入纽波特纽斯造船及船坞公司，进行美国海军历史上最复杂、工程最浩大的全面大修和第四次燃料换装。检修工作从 1991 年 1 月开始，到 1994 年 9 月结束。其间，除对舰上 8 座核反应堆进行燃料重填外，纽波特纽斯船厂的维系人员对“企业”号进行了全方位检修，使舰上大部分关键核心系统都得到了升级和改造，各项性能指标基本达到了服役至 2015 年的要求。此次大修，共付出了 150 万个工时和 14 亿美元的高昂代价。

1994 年 9 月 27 日，“企业”号结束了历时 4 年的现代化改装工程出海试航。1995 年 1 月中旬，“企业”号再次进入纽波特纽斯船厂，按照新要求对舰载系统，主要包括作战系统、通信系统、情报系统、指挥控制系统、通风设施、居住和餐饮舱室等进行升级和调配。7 月，“企业”号返回诺福克海军基地，不久即开赴加勒比海参加海上演习。1996 年 6 月 28 日，“企业”号开始执行其第 15 次海外部署任务，主要在红海、地中海和波斯湾一带活动；9 月中旬，“企业”号奉命参加对伊拉克的“南部监视”行动；12 月 20 日，“企业”号返回诺福克。1998 年 11 月 6 日，“企业”号离港进行第 16 次海外部署。离港后的第 3 天，“企业”号上发生了一起撞机事故：舰载的 1 架 EA-6B 型电子战飞机和 1 架 S-3 型反潜机相撞，两架飞机均坠入海中并发生爆炸，除 3 名机组人员跳伞后下落不明外，其余均成功获救逃生。同年 12 月，“企业”号参加了美、英等国对伊拉克发起的“沙漠之狐”行动，出动舰载机对伊境内目标实施打击。在 70 余小时的战斗中，“企业”号航母编队先后发射了近 400 枚“战斧”导弹，共投放了 313 吨各种炸弹。1999 年 2 月，“企业”号中断对法国戛纳港的访问，赶赴意大利亚得里亚海，参加对科索沃的“盟军行动”；4月14日，回到波斯湾接替“文森”号航母，执行对伊拉克的“南部监视”行动；5月6日，“企业”号结束部署任务回国。

2001年4月25日，“企业”号开始进行第17次海外部署。9月11日，美国发生“9·11”事件时，“企业”号正在从波斯湾返回本土的途中，在没有接到任何命令的情况下，决定全速返回靠近波斯湾的西南亚海域，继续进行海上部署；10月，美国发动了针对阿富汗“基地”组织训练营和塔利班政权的作战行动。在21天里，“企业”号舰载机实施了将近700次轰炸任务，投放了大量的弹药，对塔利班进行打击。11月10日，“企业”号返回母港诺福克。2002年1月至2003年10月，“企业”号先是在诺福克海军船厂进行了为期1年的维修，然后执行第18次海外部署，参加了“伊拉克自由”行动。2004年6月3日，“企业”号从诺福克启航，赴夏威夷海域参加“夏季脉动04”大规模军事演习。这次演习旨在模拟美国七大航母打击群的实战部署。2006年5月，“企业”号驶离母港进行为期6个月的海外部署，其间先后在第6舰队、第5舰队和第7舰队辖区内活动，并为“伊拉克自由”行动提供保障；同年11月18日，“企业”号返回母港诺福克海军基地。2008年4月，“企业”号航母进入纽波特纽斯船厂进行为期18个月的船坞选择限制性维修。其间，因维修成本上升，完工期多次被推迟。2009年4月6日，时任美国海军作战部长拉夫黑德海军上将表示，他正在寻求国会的同意，加快“企业”号退役进程。同年10月，美国众议院和参议院武装部队委员会同意了这项提议，批准“企业”号航母在服役期达51年后退役。2010年4月19日，“企业”号航母驶离诺思罗普-格鲁曼船厂进行维修后的海试，“企业”号此次维修成本比原预算上涨了46%，完工期也比计划推迟了8个月。2011年1月13日，“企业”号航母打击大队赴波斯湾和地中海执行海外部署任务，参与了对索马里海盗的打击行动并抓获了75名海盗，参加了对利比亚卡扎菲政府的军事打击行动。2012年4月9日，美国海军宣布，“企业”号及其所属的第12

Tips	第一艘装备喷气式飞机的航母	海军常识小贴士

福莱斯特级航母是美国在第二次世界大战后建造的第一级航母，于 1955 年服役，是一型多用途航母，能搭载当时最新型的舰载机（喷气式飞机），标准排水量约 6 万吨，最大航速约 34 节，载机量约 70 架。因首批装备喷气式飞机，故专门采用斜角与直通混合布置的飞行甲板设计，并安装有 4 部蒸汽弹射装置，在飞行甲板前端及斜角甲板各布置 2 部，对于喷气式飞机的起飞至关重要。4 部舷侧飞机升降机，分别布置在左舷 1 部，右舷 3 部；同时在右舷布置了一个小型的“岛”式上层建筑，具备了美国当今航母的基本模式，成为大型航母研制的“母型”方案。

航母打击大队将赴波斯湾与“林肯”号航母打击大队共同执勤，此次部署任务属例行性，而非针对特定威胁。

任务结束后，服役时间达 51 年的“企业”号寿终正寝，于 2012 年 12 月 1 日在诺福克海航站退役。2013 年 3 月开始，“企业”号在纽波特纽斯船厂进行核反应堆拆卸，一直持续到 2015 年，最后被拖往华盛顿进行舰体拆解。

NO.23

“布什”终结了“尼米兹”

美国海军在建造最后一艘尼米兹级航母“布什”号时，有意识地将一些新技术、新工艺和新设备嫁接到“布什”号上，进行试验、验证、试用和改进，使其成为一种介于现有航母和未来航母之间的过渡型航母。

关键词：

承上启下

新一代航母过渡的试验品

小川说：XIAOCHUAN SHUO

2019年9月23日，美国海军对外发出一条消息：“布什”号航母首席电子技术员、航空兵等3名士兵分别于当月14日和19日自杀身亡。有人士分析美国航母上服役的军人自杀是由于有毒的工作环境以及工作时间长、压力过大和缺乏私人时间等原因造成的。但更多质疑来自“布什”号航母年初被报道2月抵达诺福克船厂，已经在干船坞进行计划为期28个月的大修，舰员此时的心理压力本要小于部署时期，问题出在哪里了？

一石激起千层浪！聚焦“布什”号航母。

2005年3月8日，美国诺斯罗普·格鲁曼公司建造的“乔治·赫伯特·沃克·布什”号（舷号CVN 77，简称“布什”号）航母的最后一个龙骨分段吊放到位，标志着美国海军最后一艘尼米兹级航母的建造工作进入了攻坚阶段，人们期待着这艘被称为尼米兹级与新世纪福特级的“过渡舰”不同凡响。2008年1月25日，“布什”号航母完成弹射器的安装、调试，并进行了首次试验。这一天，美国第51届第41任总统乔治·赫伯特·沃克·布什亲临现场助威，此前他参加了命名仪式、铺设龙骨、吊装舰岛等庆典，在这次活动中，他兴致勃勃地在第一个被弹射的、被称为“dead load”上面签下了自己的名字。2018年12月1日，享年94岁的布什总统逝世。如今有人提出：如果布什总统当初听到这些负面消息，包括最令人头痛的是舰上安装的生物厕所在第一次出征波斯湾时有423个厕所两次失灵，且平均每周发生25次，他还会为这艘终结了尼米兹级航母的“创新舰”感到骄傲吗？

越南战争爆发后，美国国防部和国会意识到核动力航母的持续作战能力以及全寿命周期成本效益所占的优势，于是从 1967 财年开始批准美国海军建造 3 艘新的核动力航母尼米兹级，后陆续增至 10 艘。由于尼米兹级建造时间长达数十年，所以各舰之间

美国海军“尼米兹”号航母在工作船的协助下驶离母港诺福克。

美国海军“尼米兹”号航母驶离母港诺福克时，水兵在飞行甲板上“站坡”。

有一些差别，仅排水量一项，前 3 艘尼米兹级舰的标准排水量为 81 600 吨，满载排水量为 91 487 吨，第 4 艘“罗斯福”号满载排水量则达到了 96 386 吨，而其后的“林肯”号、“华盛顿”号、“斯坦尼斯”号、“杜鲁门”号、“里根”号、“布什”号满载排水量均已超过 100 000 吨。

同以前的航母一样，根据自身的发展要求，尼米兹级航母选择了肥大船型设计，水型阻力较大，其总体布置类似小鹰级。1号和2号升降机位于岛前，3号升降机位于岛后，4号升降机位于左舷侧斜角甲板的艉部，每部升降机尺寸都是25.91米×15.85米。艏部和舯部各布置2部蒸汽弹射器，艉部布置4道阻拦索和1道应急拦机网。机库甲板以下为水密结构，共分为8层甲板（含双层底）。其型深为19.51米。两舷侧由底至机库两侧采用古老的防雷隔舱结构，在内外两舰体之间有4道纵向隔壁。这种防护形式在早战中被证明是行之有效的。沿舰长每隔12~13米便设一道水密封横隔壁，全舰共23道，并设有10道防火隔壁，从而形成了2000多个水密封隔舱，就是这2000多个水密封隔舱保证了舰的不沉性。这些舱采用空、实相间的措施，增强了舰的抗损能力。在舰体内，动力装置、弹药库等重要舱室布置在一个装甲箱体内，以防受损危及舰员生命。机库顶部为吊舱甲板。飞行甲板至吊舱甲板之间的广阔空间为航空联队的办公区。“岛”在飞行甲板舯部右舷侧，布置有指挥舰桥、航海舰桥和飞行舰桥，实施对全舰飞行作业和舰队的指挥。此外，许多雷达等电子天线都设置在该“岛”上。“岛”是全舰重要的中枢区。

以尼米兹级舰第7艘“斯坦尼斯”号为例，该舰全长317米，宽40.8米，吃水11.9米，标准排水量为79 973吨，满载排水量为10 550吨，载航空燃油9000吨。其飞行甲板长332.9米（斜角甲板长237.7米），宽77.8米，面积超过了3个标准足球场的面积。舰内从机库甲板以上分为9层，其中5层在岛式上层建筑内，机库甲板以下除双层甲板外又分为8层。整个舰从龙骨到桅顶高为76米。此外随着科技的进步，舰上设备也有很大改进。

马岛海战对美国航母的发展影响很大。“林肯”号和“华盛顿”号航母在增加飞行甲板装甲的同时，还在舰桥等处增设了防御装甲。有消息称，在“罗斯福”号航母以后建造的航母，在弹药库的舷侧都增加了63.5毫米厚的“凯夫拉”装甲，在弹药库和机舱顶部同样也增设了该型装甲，形成箱型防御结构。在“华盛

2019年12月25日

美国太平洋舰队发布了一组正在南海附近海域巡航的“林肯”号（CVN-72）航母舰员身穿“圣诞”服指挥舰载机起降的图片。

顿”号航母以后建造的航母，舰桥上也增设了这种弹片防御装甲。CVN74号舰以后的航母，采用高强度低合金钢HSLA-100建造。这种钢能使结构变轻，有利于防御弹片。由于防御的加强，舰的排水量一增再增，现已突破10万吨大关。

尼米兹级航母采用核动力推进装置，装有2座通用动力公司的A4W/A1G压水反应堆，其上还装有8个涡轮蒸汽发电机，每个涡轮蒸汽发电机的功率为8000千瓦，8个涡轮蒸汽发电机所发总功率足以满足10万人口的城市的用电需要。作为当今世界海军威力最大的海上巨无霸，“尼米兹”们是近十余年来美军发动的几场高技术局部战争中的先锋，但从技术来看，由于是在20世纪60年代设计的，已经多少显得有些落伍。因此美国海军从1995年来，一直致力于研究、设计一种全新的航母。但是这将使研制周期变得很长，并承担很大的风险。为了降低新航母的技术风险，减少研发经费，美国海军在建造最后一艘尼米兹级航母“布什”号时，有意识地将一些新技术、新工艺和新设备嫁接到“布什”号上，进行试验、验证、试用和改进，使其成为一种介于现有航母和未来航母之间的过渡型航母。因此，美国海军对“布什”号的建造极为重视，他们希望这最后一艘尼米兹级航母能够起到“承上启下”的作用。

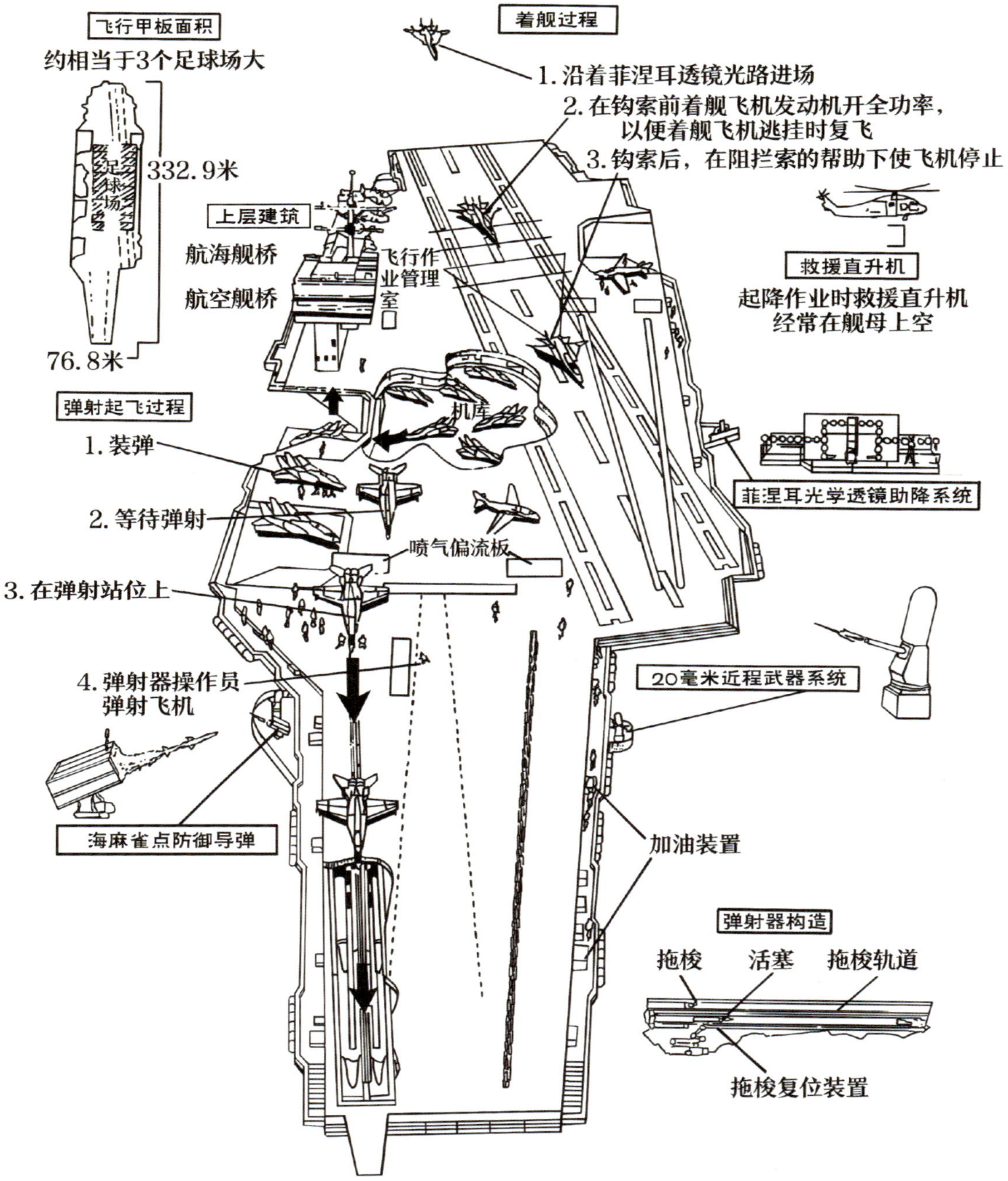

美国海军“尼米兹”号核动力航空母舰飞行甲板示意图。（D · A 手绘）

航母建造是一项巨大的复杂工程，从铺设龙骨到服役通常需要数年时间，尼米兹级航母的末舰“布什”号，历经7个年头，终于在美国时间2009年1月10日交付海军。作为向“新一代航母过渡的试验品”，“布什”号总体技术已发生很大变化，虽然保留了尼米兹级航母的基本设计与构造，包括舰体与动力系统，但也有不少地方做了调整。首先，“布什”号是美海军第二艘采用重新设计的球鼻艏的航母，这个球鼻艏将为航母的艏部提供更大的浮力，并有助于提高推进效率和纵向稳定性。这一改进在“罗纳德·里根”号航母上也已经得到了应用。

航行中的“罗纳德·里根”号航母及舰载机。

与传统尼米兹级航母高大的“岛”形建筑相比，“布什”号新设计的“岛”形建筑外形尺寸较小，且外壁向内倾斜，采用多种隐身措施，用2个小的功能不同的“岛”形建筑取代以前高大的“岛”形建筑。传统尼米兹级航母上有众多的各型雷达与通信天线，这些林林总总的雷达将由主动式相控阵多功能天线取代，全部实现内置化，安装于舰桥的平板内壁，使得建筑物外表整洁光滑，具有明显的隐身特征。“布什”号重新设计了飞行甲板，飞行甲板的长度将根据实际情况有所缩短，甲板的边缘呈弧形，甲板上的起重机也将采用商业现成的装备，采用区域电子收发系统以降低信号特征；取消了舰艏右舷的1号升降机，将2号升降机加大，舰艉右舷的3号升降机和舰艉左舷的4号升降机的位置也做了调整，以改善恶劣海况下的操作安全性。

根据“网络中心战”思想，未来美军将利用计算机网络对部队实施统一的作战指挥。其核心就是利用网络将地理上分散的各部队、各种武器联系起来，实现信息共享，实时掌握战场动态，缩短决策时间，减少决策失误，以便对敌人实施快速、精确、连续的打击。其特点就是在各部队之间、各作战平台之间高速度、大容量、远距离地进行实时的数据交换。作为海上力量的核心，航母无疑将成为未来网络中心战的重要组成部分。为此，美海军决心将“布什”号打造成网络中心战的中心。

为提高航母获取信息的能力，“布什”号上装备升级改进后的“鹰眼2000”的E-2预警机系统，原本还打算安装新型作战系统和探测装置，但为了加快研制进程，降低风险，美海军负责采办的副部长约翰·杨在2002年8月正式下令暂停新型综合作战系统的开发，继续沿用“里根”号航母的作战系统，安装现有的SPS-48E、SPS-49A和SPN-43C雷达，而不是原计划的搜索雷达，原计划安装的多功能雷达也将被SPQ-9B雷达所取代。

“布什”号的燃气导流板为飞机弹射器的必备附件，装置于弹射器的后方，由背面布满循环冷却水管的耐高温、高强度大型平面钢板构成。目前的燃气导流板具有复杂的管路和液压系统，不仅易锈蚀、故障较多，而且其耐高温钢板也不能久耐 2000 多摄氏度的飞机燃气喷流，因此需要不断地维修和更换设备。新的燃气导流板将用新的绝热材料制成，这些材料质轻且散热迅速（能久耐 2000 多摄氏度的气流），可用于航天飞行器防护重返地球大气层时所产生的高温。新的燃气导流板不仅省免复杂的管路与水泵系统，而且维修简易。

最近建造的几艘尼米兹级航母上都装备了雷声公司制造的 GMLS Mk-29 型八联装“北约海麻雀”舰空导弹（简称“海麻雀”导弹）发射器。“海麻雀”导弹的射程为 14.5 千米，采用半主动雷达末段制导。航母还装备了雷声公司制造的“拉姆”导弹系统，用于近程防御来袭的反舰导弹，包括掠海飞行的导弹。

美国海军在“布什”号上安装了 2 套 Mk-41 垂直发射系统，用于发射“改进型海麻雀”（ESSM）导弹。Mk-41 垂直发射系统以前从未装备过航母，它将取代支持传统尼米兹级航母上“海麻雀”导弹 Mk-49 导弹发射架。装备的 2 套 Mk-41 中，一套在航母船尾左舷，一套在航母船前部左舷。Mk-41 垂直发射系统的设计和生产技术成熟，通用性和可支持性先进。其制造商洛克希德·马丁公司称，将 Mk-41 系统安装在航母上不需要进行大的改动，也不会增加费用。ESSM 由雷声公司生产，与“海麻雀”导弹相比，其火箭发动机的直径更大，尾部控制段的响应时间更短，并增加了一部用于垂直发射推力矢量控制的装置。其他的改进还包括，先进的航空燃油分配系统以及新的下水道系统；对机械与仪表进行新的改进，进一步提高自动化水平；采用先进的航母舰桥和推进装置的控制系统等。

按照美国海军的指令性文件规定，一艘新舰船从下水到交付海军，通常还要经过以下几次试验和试航，主要有合同试验、性能与特殊性试验，其中合同试验包括承包商试航、交接验收试验、

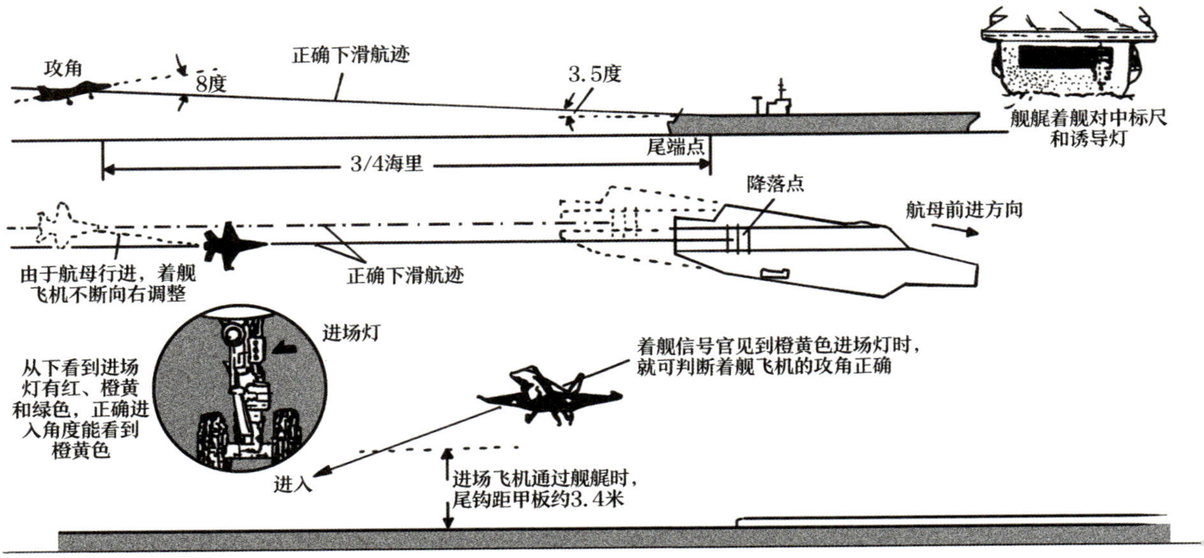

美国海军尼米兹级航空母舰早期着舰方式示意图。（D·A手绘）

最后合同试验、联合性能试验与特殊性试验（要进行航速标定试航）、战术要求试验与操纵性试验、声学特性试验、振动特性试验、适航性试验等。对于采用诸多新技术的“乔治·布什”号航母来说，从2003年开工到2006年9月下水，第一次海试的全过程令人紧张而激动。一大早，船厂的工人就开始为出航做准备，他们首先要解开原来固定航母的缆绳，这项工作大约花费3小时。在舰桥内，舰长和属下在进行最后的检查。几艘拖船前来将这座巨大的“钢铁城市”拖离码头，离开码头后拖船陆续驶离，新航母靠自身动力驶向大海。这时，检测人员分成几个组对不同的系统进行检验，从动力系统、各种升降机、机库防爆隔门至士兵住舱的水龙头，不放过任何角落。承包商带领电工、水管工、技师和装配工待命，准备随时解决发现的问题，或是记录下来，待返航后处理。海试的压轴戏是测试高速航行中的连续转弯，当航母达到最高航速（美国海军只对外公布最大航速超过30节）后，舰长下令右转35°，接着左转35°，要连续进行几次，以检验其性能，从而确定操纵性能曲线，尤其是舵对舰的操纵控制性能，这一试验对舵机是严峻的考验。在试验时舰体会发生大的倾斜，其角度之大，据说站在机库大门附近你也看不到地平线，当然人在甲板上站立则十分困难。航母在海面上画出连续的S形尾迹，证明其优异的航行性能。这一切结束后，按照美国海军的惯例，返航时要将一把扫帚高高地悬挂在桅杆上，表示试航圆满结束。经过多次严格的海试，“布什”号航母作为尼米兹级的“终结者”于美国时间2009年1月10日交付海军，开始了它的军旅生涯。

执行任务的“布什”号航母进行海上横向补给。

“布什”号航母执行任务期间的食品贮备。

尽管美国第51届第41任总统乔治·赫伯特·沃克·布什（常被称为“老布什”）说过：“我只想要你们明白，当我们讨论战

“艾森豪威尔”号与“企业”号同行；通常部署“双航母”战斗群，意味着“危机”升级。

图片来源：美国海军网站

“艾森豪威尔”号、“企业”号与“杜鲁门”号同行；一旦“三航母”战斗群出现，意味着某海域“战争浓云”密布。

图片来源：美国海军网站

Tips	蒸汽弹射器	海军常识小贴士

第二次世界大战后，喷气式飞机出现，其飞机重量和发射速度不断增加，现有的液压弹射器很难满足其需求，为此，1951 年英国首先研制了蒸汽弹射器，其基于往复式蒸汽机原理，主要能源是动力系统产生的蒸汽。蒸汽弹射器由蒸汽系统、弹射机系统、润滑系统、拖索张紧系统、液压系统、复位发动机与驱动系统、弹射器控制系统这 7 个系统组成。蒸汽从动力系统流入蒸汽弹射器的湿式储气筒中并按要求的压强储存。发射时，高压蒸汽通过弹射阀进入弹射机汽缸，涌入的高压蒸汽作用在汽缸内的一组蒸汽活塞上。蒸汽活塞与往复车相连，往复车与待弹射的飞机相连。高压蒸汽在极短时间内推动活塞向前运动，带动往复车和飞机加速向前运动，直到飞机弹射起飞过程完成。往复车和蒸汽活塞停止运动后，在复位发动机与驱动系统的作用下复位，准备进入下一次弹射。

★ ★ ★ ★ ★
★ ★ ★
★

美国海军 10 艘尼米兹级核动力航母“全家福”

舰名	舷号	动工时间	服役时间	预计退役时间 / 年
切斯特·威廉·尼米兹	CVN68	1968 年 6 月 22 日	1975 年 5 月 3 日	2025
德怀特·戴维·艾森豪威尔	CVN69	1970 年 8 月 15 日	1977 年 10 月 18 日	2027
卡尔·文森	CVN70	1975 年 10 月 11 日	1982 年 3 月 13 日	2032
西奥多·罗斯福	CVN71	1981 年 10 月 13 日	1986 年 10 月 25 日	2036
亚伯拉罕·林肯	CVN72	1984 年 11 月 3 日	1989 年 11 月 11 日	2039
乔治·华盛顿	CVN73	1986 年 8 月 25 日	1992 年 7 月 4 日	2042
约翰·C. 斯坦尼斯	CVN74	1991 年 3 月 13 日	1995 年 12 月	2045
哈里·S. 杜鲁门	CVN75	1993 年 11 月 29 日	1998 年 7 月	2048
罗纳德·里根	CVN76	1998 年 2 月 12 日	2003 年	2052
乔治·H.W. 布什	CVN77	2003 年 12 月	2009 年 1 月 10 日	2058

争之时，我们实际上是在讨论和平。”但在他执政期间提出“超越遏制”战略，于 1991 年美军在伊拉克发起“沙漠风暴”军事进攻，航母参战。借此契机，他提出建立“世界新秩序”的主张。他本人也成为美国航母发展史上至今唯一在世期间参加了根据他的名字给航母命名的仪式的人。

NO.24

先天不足的“福特”号航母

然而，对于可靠性要求极高的航母来说，采用如此多的新技术且令人质疑“带伤”服役的“福特”号，真的能很快形成战斗力吗？

关键词：

电磁弹射器

“带伤”服役

小川说：

2019 年 12 月 17 日，对于中国航母人来说是一个普天同庆的日子：自主研制的航母山东舰服役，开启人民海军双航母时代。同一天，美国亨廷顿英格尔斯造船厂发布一则消息：美国海军福特级第二艘舰“约翰·肯尼迪”号在 6 艘拖船的帮助下离开旗下的纽波特纽斯造船厂的 12 号船坞，停靠在下游 1.6 千米的 3 码头，继续完成舾装作业后将开始测试。厂方有关人士曾表示，这艘航母在“福特”号基础上进行了许多改进，包括提高预舾装率，交各分段组合成更加复杂的组合体，可使航母比计划提前下水。

同年 7 月 2 日，美国《商业内幕》上刊登的一则消息称“美国海军正在努力修复‘福特’号航母，但是过程却并不顺利”，再次引发人们对曾被视为“21 世纪的航母”的关注与争议。

XIAOCHUAN SHUO

“福特”号航母是目前世界上现役最大的航母，倾举国之力研制，采用了代表美国最先进技术的 13 项新技术，诸如航母不仅采用了先进的电磁弹射系统，还号称装备了最具优势的升降机，可以 45 米 / 分的速度将重量为 9 吨的弹药运送到飞行甲板，比现役尼米兹级舰所配备的升降机（速度 30 米 / 分、提升 4.5 吨的弹药）更先进。然而，这艘耗资 130 亿美元的新航母不仅超过预算 22%，还有一堆“小毛病”，令美国国防部头痛。如 2017 年 7 月 29 日，“福特”号航母测试了其世界一流的电磁弹射系统（EMALS）和先进的阻拦装置（AAG）技术，截至目前，完成了近千架次的起降任务。但是，这些试验任务所得到的评估于 2018 年 2 月被爆出：“经过一年的验收，目前的‘福特’号状态为：能连续保持 4 天作战状态的可能性为 9%。”甚至有专家提出：“福特”号航母先天不足，后续必拖延形成战斗力。

20 世纪 90 年代初，美国提出了新的国家安全战略，即地区防务战略，强调“国家安全主要是经济安全”；在国防体制上强调“全面调整美国军事力量的结构”，保持美军在重要地区的“前沿存在”。为配合国家战略的调整，美国海军也确定了与之相适应的新战略，即“前沿存在，由海到陆”。为此，美国国防部认为，尼米兹级航母是半个世纪前设计的旧型航母，虽多年来不断进行升级改造，但面对新形势和新技术时仍暴露出许多问题，如隐蔽性差，行踪易暴露；核动力装置性能落后，功率小；舰上武器难以应对超低空反舰导弹的打击；蒸汽弹射器日益显现出性能不足等问题，难以适应未来战争的需求。

1995 年 5 月 9 日，美国国防部正式提出研发、设计、建造性能超越尼米兹级的新一代航母的计划，并将其作为新世纪的主力航母。新一代航母将采用全新的构思和设计，大量应用新技术来提升综合性能。被美军纳入考虑的设计包括：舰体隐身性、新动力系统、新概念飞机起飞与着舰回收装置，以及减少航母工作人员等。依据新战略论证的所谓“21 世纪新航母”必须具备六大能力，分别是：战略机动能力，即必须具备独立快速部署和反应的能力，无论何时何地都能配合海上远征舰队作战；持续作战能力，即在远离基地持续作战的情况下，必须具有很强的自持力以支持飞机和掩护其他兵力；生存能力，即必须具有很强的自身防御能力，一旦被敌方击中，仍具有一定的抗损、抗毁、抗沉和机动能力；精确打击能力，即必须能够指挥足够数量的战术飞机实施精确作战，为联合作战提供战术空中支持；联合指挥和控制能力，即必须具有联合作战能力，其通信设备必须完全能够与海军其他舰艇或编队、远征部队、联合部队及盟军的通信设施兼容，必须能够作为指挥与控制中心，将情报信息综合分析后形成连贯、清晰的战术图像，为联合作战提供技术支撑，必须具备与基地和其他战术平台实时交换数据的能力和较强的数据融合能力；灵活性和升级潜力，即必须具有搭载现役和新一代舰载机的能力，必须具有同时执行多种任务、随时做好改变作战任务准备的能力，必须具有适应未来威胁、使命、技术等变化的能力。

1996 年 3 月，经美国国会批准，美国海军颁布了航母的《任务需求书》，标志着新航母的研制工作正式启动；同年 11 月，美军下达《任务需求书》文件，对整个航母项目进行宏观性的指导；2000 年，完成《作战使用需求书》，对动力、人员等总体指标形成了比较明确的初步方案，并在此基础上，正式开始首舰的详细方案设计和建造工作。在此期间，该航母建造项目的名称被更换了好几次。2002 年 12 月，美国国防部和海军宣布将 CVNX-1 航母和 CVNX-2 航母上刚采用的先进技术，提前应用到人们最熟知的代号为 CVN-21 的 21 世纪航母上。2004 年 4 月，美国海军与著名的“航母之母”诺斯罗普·格鲁曼公司的纽波特纽斯造船厂（作为主承包商）签署承包商合同；2005 年，该船厂举行了象征性的新航母钢板切割动工仪式；2006 年，首舰被命名为“福特”号（CVN-78）；2008 年建造合同签订后，于 2009 年正式开始建造该舰。美军原计划于 2013 年 11 月让该航母下水，却一直拖至 2017 年 4 月 8 日才下水海试。同年 5 月 31 日，美国海军海洋系统司令部司令托马斯·穆尔宣称：“我们的造船伙伴、‘福特’号舰员和每个支持项目的人都干得好！”航母项目执行官布赖恩·安东尼奥少将声明：“数年中，在数以千计的人员参与下，被誉为‘诸多之最’，如论证方案最多、设计性能最优、吨位最大、费用最高、新技术最多、武器装备最强等，且交付时间一拖再拖的‘福特’号终于在 7 月交付海军，但计划要 2020 年后才具备初始作战能力。”

建造美国海军福特级航母的纽波特纽斯造船厂。

福特级航母作为尼米兹级航母的升级版，首次完全采用计算机技术进行设计。除了采用与尼米兹级航母类似的舰体外，该舰还采用新一代 A1B 反应堆，发电量是尼米兹级舰的 2.8 倍，满足了日益增长的用电需求。预计在装满核燃料的情况下，福特级航母能连续航行 20 年，使用寿命可达 50 年，被称为“从蒸汽时代真正进入电气时代的航母”。与此同时，该航母飞行甲板的布局进行了优化，舰桥后移，升降机减少至 3 部，采用全新的弹药运输系统和电磁弹射器以及先进的阻拦装置，优化了甲板及机库作业程序，飞机出动架次比尼米兹级舰高 25%，进一步提高了航母的作战能力。福特级航母在电磁弹射技术、核动力技术及舰载机性能方面都有了重大突破。例如，在舰载机方面，该级航母将主

相比尼米兹级航母的设计，福特级航母采用电磁弹射以追求舰载机更高的出动架次率。

图片来源：美国海军网站

要搭载 F-35C“闪电Ⅱ”战斗/攻击机，并保留部分 F/A-18E/F“大黄蜂”战斗/攻击机，也可以搭载一定数量的 F-22“猛禽”战斗机。美国甚至还计划在下一代航母上装置电磁轨道炮、高能激光、高能射线等新概念武器，以获得更强的打击力量。如果两型第五代战机能够上舰，再加上无人战斗机、无人侦察机、更先进的 C4ISR 系统（指挥、控制、通信、计算机与情报、监视、侦

察系统）技术和自动化设备，福特级航母的整体性能将得到质的飞跃。同时，舰载机的高隐身性、超声速巡航、非常规机动、全方位侦察、超视距多目标攻击等一系列先进性能，将大幅提高福特级航母的作战能力、防御能力和多任务执行能力，确保美国航母在全世界继续保持顶尖水平。

作为美国海军最新一代航母的首舰，“福特”号航母是继企业级、尼米兹级后的第三型核动力航母。经过近20年的论证研制，“福特”号被期许成为21世纪美国海军作战力量的支柱和骨干。正是这样的全能任务要求，使“福特”号不得不集合许多高精尖技术于一身。因此，它顶着电磁弹射器、先进阻拦装置、新型核反应堆、双波段有源相控阵雷达、先进武器升降机、新型在航补给系统等13项先进技术的光环，却在这些新技术未能全部达到成熟度要求时“带伤”服役。2013年9月，美国政府问责局（GAO）对海军和船厂就某些关键技术施行“测试和上舰安装同步”策略表示批评与担忧。其原因是：福特级航母在13项关键技术当中，只有7项达到成熟度7级及以上（按美国技术成熟度标准方可采用），而船厂已经开始其他6项并未完成验证的关键技术系统的安装工作，这很可能为该项目带来进度风险、昂贵的设计修改风险和返工风险，并可能增加整舰重量，从而降低航母完成预期使命的能力。其中，最具创新也最具争议的电磁弹射器被视为“隐情”。

常规固定翼舰载机在航母上的起飞方式包括滑跃式和弹射式两种。前者是以俄罗斯海军“库兹涅佐夫”号航母为代表的滑跃式起飞方式，即依靠舰载机自身的滑翔惯性起飞，这种方式要求飞机重量轻，因此效率较低，影响有效载荷和作战效能；后者是以美国尼米兹级航母为代表的弹射起飞方式，弹射器因此成为航母最重要的特种装置，其工作原理类似“弹弓”，就是将其所储备的能量在瞬间释放，使舰载机在极短的时间内达到起飞速度，并在有限的飞行甲板上起飞。迄今为止，弹射器已经有了多种类型，如压缩空气弹射器、火药弹射器、液压弹射器、蒸汽弹射器、内燃弹射器、电磁弹射器等。最常用的是蒸汽弹射器，经过美国、法国海军航母几十年的使用，其可靠性毋庸置疑，但随着现代战机性能、质量、速度的提高，蒸汽弹射已难以满足发展的要求。2008年9月，美国海军完成了电磁弹射系统第一阶段的实验，通过每天近250次高强度模拟实验，采集了约1万次的重复实验数据，验证弹射系统电力、热力设备的性能及储能系统的充放电频率，发现并解决了电机振动问题，降低了系统结构损坏风险，增强了系统的可靠性，延长了其寿命。2009年6月，美国正式决定在福特级航母上安装电磁弹射系统，并授权给通用原子公司进行研制。2009年7月，电磁弹射系统完成了海上真实环境、电力热动力满功率系列实验，确认了设备在最大热区间的电动发电机的可操作性，降低了弹射器的系统风险。同年9月以后，还先后进行了高加速寿命实验、系统功能演示验证实验、电磁干扰屏蔽实验等，让电磁弹射进入运用新阶段。2010年12月18日，美国海军使用电磁弹射系统成功弹射F/A-18E“超级大黄蜂”战斗攻击机。此后，又继续对T-45C舰载教练机、E-2D舰载预警机、EA-18G“咆哮者”电子战机等所有型号现役战机进行了电磁弹射实

美国海军福特级航母多次海试发现许多问题，推延了服役时间。

Tips	电磁弹射器	海军常识小贴士

电磁弹射器是美国海军福特级航母上安装使用的新一代舰载机弹射系统，主要由储能系统、弹射直线电机、电力电子变换系统和控制系统四部分构成。与蒸汽弹射器相比，电磁弹射器的构成要简单一些，不需蒸汽弹射器那样配置庞大的干线管路；在动力方面也不像蒸汽弹射器那样需要蒸汽源，因此航母原动力有更多选择；电磁弹射器反应速度更快，不到 15 分钟即可达到待用状态，以更快的弹射速度弹射飞机，以更强的能力控制飞机；在能量利用率方面，蒸汽弹射器的能量利用率仅为 4%~6%，而电磁弹射器的效率可达到 60% 甚至更高；且电磁弹射器具有实时自动监视系统，提供故障和维护信息，能大大减少维修工作量和对人员的需求。对航母来说，电磁弹射器最重要的优点之一是弹射系统各组成部分的布局更加灵活，能最大限度地优化航母内部布置，包括更合理的载荷分布；而且由于摆脱了对蒸汽的依赖，从而允许更合理及有效的电站设计。当然，正如新装备使用的普适性，电磁弹射器的可靠性还有待于实战检验。

验。2017 年 6 月，美国海军透露“福特”号航母采用的电磁弹射器系统 EMALS 在海试期间多次发生问题，其中最令人担忧的是在高强度使用中，其连续使用的效果不如蒸汽弹射器。

2017 年 7 月 22 日，被称为“21 世纪的航母”的“杰拉尔德·鲁道夫·福特”号航母（CVN-78）终于服役，打破了美国海军尼米兹级核动力航母“垄断”的局面，使美国在役航母数量重回 11 艘。然而，对于可靠性要求极高的航母来说，采用如此多的新技术且令人质疑“带伤”服役的“福特”号，真的能很快形成战斗力吗？

NO.25

命运多舛的“库兹涅佐夫”

尽管如今维修期间受伤的“库兹涅佐夫”号航母“生死未卜”，但在新普京时代下，政府重振海军雄风的决心与多年来国防战略及军工企业重组，都给未来政府航母发展带来了新的希望和机会。

关键词：

海上远航训练

新的希望和机会

小川说：

2019 年 7 月，在俄罗斯圣彼得堡举办的“国际海军沙龙”上，克雷洛夫国家设计局展示了一款采用核动力的海牛级新型航母，代号为 11430-E，与苏联最后一艘已开工建造的 1143.7 型“乌里扬诺夫斯克”号航母有着某种联系。相对于之前展示的拥有双舰岛、排水量达 10 万吨的暴风级航母，舰长近 350 米的海牛级核动力航母在设计上更为保守，采用了“库兹涅佐夫”号航母成熟的滑跃起飞，但在斜角甲板起飞点处安装了弹射器，最多可以搭载 60 架舰载机。从展示的航母模型上看，一改暴风级航母搭载苏-57 舰载机，海牛级航母上的苏-33 和米格-29K 战斗机和外形酷似 E-2 预警机的 YAK-44 舰载预警机，让人感觉更实际些。

XIAOCHUAN SHUO

不论怎样，“库兹涅佐夫”号航母进入维修期之后，相继冒出来的新航母方案不断提醒着“库兹涅佐夫”号航母不再老当益壮。况且，2018 年 10 月 30 日，俄罗斯北方造船厂拉响了警报：正在大修中的“库兹涅佐夫”号航母在船坞突然离奇沉没。随后，船坞两旁的大型起重机倒塌，其中一台砸到了航母的舰体上，另一台则直接坠入大海。该事故造成多人伤亡和失踪。苏联先后建成了 7 艘航母，曾一度是世界上除了美国之外，拥有航母数量最多、作战能力最强的国家。苏联解体后，大部分航母退役，仅有的“库兹涅佐夫”号航母成为俄罗斯海军孤独的行者，如今它遍体鳞伤，甚至恐难“寿终正寝”。

“库兹涅佐夫”号航母曾是苏联海军的骄傲。冷战时期，苏联海军根据四大舰队所处的地理位置及装备实力，将海上舰艇编队大致分为反潜编队和机动攻击编队。“库兹涅佐夫”号航母的主要使命是作为攻击编队的核心，与1艘基洛级核动力导弹巡洋舰，5艘以上光荣级巡洋舰、勇敢级和现代级等驱逐舰，1~2艘别列津纳河级综合补给舰，在岸基航空兵作战半径之外的海域遂行反潜、对海和对空作战，扩大海上防御范围，确保战略核潜艇的安全和作战效能的发挥，消灭敌方海上和基地的海军兵力，保护海上交通线，支援登陆作战，实施武力威慑，保障国家的海外利益，与美军航母相抗衡。以“库兹涅佐夫”号航母为核心的海上编队在战时还担负突破岛链掩护潜艇出航的重任，并根据不同的任务，配备不同的舰艇执行作战任务。

“库兹涅佐夫”号航母一生4次更名：1982年9月第一次命名为“里加”（拉脱维亚共和国首都）号；1985年12月改名为“勃列日涅夫”（苏联中央总书记）号；1987年夏季第三次更名为“第比利斯”号；1990年10月建成后，最终被命名为“库兹涅佐夫海军元帅”号（简称“库兹涅佐夫”号），以纪念该元帅在苏联海军建立与发展过程中起到的奠基人的作用。这艘命途多舛的航母的满载排水量达58 500吨，水线长280米，宽70米，水线宽37米，吃水10.5米，飞行甲板长304.5米，宽70米；动力装置为8台锅炉，4台蒸汽轮机，200 000马力，4轴推进，最高航速达30节；续航力，29节时达3850海里，15节时达8500海里；舰员1960名，其中200名军官，628名航空人员，40名旗舰人员。该舰在采用航母典型的斜直两段式飞行甲板的同时，还别具一格地采用了滑跃甲板助飞，使得其舰艏的水上部分有明显的外飘，甲板舷圆弧连接；水下部分设有球鼻艏，用于安装声呐换能器；方尾，尾板较宽，舭部为圆形；主舰体从飞行甲板往下有7层甲板、2层平台和双层底，共10层甲板；全舰约2500个床位，其中400个预留给空降兵。

1991年“8·19”事件苏联解体后的第5天，乌克兰最高苏维埃通过了关于“同年12月1日就乌克兰独立举行全民公决”的决定，为乌克兰退出苏维埃社会主义共和国联盟做好了准备。同年11月，即将担任乌克兰总统的克拉夫丘克，向“库兹涅佐夫”号发来一份电报，其核心内容为：“库兹涅佐夫”号是乌克兰的私有财产，属于乌克兰所有，在乌克兰没有举行全民公决之前，请“库兹涅佐夫”号不要离开黑海舰队塞瓦斯托波尔海军基地。这份电报看似是克拉夫丘克在打“库兹涅佐夫”号的主意，实际上也是在就黑海舰队的归属问题投石问路。对于刚刚宣布独立的乌克兰来说，能够获得包括“库兹涅佐夫”号在内的黑海舰队，无论从国家安全还是经济发展来讲，都具有重要的战略意义，并有可能凭借其海军实力跻身于欧洲军事强国之列。冷战时期，黑海舰队经常出没于地中海，担负南部战略方向海上战略机动任务，是地中海唯一能够与美国抗衡的海上作战力量。独立不久的乌克兰百废待兴，为了尽快恢复和发展经济，除继续保持与独联体各国的必要经济联系外，还要与欧、美国家进行经济合作，而黑海及黑海海峡是乌克兰唯一的出海口和其与世界各国交流的窗口，无疑是乌克兰一条重要的生命线。

总之，在克拉夫丘克眼里，若俄罗斯能够在“库兹涅佐夫”号的归属问题上做出让步，那么黑海舰队的归属问题可能就有了着落。因此，乌克兰认为，在俄罗斯没有对“库兹涅佐夫”号和黑海舰队的归属问题做出反应之前，必须先行一步，向俄罗斯提出对“库兹涅佐夫”号的专有权，以便试探俄罗斯的态度。

当“库兹涅佐夫”号的舰长向舰员宣读了克拉夫丘克的电报后，立即引起了不小的轰动，并传来了“坚决反对”和“坚决赞同”两种不同的声音。

第一种声音来自以维克多·卡尼舍夫斯基海军中校为首的舰员：“我怎么也搞不明白，为什么乌克兰对‘库兹涅佐夫’号感兴趣？要知道航母主要用于远洋作战，而黑海是内陆海，根本无需‘库兹涅佐夫’号。”海军少校帕维尔·斯托尔恰克激动地说：“‘库兹涅佐夫’号从下水那天起，就已经决定了自己将在北方舰队服役的命运，我们都是从北方舰队所属舰艇部队精心选拔出来的，舰上的所有军官都是高职低配，即军衔要比担任的职务高出一个等级。按照舰上的规定，我们每位官兵每天只有 5 分钟与家人通一次电话的机会，我们都盼望早日回家。克拉夫丘克要收走‘库兹涅佐夫’号简直是白日做梦！”一位乌克兰籍的舰员则坚定地认为：“‘库兹涅佐夫’号应该驻扎在距建造它的尼古拉耶夫船厂最近的地方，如果在北方舰队管辖的作战海域出了问题，谁能够修理它？”舰员们都知道这是一个生离死别的决定，在“库兹涅佐夫”号的归属上他们只有一票。而其真正的声音是“回家”，要么回到“库兹涅佐夫”号的家，要么回到自己的家。尽管舰员对这将要发生的最终判决的反应不同，但他们并没有对起飞与降落试验工作流露出任何消极的情绪，并努力使苏联海军最新航母“最后的试验”有条不紊地进行着。当“库兹涅佐夫”号抵达费奥多西亚海上靶场时，从克里米亚半岛萨卡军事基地起飞的 2 架苏 -27K 和米格 -29K 战斗机也按时飞抵靶场上空，并按顺序先后减速，下降飞行高度，将飞机尾钩准确地挂在航母斜角飞行甲板的阻拦索上，再向前冲出几十米后完成刹车，安全降落。此时，试验工作已经进行了 2 个多月，航母上有过数十架苏-27K、米格-29K战斗机和苏-25强击机，共完成了500次起飞和降落，但舰员们还是第一次见到这两种舰载机如此精彩的表演。俄罗斯的著名试飞员维克多·普加乔夫、海军航空兵师长伊万·巴霍科空军上校、海军航空兵飞行大队长康斯坦丁·科奇科廖夫空军少校等给予“库兹涅佐夫”号这次特殊的试验高度评价。对于每个参试的“库人”来说，这一次秘密的黑海之行将成为其心中对苏联海军最高敬意的“绝唱”。

1995 年 12 月 24 日，俄罗斯《红星报》刊登了一则消息：“库兹涅佐夫”号航母率领来自北方舰队、波罗的海舰队及黑海舰队的“无畏”号导弹驱逐舰、“热情”号导弹护卫舰、“奥廖克马”号油船、“德涅斯特河”号海上补给舰、1 艘救生拖船及苏-33 和苏-25 战斗机、卡-27A 直升机等组成航母编队离开北莫尔茨克港，前往地中海进行为期100天的海上远航训练。消息一经传出，世界为之哗然，各国军事观察员密切地关注着这一声势浩大的航母环游旅行。人们在等待中提出这样的疑问：冷战结束后，俄罗斯海军在颇为拮据的财政经费开销下，“库兹涅佐夫”号航母不安于“蓝水守门员”的角色，大动干戈地重返地中海，仅仅是为了完成航母的训练任务吗？

答案是否定的。

历时 10 天的长途跋涉，“库兹涅佐夫”号航母编队航行了近 4000 海里，于 1996 年 1 月 4 日进入了久违的地中海。俄罗斯海军第一副司令卡萨托诺夫元帅向记者宣布：“我们来到地中海完成此时北方不能进行的战斗训练任务，是为了再一次展示祖国海军 300 年历史的‘圣安德烈旗’。我们正在进行自己所喜爱的事业。”

此次编队要完成的训练任务主要是战术科目，侧重于舰载航空兵的连续飞行活动，其他科目还有舰艇协同航行、防空、反潜等。正值严冬季节，当“库兹涅佐夫”号航母带领着与之相伴的众兄弟舰艇到达地中海时，给这一水域带来了新的生机。同年 1 月 7 日，在这一地区的美国海军第 6 舰队司令比林格中将一行访问了“库兹涅佐夫”号航母，并观看了舰载机飞行表演。随后，这位美军司令宣称：“我们两国军舰在地中海水域例行公事的游弋，是为了保证本地区的稳定。”话虽如此，我们仍能感受到“库兹涅佐夫”号的到来给独霸这一水域的美国海军舰艇带来了“冲击”。

随后，卡萨托诺夫元帅带领其部下回访了美国海军第 6 舰队的同仁，比林格司令在“美国”号航母上为俄罗斯海军军官们安排了别开生面的海上聚会：“美国”号航母上 45 架各种舰载机进行了飞行表演，其中，俄海军航空兵司令阿巴基泽将军驾驶美 S-3“北欧海盗”反潜机、试飞员布卡切夫驾驶 F-14“雄猫”战斗机，一同参加了空中表演。俄罗斯人的精湛技术与美国人的娴熟动作，将两强相会的场面推向高潮。此后，双方随行舰进行了联合作战演练，掀起了地中海和平时期的海空硝烟。

机动攻击舰艇编队是俄罗斯海军中可与美国单航母战斗群抗衡的编队，但因“库兹涅佐夫”号航母使用卡-31直升机作为该航母编队的早期预警机，没有搭载类似于美国E-2C的固定翼预警机，因此大大地影响了编队的快速反应能力。尽管如此，在美、俄编队相聚后的日子里，“库兹涅佐夫”号航母又顺访了地中海区域的另一些国家。直至训练结束后，卡萨托诺夫元帅才以略含骄傲的口吻说：“地中海区域的国家对我们的航行表现出极大的兴趣，他们的舰艇始终在我们附近进行监视。”

“库兹涅佐夫”号航母编队的这次远游是冷战结束后俄罗斯海军第一次派出最强大的水面舰队走出国门，而这支舰队的所有表现证实了俄罗斯海军并非“强弓末弩”，反而显示了俄罗斯海军意欲走出低谷，开始新的海上复苏。而“库兹涅佐夫”号在这其中的核心力量，使人们对航母的信心倍增。与此同时，“库兹涅佐夫”号航母也在人们的瞩目和议论中尽显了“风流”。“库兹涅佐夫”号航母编队前往地中海进行为期百日的远航训练，让更多的人了解到了这支壮志未酬的编队在舰船配系上的灵活性。不论是北方舰队、波罗的海舰队、黑海舰队还是太平洋舰队，其麾下拥有的现代级导弹驱逐舰、克里瓦克级导弹护卫舰、“奥廖克马”号油船、“德涅斯特河”号补给船以及救生拖船，都能在编队指挥中心的统一指挥协调下对不同的防御或进攻层次、不同威胁程度目标做出快速反应并及时调用编队里的软件、硬件武器，实施防御和攻击。尽管在苏联海军解体后，俄罗斯海军的实力因国内局势的影响而一度下滑，仅有的“库兹涅佐夫”号难以完成俄罗斯海军制定的航母作战任务。比如，在远洋实施反潜、反舰作战，配合并掩护己方水面舰艇和潜艇；重点打击敌航母战斗群，使其不能靠近俄罗斯近海；实施一定程度的对空作战及战役护航等。但是，在俄罗斯海军为努力恢复其在战役、战术上原有的作战观点，恢复俄海军在世界上的强国形象，恢复和确立俄罗斯对巴尔干地区现实的和潜在的影响，保证在地中海区域的力量均势，实现普京提出的“优先发展海军”原则，重振俄罗斯海军雄风等方面，“库兹涅佐夫”号起到了不可估量的作用。

Tips	E-2C 预警机	海军常识小贴士

E-2C 预警机外形如一架上单翼双涡桨发动机的中小型客机，以两台 4910 当量马力的涡桨发动机为动力，最大时速 590 千米，最大续航时间 6 小时，可在距航母 320 千米空中执勤 3~4 小时。它最显著的特点就是背上装有一个直径 7.3 米的圆盘形 APG-125 远程高分辨率搜索雷达天线，当 E-2C 在高空巡逻时，圆盘每分钟旋转 6 圈，雷达可发现 740 千米远的高空轰炸机、460 千米远的低空轰炸机、408 千米远的低空战斗机、270 千米远的低空巡航导弹和 360 千米远的舰船。它不仅有搜索能力，而且有自动指挥引导能力，能同时跟踪数百个空中、海上和地面目标，并引导己方战斗机进行空战，引导攻击机攻击目标；还能向航母传递海空敌我位置的信息，提出“最佳攻击方案”供指挥官参考。

★ ★ ★
★

毋庸置疑，苏联解体后，大伤元气的俄罗斯海军经费严重不足，使其常规训练及航母维修保障等受到影响，设计建造“库兹涅佐夫”号航母时的编队战斗力尚未形成。尽管如今维修期间受伤的“库兹涅佐夫”号航母“生死未卜”，但在新普京时代下，政府重振海军雄风的决心与多年来国防战略及军工企业重组，都给俄罗斯未来航母发展带来了新的希望和机会。

俄罗斯海军正在维修的“库兹涅佐夫”号航母还能再显往日的雄风吗?

NO.26

“无敌”不在，“女王”来了

2011 年 3 月 24 日，“无敌”号航母离开朴茨茅斯港，被拖往土耳其进行拆解。
2017 年 10 月 30 日，“伊丽莎白女王”号航母第二次下水海试成功，开启了英国皇家海军新的航母时代。

关键词：
“精明采办”
无敌级航母

小川说： XIAOCHUAN SHUO

2020 年 11 月，英国首相约翰逊在对议会的网络讲话中宣布：英国海军“伊丽莎白女王”号航母将执行 2021 年和盟国前往地中海、印度洋和东亚的任务。自从 2019 年 7 月，有关英国“伊丽莎白女王”的报道集中在“退位”和“漏水”两个方面。前者是评论 94 岁、执政了大半个世纪、被称为“超长待机”的女王准备将皇权移交；后者则是热议以女王命名的皇家海军现役新航母，在测试和训练期间发现有约 200 吨积水，被迫于 7 月 7 日提前返回朴茨茅斯港的事。这艘“伊丽莎白女王”号航母是英国皇家海军于 20 世纪 90 年代开始论证研制的新世纪航母，被期许集成先进的国防科技、实现无敌级航母不能满足的全球海洋战略。然而，从拖延下水、服役到海试多次出现各种问题可以看出，目前英国皇家海军发展航母并非一帆风顺。

反观在全球金融风暴之后，为实现皇家海军拥有理想的航母，在国防预算紧缩的情况下，英国国防部在采办过程中采用了“精明采办”的方法，即将开始进行航母概念研究到最终退役的“全寿命”视为一个采办周期，全过程包括 6 个阶段和 2 个关键决策点，即概念研究阶段、评估阶段、演示阶段、生产阶段、服役阶段和退役阶段，概念研究阶段与评估阶段间的初始决策点（Initiate Gate）、评估阶段与演示阶段间的主决策点（Main Gate），以解决研制新航母的成本问题。此举正如百年航母发展史上英国在技术上的创新，“精明采办”无疑是“伊丽莎白女王”级航母在管理上的重大贡献。

英国是世界上第一个设计航母的国家，也是航母技术不断创新发展的国家之一。2017 年 9 月 8 日，伊丽莎白女王级 2 号舰举行了正式的下水仪式，被命名为“威尔士亲王”号；同年 12 月 7日，“伊丽莎白女王”航母号在女王亲自主持下交付英国皇家海军。尽管由于财政因素，这一皇家级别的新航母在研制过程中甚至拆除了弹射器和阻拦索，放弃了 F-35C 舰载机的选择，最终沿用无敌级航母的滑跃起飞和垂直起降，最多可以搭载约 50 架 F-35B 舰载机，但在世界现役航母中，它在全电力推进和“双舰岛”设计等创新上和总体作战效能的优势都显而易见，这不得不归功于英国海军航母有着 100 多年的作战使用经验，特别是多次参加局部战争的无敌级航母。

无敌级航母列表

舰名	舷号	开工日期	下水时间	服役日期	退役日期
无敌	R05	1973 年 7 月 20 日	1977 年 5 月 3 日	1980 年 7 月 11 日	2005 年 8 月 1 日
卓越	R06	1976 年 10 月 7 日	1978 年 12 月 1 日	1982 年 6 月 20 日	—
皇家方舟	R07	1978 年 12 月 14 日	1981 年 6 月 2 日	1985 年 11 月 1 日	2011 年 1 月 22 日

无敌级航母在历次大规模军事行动中曾与美国海军航母并肩作战，先后参与了监控伊拉克禁飞区、轰炸南联盟、支援阿富汗反恐作战以及伊拉克战争等。这些作战经验、联合行动经历以及对未来战争的研判，促使英国皇家海军将发展能力定位在相当于美国海军尼米兹级航母 60% 的新航母（CVF），以满足为英国提供远程空中进攻能力，可灵活操控尽可能最大范围的各种飞机，尽可能最广泛地执行各种任务。

停泊在朴茨茅斯港的英国皇家海军无敌级航母“无敌”号和“卓越”号。

英国皇家海军“卓越”号航母与美国海军“艾森豪威尔”号、“杜鲁门”号同行。

马岛海战后，“无敌”号航母又恢复了原来的使命，与“卓越”号航母一起作为北约海军力量之一，协助美海军对抗苏联潜艇。1985年11月1日“皇家方舟”号航母服役后，在英军从军26年的“竞技神”号航母退出现役，并于1986年以5000万英镑的价格卖给了印度海军。从此，英国海军便拥有了3艘无敌级航母，母港均设在朴茨茅斯海军基地。英国海军在任何时候都能保持2艘航母处于战备状态，另1艘航母则处于维修或预备状态。

当时，英国的撒切尔政府与美国里根政府关系极为密切。里根政府为了对抗苏联在全球范围内的扩张政策，采取“以硬碰硬、以毒攻毒”的策略，向苏联发起全面反攻，力图遏制住苏联的扩张势头，重点与苏联争夺欧洲中部。英国紧随美国之后，也将战略重点放在了欧洲大陆，派出了1个军团的兵力驻扎在德国。英国海军则纳入北约海军力量，配合美国海军封锁大西洋北口、波罗的海以及地中海等苏联海军的3个出海口。无敌级航母编队主要担负反潜作战，重点保卫大西洋右侧英国、挪威的北侧海域，充当美国海军大型航母编队的配角。

冷战时期，每年的秋季或冬季，英国的无敌级航母都要跟在美国的航母后面，参加北约在大西洋中北部和地中海举行的历时长达2~3个月的“秋季熔炉”大演习。1982年秋天至1990年，只要美国的航母出现在大西洋或地中海，往往都能发现英国无敌级航母的身影，无敌级航母也因此被人戏称为“山姆大叔的跟屁虫”。

1991年海湾战争期间，英国海军仍未摆脱冷战的思维，继续将无敌级航母作为反潜力量使用，但伊拉克却没有潜艇，“无敌”舰没有了用武之地。海湾战争后，英国海军的战略开始转轨，其作战对象由苏联转为威胁其利益的地区性强国。无敌级航母的主要任务也由原来的反潜为主转变为对付可能危及英国利益的各种地区性冲突，除搭载舰载机实施制海制空作战外，也可支援对陆作战，甚至可以搭载陆战队实施两栖登陆作战。凭借其强大的机动性和作战灵活性，无敌级航母很快成为英军快速反应部队的核心力量，唱起了冷战后英国“由海向陆”新战略的主角。

1992年5月12日，“无敌”号航母率领一支由8艘舰艇、约3000名官兵组成的特混舰队，从朴茨茅斯港出发，开始进行为期6个半月的代号为“东方92”的远航训练。特混舰队途经地中海、红海、印度洋、南中国海和大洋洲，沿途访问了近20个国家的大约30个港口，并举行了20多次海军演习。这次远航训练的目的是，在海湾、东南亚等英国传统势力范围内显示英国的军事存在，维护英国在这些地区的战略利益，同时使部队熟悉印度洋和亚太海区，增强英航母编队应付这些地区可能出现的影响英国利益的各种危机的能力。舰队司令布里斯托克少将声称：“‘无敌’号航母编队是英国海军的快速反应部队，具备在任何海区作战的能力，随时准备应对北约以外地区的任何危机。”

1993年，波黑塞族与穆斯林及波黑克族武装的冲突加剧，波黑局势失去控制，有影响整个欧洲稳定的趋势，北约被迫出兵干涉。英国海军无敌级航母作为首选力量参加了北约的干涉行动。1993年8月至1995年12月，3艘无敌级航母被轮流派往亚得里亚海，出动“海鹞”战斗机参与北约在波黑的“禁运”和“禁飞”行动，封锁和空袭波黑塞族武装，支援在波黑地区执行维和任务的英国和北约地面部队。1994年4月16日，北约部队对联合国划定的“安全区”戈拉日代周围的塞军阵地进行了空中打击，在亚得里亚海执勤的“皇家方舟”号航母舰长洛克伦上校介绍：“2架‘海鹞’战斗机经过几次盘旋，终于发现了隐蔽在树丛中的塞军装甲炮车。正当它们准备向塞军炮兵阵地投弹时，1枚‘萨姆-7’地空导弹突然从下面的山头射来，击中了领头的‘海鹞’战斗机，只见红光一闪，‘海鹞’爆炸坠毁，飞行员跳伞逃生。此后，无敌级航母舰载机先后参加了20次针对波黑塞族武装的空袭行动，虽然未再被击落，战果却也并不理想。”

1995年8月30日至9月10日，由美国、英国、法国、意大利和土耳其等国军队组成的北约快速反应部队，对波黑塞族武装驻地实施了持续11天的大规模地毯式轰炸。其间，英国海军的“无敌”号航母升空60多架次“海鹞”战斗机，对塞族首府帕莱等地的20多个目标进行了轰炸，并摧毁了大部分目标。

1997年1月13日，英国派出一支以“卓越”号航母为首的庞大特混舰队，前往亚太地区执行代号为“洋浪97”的军事行动。这支特混舰队由韦斯特海军少将指挥，共有20艘舰艇，载有40多架飞机、6000多名水兵和1000多名陆战队员。特混舰队从朴茨茅斯港出发后，经地中海、印度洋，于5月份抵达西太平洋，先后访问了新加坡、马来西亚、文莱、菲律宾、日本、韩国、俄罗斯等国，并在香港回归中国之际，在南海与新加坡、马来西亚、文莱等国举行了联合军事演习，以炫耀武力。导弹护卫舰“查塔姆”号、后勤登陆舰“珀西瓦爵士”号以及皇家游船“不列颠尼亚”号，还于1997年7月1日凌晨参加了香港政权交接仪式，为英国撤离香港“死撑面子”。特混舰队随后经印度洋、南非，于8月底返回英国本土，历时 7 个半月。

英国海军的“海鹞”舰载战斗机以空战为主，兼顾对海作战；而空军的“鹞”式攻击机则以对陆攻击为主，兼顾空战。冷战后，英国海军的主要任务转为远征作战，从海上攻击陆上目标，因此从 1994 年开始在“无敌”号航母上试验搭载空军的“鹞”式攻击机。1997 年 9 月，“无敌”号航母搭载 8 架海军“海鹞”舰载战斗机、8 架空军“鹞”式攻击机、4 架“海王”舰载预警直升机和 2 架“海王”反潜直升机，进行作战部署前的临战训练，先是前往地中海与西班牙海军进行联合演练，随后又横跨大西洋前往美国，与美国海军进行联合演习。1997 年 11 月，由于伊拉克拒绝与联合国武器核查人员合作，美、英等国向海湾地区增兵，“无敌”号航母再次横跨大西洋，驶往海湾地区。

在海湾战争中，伊拉克被多国部队击败，科威特获得解放，萨达姆政权被严重削弱，但未被摧毁。战后，以美国为首的多国部队在伊拉克南部和北部设立了禁飞区，美、英等国的空军飞机在伊拉克南部和北部进行空中巡逻，严密监视伊军动向。由于沙特阿拉伯和土耳其等阿拉伯国家不同意美、英等国的空军战机从这些国家的基地起飞对伊拉克进行空中打击，因此美、英等国主要依赖航母舰载机执行伊拉克禁飞行动。美、英怀疑萨达姆拥有大规模杀伤性武器，于是推动联合国派遣武器核查人员前往伊拉克进行武器核查，并时不时地对伊拉克可疑目标进行空中打击。在美、英强大的军事压力下，伊拉克同意与联合国武器核查人员合作，此时已驶至地中海东部的“无敌”号航母便不再继续航行，而是留在地中海继续进行海上训练、机动待命。然而，到了 1998 年 1 月，萨达姆又拒绝与联合国武器核查人员合作，“无敌”号航母迅速部署到波斯湾北部，出动“海鹞”战斗机和“鹞”式攻击机执行伊拉克禁飞行动和空中打击。这是“无敌”号航母首次搭载空军“鹞”式攻击机执行作战任务。“无敌”号航母及其护航舰只的舰载直升机则参与了针对伊拉克的海上禁运，并随时准备在情况恶化时，从科威特撤离英国公民。萨达姆不得不再次低头。“无敌”号继续留在波斯湾执勤。3 月底，“无敌”号航母完成任务返航，“卓越”号航母部署至波斯湾，接替“无敌”号的任务。

1999 年 1 月，“无敌”号航母再次前往波斯湾，执行伊拉克禁飞任务。同年 3 月，科索沃战争爆发，以美国为首的北约发动了针对南斯拉夫的持续 78 天的空袭作战行动。由于周边地面空军基地有限，最初英国空军的一些“狂风”战机要从德国的基地起飞，需要经过 3 次空中加油的长途奔袭。4 月，为加强空中打击力量，“无敌”号航母从海湾地区抽调到亚得里亚海参加科索沃战争。战争期间，“无敌”号航母起飞 102 架次“海鹞”和“鹞”式飞机，执行空中战斗巡逻和对地攻击任务，舰载“海王”直升机则参与了在阿尔巴尼亚的人道主义救援。战后，英国防部总结称：“在战役的全过程中，英国、法国尤其是美国航母展示了无比的灵活性和独特的空中力量投送能力。”其中一项主要经验便是，“航母在作战中发挥了有力作用”。战争结束后，“无敌”号开始了历时约 1 年的大修，取消了位于舰艏右侧的“海标枪”舰空导弹发射装置，甲板面积增加 7%（23 米 ×18 米）以搭载“鹞”式攻击机，并增大了飞行甲板面积。

2001 年“9·11”事件后，美、英联军于当年 11 月发动阿富汗战争，迅速推翻塔利班政权，英海军“卓越”号航母参战。“皇家方舟”号航母则参加了 2003 年的伊拉克战争。其间，“无敌”号航母主要担任留守任务。

至此，“无敌”号航母除了参加各种军事行动外，还参与了英国 BBC电视台有名的汽车节目的录制，大大地提高了收视率。这档节目名叫 *TOP GEAR*（《疯狂汽车秀》）。2005年1—3月，“无敌”号航母编队最后一次出海执行代号为“魔界奇兵打击 05”的远航任务，前往波斯湾部署，访问了也门共和国，在巴林王国与美、法海军进行了“魔毯”联合军事演习，并在北阿拉伯海参加了阿富汗战争。其间，舰载“鹞”式攻击机从“无敌”号航母上起飞，对阿富汗塔利班武装进行了攻击。这成为“无敌”号的最后一次作战行动。

根据设计，“无敌”号航母可以服役30年，至2010年退役。由于英军连续参加科索沃战争、阿富汗战争和伊拉克战争，军费严重超支，政府财政负担加剧，为减少财政压力，英政府决定提前将“无敌”号退出现役。2005年8月1日，“无敌”号航母驶入朴茨茅斯母港，正式退役。在退役仪式上，海军航空兵出动“海鹞”战斗机、“海王”直升机等飞机飞越航母上空。“无敌”号航母退役后，转入预备役至2010年。英海军将其封存在朴茨茅斯港，必要时可在50天内重新投入现役。

经过2008年的金融危机后，英国新政府于2010年决定大幅削减军备，“皇家方舟”号航母也于2010年底提前退役，英国海军只剩下一艘“卓越”号航母，经改装后以直升机母舰的名义在役。2010年11月底，英国国防部决定在网上公开拍卖“无敌”号航母，而且拍卖无底价，只要能卖掉、不再投入巨资维护保养就行。英籍华人林健邦投标400万英镑竞拍，想在中国或英国将其用作海上国际学校。但由于英国国防部担心“无敌”号会像“瓦良格”号航母一样，被中国海军利用，林健邦落选（英国国防部解释为“资料不全”）。2011年1月底，土耳其勒雅尔拆船厂最终以200万英镑竞得“无敌”号航母。2011年3月24日，“无敌”号航母离开朴茨茅斯港，被拖往土耳其进行拆解。

与此同时，根据“精明采办”发展的新世纪航母，英国国防部明确了各阶段和决策点的主要任务分别为：概念研究阶段，即生成航母用户需求文件（URD）；筹划组建航母一体化项目小组；邀请工业界参与概念研究；确定可供进一步开发的技术和采购方案，为评估阶段及后续阶段筹措资金和制订计划，确定性能、成本和进度的范围；启动全寿期周期管理计划；持续监控方案的成熟度，并在适当时机编制和提交一份在性能、成本和进度限定范围内的初始决策点报告，为项目进入评估阶段做准备。其中一个关键决策点是初始决策点，确定项目是否能够由概念阶段进入评估阶段，同时为评估阶段设定航母的初步参数。

采办历程主要包括：1996—1998 年，航母项目进行概念阶段的研究，其研究目的是根据战略环境转变以及英国的外交和安全策略进行新航母的需求研究。1998 年 12 月，项目达到初始决策点，英国政府正式批准航母项目，并在 1999 年 1 月向 6 家公司发出了招标邀请；但截至 5 月，国防部仅收到 BAE 系统公司和泰利斯公司（当时为汤姆逊 -CSF 公司）送交的竞标方案；11 月，国防部与两家公司签订合同，正式启动评估阶段的工作。1999 年 11 月至 2001 年 6 月，英国国防部国防采办局（DPA）分别与两个工业小组（分别由 BAE 系统公司和泰利斯公司领导）签订 5900 万美元的竞争合同，开始第一阶段的评估工作，对两个小组的设计方案进行评估。该阶段，英国具体对航母的成本、能力、风险和概念开发进行了初步研究，考虑了多种航母方案，包括常规起降型、短距起飞 / 阻拦降落型、短距起飞 / 垂直降落型 3 种方案，同时也为国防部的舰载机选择提供了重要参考。

2001 年 11 月至 2002 年 12 月，英国国防部分别与 BAE 系统公司和泰利斯公司签订了为期 12 个月、价值 3000 万英镑的合同，开始进行第二阶段的评估工作，为航母方案的详细设计、建造和保障工作进行降低项目风险研究以及成本／能力平衡研究。这一阶段改变了上一阶段主要考虑航母性能的做法，转而将是否能在预算范围内严格控制航母成本和达到所需性能作为衡量设计方案优劣的重要指标。2003 年 9 月至 2004 年 3 月，在经过了多种方案的评估后，英国国防部采用了泰利斯公司的短距起飞 / 垂直降落方案，但选择了 BAE 系统公司作为主承包商，项目进入第三阶段的评估工作，开展设计和降低风险研究。由于在成本和建造工作安排方面与国防部存在较大分歧，BAE 系统公司被取消了首选主承包商的资格。

2004 年 7 月至 2005 年 3 月，航母项目进行第四阶段的评估工作。该阶段的主要任务是：完善航母联盟的结构，确定关键供应商和合作伙伴；最终确定航母建造策略；降低航母技术和供应链安排方面的风险（包括为子系统和设备挑选供应商）；由航母联盟进一步完善了航母设计，确保性能、成本和进度的成熟度，使项目能够顺利过渡到主决策点。在评估阶段即将结束前，英国国防部决定不再采用主承包商的方式，而是由航母联盟中的主要成员分别承担航母各部分的建造工作，并确定由 KBR 公司作为航母项目的集成商。

2005 年 12 月，航母项目达到主决策点 1，英国国防部宣布："新增 VT 集团和巴布柯克公司为航母联盟成员；批准航母的建造和总装计划，将航母 60% 的生产工作分配给 BAE 系统公司、VT 集团和巴布柯克公司这 3 家英国本土企业，并由巴布柯克公司完成航母的总装工作；批准国防采办局在主决策点 2（批准签订航母合同）前进行部分材料和设备的先期采购；投资 3 亿英镑用于开发能够投入实际生产的航母设计。" 2006 年 1 月，英国和法国达成共识，决定共同研制一种通用型的航母基型设计。这种新的基型设计是英国航母联盟在 2003 年确定的"德尔塔"设计的放大版本。英国官方确认的航母参数为：排水量 65 000 吨，全长 280 米，宽 70 米，吃水 9 米；航母的飞机搭载数量为 40 ~ 50 架，具体类型包括 F-35 联合攻击战斗机（JSF）、"默林"反潜直升机以及海空搜索和控制机；该级舰最大航速超过 26 节。

2006 年 4 月，英国国防部与航母联盟签订总价值 1.43 亿英镑的合同，航母项目正式进入演示阶段。2007 年 7 月，新航母获得进入建造阶段的许可。这 2 艘排水量 65 000 吨级的航母将分别被命名为"伊丽莎白女王"号和"威尔士亲王"号。2008 年 5 月 20 日，英国国防部正式批准航母进入建造阶段。7 月 3 日，英国国防部与航母联盟签订 2 艘航母的建造合同，合同价值约 30 亿英镑。2009 年 7 月，"伊丽莎白女王"号航母举行"钢板切割"仪式。2011 年 6 月，在 BAE 系统公司位于朴茨茅斯的大型造船车间内，“伊丽莎白女王”号航母的 2 个船体分段实现合龙。接下来将完成其管路、缆线、通风管道、机械系统的对接，然后在 2012 年 4 月运往罗塞斯船厂。2014 年 7 月，“伊丽莎白女王”号航母首次出坞，并于 3 年后正式下水试航。2017 年 10 月 30 日，“伊丽莎白女王”号航母第二次下水海试成功，开启了英国皇家海军新的航母时代。

2017 年 8 月 16 日，英国皇家海军“伊丽莎白女王”号航母驶入南部的母港朴茨茅斯港。

Tips	消防车	海军常识小贴士

航母作战使用中不可避免地会引发各种火灾，为减少火灾对航母的战损及影响，美国海军现役航母上使用尺寸更为紧凑和灵活的飞行甲板专用消防车，配合设置在固定位置和手提便携的各种消防设施，舰员经过专业培训后便可使用。与此同时，还需要配备空调车、电子系统测试车和液压系统测试车（液压泵车）等专用车辆，以及众多带有移动滚轮的千斤顶、登机梯、拆装支架、工作平台等，以提供保障。

★ ★ ★ ★ ★
★ ★ ★
★

NO.27

法兰西的“戴高乐”

关键词：

核动力航母研制

舰载机研制

这些特点不仅使“戴高乐”号在外形与尺度上独树一帜，还使其拥有卓越的性能，综合作战效能高，甚至从效费比上向美国超大型航母提出了挑战，是当之无愧的法兰西“中而不庸”的“戴高乐”。

小川说：

2020 年 3 月 10 日，《环球时报》消息：据希腊空军发表声明称其与正在克里特岛以南海域的美国海军“艾森豪威尔”号航母以及法国海军“戴高乐”号航母进行昼夜联合训练，主要针对希腊战机与航母舰载机之间的协同互动。这两艘航母在 2 月底进入地中海，当时土耳其刚刚在叙利亚伊德利卜地区展开“春天之盾”行动；之后于 3 月 13 日至 16 日在法国西北部港口城市布雷斯特停留。回想 2017 年春天，包括“艾森豪威尔”号与“戴高乐”号在内的美、英、法三国联军的航母编队进入地中海，战机对叙利亚实施猛烈袭击，此次双航母的“回归”，让叙利亚人心有余悸。然而，由于新冠肺炎疫情所造成的舰员感染，使原计划 4 月 24 日结束的波罗的海与北欧国家联合演练不得不暂停。

航母缘于法国大发明家阿德尔1909年出版的《军事飞行》，如今法国海军现役“戴高乐”号核动力航母舷号 R91，是法国史上第 10 艘航母。第二次世界大战结束前夕，法国从英国引进了一艘护航航母，这是一艘民用货船，1941 年被美国海

XIAOCHUAN SHUO

军购买，并将其改装成战时备用航母，满载排水量 16 000 吨，可搭载飞机 20~30 架。1942 年，英国根据美、英间“武器借贷协定”租借此舰，作为船队护航航母。此后，被法国引进作为航母训练舰，培养舰载航空兵。1949 年，法国海军将它改作飞机运输舰，在印度支那战争期间，被用来从法国本土向印支战场运送飞机。1956 年，“迪祖密德”号退役，直到 1966 年归还美国。第二次世界大战结束后，法国又先后从英、美以借贷方式引进了 3 艘航母，即“阿罗曼斯”号、“拉斐特”号和“波·贝拉”号。20 世纪 50 年代初，法国开始自行研制第一代克莱蒙梭级航母；从 20 世纪 70 年代末开始论证研制，以接替 1963 年服役的克莱蒙梭级航母。法国国防部和海军一贯坚持发展航母，特别是 1994 年《联合国海洋法公约》规定临海国享有 200 海里的专属经济区海域，法国专属经济区的海域面积达到了 1026.3 万平方千米。至今，法国航母走出了一条独特的发展道路，即在第二次世界大战后经历了租借改装美、英旧航母，购买舰载机；自行设计建造航母，采用部分国产和部分引进的舰载机；研究发展核动力航母和新型多功能舰载机等阶段。

1988 年 7 月，法国原国防部西瓦蒙部长在土伦的一次讲话中明确指出，“世界上任何大型海军都有自己的航母，它是一个国家力量和声望的象征。”同年 10 月 24 日，在第 11 届法国海军装备展览会上，他首次讲到“核动力航母是宏伟的计划，将作为法国外交政策在全世界的执行工具”。法国发展核动力航母首先有战略层面的考虑：一是法国至今坚持“核威慑和常规打击”战略，海军要承担战略核打击任务的 90%，其中航母舰载机要承担约 40% 的预先战略核打击任务；二是法国认为核动力航母是保持其大国地位的重要标志，也是支持其独立自主外交政策的基石；三是法国有许多的海外利益和战略需要，在实施国际干预行动、应付局部战争和地区冲突中，核动力航母是不可缺少的重要工具；四是法国与英国、美国一直在争夺欧洲大陆的领导权，法国核动力航母的建成，在一定程度上制约了美国，其海空打击能力更是英国、意大利、西班牙等国轻型航母所无可比拟的。法国原总装备部“戴高乐”号航母工程主任菲利普·雷蒙·波凡斯总工程师曾在 1993 年表示：“核航母飞行甲板虽只有 12 000 平方米，但却具备与 50 万平方米面积的陆上航空基地同等的功能和威力。”

法国发展航母的自信不仅缘于法国大发明家阿德尔提出了“航母”的概念，更重要的是在近百年的航母技术发展与作战使用中吸取了宝贵的经验与教训。1953 年的国防预算中，法国纳入自行建造第一代航母计划，并于 1954 年和 1956 年订货克莱蒙梭级，并一致认为应建造 3 艘，以确保一艘在海上执行任务。前两艘在 1955 年和 1957 年相继开工，1961 年和 1963 年分别完工；第 3 艘因财政问题拖到 1960 年才正式开工，并被改建成直升机母舰，于 1964 年完工。进入 20 世纪 70 年代，法国又三次酝酿建造新型航母。1972 年，论证研制 1 艘核动力直升机母舰，排水量 18 400 吨，可装载短距/垂直起降飞机，代号为 PH75，原计划 1975 年开工，1980 年服役，但由于财政困难，于 1974 年宣布推迟，随后撤销任务。此后，法国海军于 1977 年再次提出建造新型核动力常规固定翼舰载机航母，排水量达 30 000 吨级，代号为 PA80，并要求于 1980 年开工，共造 3 艘。结果又因为与其他造舰任务有矛盾，在经费平衡中再次被削减了下来。1980年，法国国防部再次安排建造2艘航母，因克莱蒙梭级航母的使用年限为30~35年，最晚推迟到1996—1998年退役，必须有接替的新航母。于是，1981年至1984年进行先期论证，经过繁多的可行性研究，确定为中型核动力搭载固定翼舰载机的航母，军方对航母提出的使命是：全世界范围可显示力量；作为核威慑力量的一部分，可使用战术核武器；在法国海外利益所在的海域上执行作战任务；在远海执行警戒护航和保卫海上交通线任务；夺取海上局部制空权，进行对海、对岸攻击和执行反潜任务；能指挥海上机动作战编队，实施两栖作战；执行抢险救生、撤退受到威胁的平民或维护和平等人道主义使命等。航母最终被命名为“夏尔·戴高乐”号（简称“戴高乐”号），以代表“法兰西”的力量和声望。

挂满旗的法国海军“戴高乐”号。

核动力航母研制中包括的关键技术有：航母的总体设计，核动力装置，舰机适配特种装置（包括弹射器、阻拦装置、升降装置、航空管制与光电引导着舰控制系统等），舰载机，作战指挥和武器系统等。法国研制“戴高乐”号核动力航母确定了自行研制、以我为主的方针，既从经济上节省了科研开支，又在技术上缩短了与世界先进水平的差距。1986 年 2 月 4 日，第一艘核动力航母的建造合同正式签订。“戴高乐”号于 1987 年 11 月开始备料，但因经费削减，计划推迟到 1989 年 4 月 14 日才正式开工建造，1994 年下水，1997 年进行武器装备试验；满载排水量 42 000 吨。1998 年 6 月 10 日前，两座反应堆进入临界状态。1999 年 1 月 26 日开始海试，2000 年 9 月 28 日交付海军后仍继续进行海试。2000 年 11 月 9 日，“戴高乐”号在大西洋高速航行进行远洋试验时，因右侧螺旋桨桨叶断裂沉入海底而被迫中止。2001 年 3 月 26 日，将已退役的“克莱蒙梭”号航母拆卸过来的旧螺旋桨装上后继续进行海试，但航速也因此受限在 23 节内。2001 年 5 月 18 日正式服役，历时 15 年。“戴高乐”号原计划耗资 120 亿法郎，实际造价 190 亿法郎。

由于航母研制必须同时考虑与之相适应的舰载机和形成编队作战的舰艇，还要充分考虑指挥通信、后勤保障、补给、维修设施的配套建设，才能形成有效战斗力。因此，“戴高乐”号核动力航母经历了“三套流程”：一是目标选择，包含可行性研究，提出工程项目的规格、费用和进度；二是项目决策，包含方案审定，确认价格和进度，签订承包与订货合同；三是任务执行，包含研究设计、建造施工、试验鉴定等。在这三套流程中，每一步都包含着要制定新航母及其新装备在全寿命周期对运维保障方面的要求及经费的估算。为确保航母工程有效实施，“戴高乐”号建造由法海军参谋部（EMM）、国防部总装备部（DGA）、海军造船技术局（DCN）、航空技术局（DCA）、法国原子能委员会（CEA）联合组成一个规划机构，下设 3 个工作组。一是联合组，由海军参谋部军官、海军造船技术局及其下属的海军装备研究中心的技术人员组成。二是核动力航母与舰载机协调组，由海军参谋部军官、航空技术局及海军装备研究中心的技术人员组成。三是核堆管理组，由海军参谋部军官、总装备部、海军造船技术局的技术人员组成。在布勒斯特海军船厂还成立了“核动力航母工程办公室”，直接负责组织领导“戴高乐”号建造中的技

法国海军“戴高乐”号航母上的岛式上层建筑。

术、质量、进度、财务管理事宜，包括研制进度、配套协作、质量控制、成本管理、技术协调等管理工作。正是在如此严格的系统工程管理下，“戴高乐”号核动力航母的研制较之前的克莱蒙梭级航母有许多不同之处。如：“戴高乐”号由于采用了核动力推进系统，因而无烟囱管道。岛式建筑前置，位于上层甲板的右侧，两台升降机在岛式建筑后部，有利于减少恶劣天气对升降机造成的损坏。轴向飞行甲板上的弹射器向左舷靠，使右舷有可停放 20 架飞机的停机区。下有飞机修理库和航空器材库。舰艏为封闭型，全舰自下而上共有 15 层甲板，由纵横舱壁分为 20 个水密舱段，大约有 2200 个舱室。在龙骨与飞行甲板之间，有一双层底和 8 层甲板。在上层建筑的第一层设有休息室、气象室，第二层设有电传室，第三层设有指挥官办公室、指挥室，第四层设有飞行指挥部。舰上纵向通道在舰中央，参谋部和医疗舱设在舰艏部，餐厅设在舰艉部。此外，舰上还有咖啡厅、娱乐场所及相关的生活设施。

核动力装置布置在机库甲板下面中央，略靠舰艉，两套装置前后布置，分设在 5 个隔舱中。中间隔舱是反应堆控制舱，包括柴油机电站的控制。紧邻该舱的前后两舱是反应堆舱。再往远处的两舱是汽轮机舱。K15 型核反应堆装填一次核燃料可使用 7 年，反应堆安装在一个严密的水密壳体内，该壳体是由高强度的结构钢加以防护，目的是防止舰受损时损坏反应堆。然而，该壳体下水以后出现龟裂，不得不重新返工，致使在经济上和时间上都受到巨大损失，为此，该舰延迟 1 年服役。机库以下设有 4 层甲板，第一层是水密甲板，弹药舱和燃油舱布置在机舱两舷的两侧。为了安全，战术情报中心和通信室等都设在甲板下，飞行通信室、值班室和任务布置室全部设在舰的前部，并紧靠飞行员的住舱区。全部食品仓库和配膳间均垂直布置在舰后部的一个断面上。

法国海军“戴高乐”号航母上的法国大餐。

“戴高乐”号的飞行甲板因采用了外飘设计，斜角甲板长200米，与舰中央轴线呈8.5度夹角，上面有3道MkMod3阻拦索，可阻拦140节、23吨重的飞机，滑跑距离97米以内，最大宽达到64.4米，水线宽31.5米；甲板宽度为水线宽的两倍，这在各国的航母中是绝无仅有的，使该舰的飞行甲板面积一下提升到12 000平方米，为舰载机的使用提供了很大的便利。另有一道在紧急情况下使用的阻拦网，斜角甲板两侧有宽阔的停机区，每一波次可起降20架飞机。飞机加油可在飞行甲板上或机库内完成。武器、弹药的挂载要在飞行甲板上完成，弹药通过2部弹药升降机从舱内提升到飞行甲板上，弹药升降机布置在岛式建筑前面和后部飞机升降机的前面。在舰桥上层建筑后部有2台飞机升降机，每台长19米，宽12.5米，起重能力为36吨，可同时运送2架飞机。飞行甲板可连续7天每天保证100次起降；每30秒起飞1架飞机，每12分钟回收20架飞机。机库长138.5米，宽29.4米，高6.1米，面积4600平方米，主要得益于甲板的外飘设计和采用核动力省去了烟道空间。机库可以停放25架“阵风”战斗机或20~25架现役各型飞机，平均每架飞机所占面积115平方米，要大于美国尼米兹级航母的83平方米。1999年10月至2000年3月，加装了防辐射装置，把斜角甲板的长度延长了4.4米。“戴高乐”号

法国海军“戴高乐”号航母甲板上准备起飞的预警机。

法国海军“戴高乐”号航母升降机上的预警机。

选用了新一代法国生产的“阵风M”型战斗机为主要舰载机。这种飞机重量轻、体积小、灵活机动，具有起降距离短、装载量大、全天候、隐身性好等特点。2008年和2010年，原“超军旗”分式战斗机两批全部退出，所有舰载作战飞机将均为“阵风M”型。“戴高乐”号航母编队属海外作战部队序列，其基本编成为核动力航母1艘，配备2~3艘防空驱逐舰、3艘反潜驱护舰、1艘攻击型核潜艇、1艘补给舰，共8~9艘舰艇。航母编队既是行政编组，也是作战编组，编队指挥员军衔为海军准将或少将。

与此同时，法国航母的舰载机研制同样循序渐进地发展，经过了向国外购买与陆基飞机改装，自行建设单功能专用舰载战斗机，研究发展新一代多功能通用舰载战斗机的三阶段。根据法国海军的经验，第二次世界大战后，第一个10多年，法国主要是学习调研如何发展航母，培训各种人才，所以充分利用外国已有的航母、舰载机及有关装备和技术，减少自己从头摸索的时间；第二个10多年，自主研制航母，同时配备功能比较单一的舰载机来逐步积累在海上使用舰载航空兵的经验，进行技术储备；第三个10多年，有能执行多种任务的舰载机，并有能力和航母编队的各种舰船协同，形成能执行复杂任务的航空兵。至于人员培训方面，法军也是早有准备的。如首任舰长出生于1949年，先后在海军军官学校和海军航空飞行员学校学习，他是舰载机飞行员，有2150小时的飞行记录，曾在航母上起降441次，其中98次为夜间起降，具有丰富的飞行经验。他从1997年2月开始上舰，代表海军部队和布勒斯特造船技术局的总工程师共同对“戴高乐”号航母的全部试验项目负责，并在试验中结合组织开展训练。除首批接舰部队人员650名外，其他的军官、士官、水兵将分批由院校或在现役航母上培训后，再上该舰调配。

综合“戴高乐”号航母各方面的情况有以下特点：一是用法国自制成熟的核动力装置，其K-15反应堆与核潜艇通用，可连续5年不更换核燃料，对海外基地的依赖少，能获得几乎无限的续航力，舰和动力装置的总寿命可达约 50 年，全寿命维护使用费用比常规动力舰更经济；二是主战飞机是自行研制的全天候多功能“阵风 M”战斗攻击机，可携载对海、对地、对空的各种武器，包括核武器，具有强大的夺取制空、制海权的作战能力，而基本型适用于空军；三是控制排水量在 40 000 吨左右，保证载机 40 架左右，采用独特的自稳技术，加大弹射功率，增强助降能力，提高昼夜海上能战率争取在大西洋达到 75%以上、地中海达到 95%；四是在高度电磁兼容基础上，强化作战指挥综合管理的多层次、大范围的可处理 2000 个目标的信息处理系统；五是严密配置多屏障从空中到水下的硬、软武器自卫系统，优化全舰生存能力设计，确保航母安全；六是总体布局科学合理、精心设计、突出特色，既是作战阵地，又是舰员之家，还是显示国力的活动平台。这些特点不仅使“戴高乐”号在外形与尺度上独树一帜，还使其拥有卓越的性能，综合作战效能高，甚至从效费比上向美国超大型航母提出了挑战，是当之无愧的法兰西“中而不庸”的“戴高乐”。

“戴高乐”号航母服役以来，参加了科索沃战争和阿富汗战争。在 2007 年第一次大修前，该舰共部署、演习、巡航 12 次，共计出海 900 天，舰载机执行弹射起飞 19 000 次，平均每天 21 次，每次执行任务最长达 4 个月。这个出勤率比早它服役的美国海军“斯坦尼斯”号航母还高。2007 年 9 月，“戴高乐”号航母第一次进行了为期 15 个月的大修和改装，更换了新的螺旋桨，航速恢复到设计速度 27 节。2010 年，“戴高乐”号航母在红海、波斯湾、印度洋部署 4 个月，执行“百子莲”行动以打击索马里海盗，搭载 10 架“阵风 M”、12 架“超军旗”、2 架 E-2C 舰载机，与印度、沙特阿拉伯、阿拉伯联合酋长国等国进行了多轮双边演习。其舰载机飞行 1000 架次。2011 年 3 月，“戴高乐”号执行了旨在利比亚建立禁飞区的“热风”行动和“奥德赛黎明”行动，其舰载机出动 1350 架次。2015 年 11 月 5 日，“戴高乐”号搭载 18 架“阵风 M”和 8 架“超军旗”舰载机打击叙利亚境内的 ISIL（伊拉克和大叙利亚伊斯兰国，即伊斯兰国）。2016 年 3 月，改进版“超军旗”舰载机退役后，“戴高乐”号舰载机联队转入“全阵风”时代。同年 9 月，“戴高乐”号搭载 24 架“阵风”舰载机，再次打击了叙利亚境内的 ISIL。2017 年 2 月 8 日，“戴高乐”号航母进入土伦海军基地 1 号船坞，进行中期换料大修与升级改造，包括重装 K-15 核反应堆堆芯，泰利斯 SMART-S 雷达替代原有 DRBV-15 通用探测雷达；新的敌我识别系统，光电系统等。2018 年 7 月，完成了维修工作的“戴高乐”号航母在出坞后，停

航行中的“戴高乐”号核动力航母。

法国海军“戴高乐”号航母与两艘美国海军尼米兹级核动力航母组成“三航母”编队。

Tips	挂弹车	海军常识小贴士

航母舰载机的武器和外挂物的装卸作业主要在飞行甲板上进行，重力投放的炸弹和不投放的任务吊舱必要时也可在机库内挂装。前射型弹药则必须在飞行甲板上射界内没有障碍的地方装填和挂接，外挂武器弹药和各种吊舱的单件质量一般在 80 ~ 2000 千克，更重的武器弹药和外挂物则需要配备机械助力的举升设备。挂弹车可不依赖舰载机上的构件或其他支架独立完成外挂物的装卸作业，并可作为起重机使用。除了在一些人力牵引的挂弹车上安装电动液压升降装置外，美国航母上也配备了带动力的自行式挂弹车，并根据弹药的不同，配备了多种连接附件和属具。用以提升或举升飞机外挂物的设备有两类：第一类是用钢丝绳之类的软索吊装，在悬吊状态下手工对位；另一类是用刚性的臂架系统通过一套载物台（托弹盘）托举外挂物，借助托弹头上的转台和滑轨等机构调整外挂物的位置和姿态进行对位，它们的全部动作均可由动力装置驱动，部分动作也可以手动实现。

驻在码头等待港口验收测试，并进行海军作战环境下的海试，以确保其寿命延长 25 年并且技术不会落后。直到 11 月，它才重返海军。此次维修共耗资 13 亿欧元。2019 年 7 月 7 日，执行“克莱蒙梭”号远航部署 4 个月的“戴高乐”号航母，累计航行了 36 000 海里（可绕地球 1.5 圈），经地中海达印度洋又原路返回土伦母港，向全世界展示了航母在法国仍然占有不可低估的地位。

NO.28

印度航母战略为“海权”

印度海军要控制印度洋成为“蓝水海军”，自然离不开航母，这也是印度几十年来矢志不移地发展航母的重要原因。

关键词：

“舶来品”

自研航母计划

小川说：XIAOCHUAN SHUO

2018年2月13日，据印度媒体报道，科钦造船厂发生爆炸，原因是在“维克兰特”号航母的建造厂厕所里堆积的200多吨排泄物没有及时清理，导致沼气泄漏，突发燃爆事故。

印度外交元老潘尼迦曾指出：“印度的安危系于印度洋，未来的伟大也系于印度洋。”这句话一直影响着印度海军装备的发展。为此，印度把印度半岛以外700海里的印度洋海域划为“软控制区”，其战略目标是将本土两侧的广阔海域变成印度的“内湖”，实现从“沿海防御”向“远洋进攻”的过渡，有效地“慑止任何其他大国海军进入印度洋”，期望达到“印度海军将来要扮演世界性角色”的目标，使印度洋成为“印度之洋”。印度前海军参谋长恰特吉在位时曾强调：“印度要成为海权国家，控制海洋，必须拥有有效的空中掩护。因此，印度需要发展能搭载反潜直升机和短距/垂直起降飞机的大型水面舰只——航母。”他认为，要控制印度东面的孟加拉湾和西面的阿拉伯海，印度至少要拥有2艘航母，同时还要有第3艘航母能够随时到达其他与印度“利益攸关”的海域。多年来，印度一直坚持“沿海防御→区域控制→远洋进攻”的战略原则。印度海军要控制印度洋成为“蓝水海军”，自然离不开航母，这也是印度几十年来矢志不移地发展航母的重要原因。

著名的美国海军战略家马汉有一句名言："谁控制了印度洋，谁就控制了亚洲。印度洋是通向 7 个海的要冲，21 世纪世界的命运将在印度洋上见分晓。"

早在印度海军初创时期（20 世纪 40 年代末至 70 年代初），尽管综合国力相当贫弱，印度仍然大胆地做着"航母梦"。1957 年，勒紧裤腰带的印度毅然决然地从英国购买了尊严级"赫克利斯"号（Hercules，又译为"大力士"号）轻型航母。这艘航母始建于 1943 年 10 月，于 1945 年 9 月下水，1946 年中止建造，当时的完工量达 75%。该舰被印度低价购进后，于 1957 年在英国开工续建，并于 1961 年 3 月正式加入印度海军服役。这算是第二次世界大战后一次双赢的合作：一方面为英国的"烂尾"工程找到了出路，另一方面为殖民的印度早日圆了"航母梦"。从此，印度成为战后亚洲第一个拥有航母的国家，并将该舰改名为"维克兰特"号，为印度海军航母编队的建设与发展奠定了良好的基础。

"维克兰特"号航母加入印度海军序列后，作为编队旗舰参加了第三次印巴战争，舰上 30 多架飞机出动 4000 多架次，控制了战区制空、制海权，共击沉、击伤数艘巴方舰艇，还成功地执行了海上封锁任务，共炸沉、俘获巴方商船 43 艘。此后，随着印度海军进入初步发展期，特别是 20 世纪 80 年代中期，尝到航母甜头的印度海军认为，1 支航母编队已难以满足需求，因此于 1986 年以 5000 万英镑又购买了一艘在英国海军服役 25 年后退役的"竞技神"号航母，它是英国于 1944 年开工建造的，历时 15 年，1959 年 11 月建成入役的最后 1 艘攻击型航母，服役期间英国曾进行过多次改装。1982 年 5 月，英阿马岛战争期间，"竞技神"号航母作为英国南大西洋特遣舰队的旗舰参战。印度购买后将其改名为"维拉特"号，

从英国购买的退役航母"竞技神"号成为印度海军"维拉特"号航母。

印度海军凭借这 2 艘“舶来品”航母起步，曾一度称雄印度洋。

随着时间的推移，“维克兰特”号航母作战性能减弱，再也无法有效地执行作战任务，于 1997 年退役；仅剩 1 艘“维拉特”号航母无法支撑印度海军的需求，印度只能再次求购其他国家的“二手舰”。他们首先瞄准的是英国的无敌级航母，但因该舰当时尚未退役，只好作罢。苏联解体后，“甩卖”了原海军基辅级航母“明斯克”号和“基辅”号（在苏联海军中，此类舰被称为重型载机巡洋舰）及“戈尔什科夫”号。“戈尔什科夫”号被印度购买前，于 1994 年发生了爆炸，之后一直在船厂修理。1996 年，终因无力负担每年沉重的维修保养费，俄罗斯决意让这艘勉强成为俄罗斯北方舰队旗舰的航母提前退役。印度不失时机地向俄罗斯提出了购买意向，而俄总统普京在访问印度时提出要把该舰“赠送”给印度。2004 年 1 月，印度终于捡到这个“馅饼”，并与俄方签订了总价为 15 亿美元（包括改装费用）的购买合同。印度海军引进该舰后，用古印度超日王的名字为其改名为“维克拉玛蒂亚”号。

改装后的苏联重型反潜巡洋舰“戈尔什科夫”号成为印度海军现役“维克拉玛蒂亚”号航母。

从 1994 年俄罗斯提出将该舰卖给印度的意向起，到 2004 年双方签订购买合同止，历经 10 多年的时间，“戈尔什科夫”号舰易主终于尘埃落定。在这 10 多年中，其舰体的状态不断恶化，需要进行全面的大修。摆在印度海军面前的问题是：复建，还是现代化改造？经过印度海军专家和俄罗斯专家共同研判，最终决定采用对俄罗斯和印度双方都有利的现代化改装方案：即“维克拉玛蒂亚”号仍然采用“戈尔什科夫”号的动力装置，增加 400 吨满载排水量，最高航速下降至 28 节，航速 18 节时续航力为 7000 海里。在改造方案中，全舰 9 层甲板都将发生变化。在航母的 2500 个舱室中，有 950 个要重新划分，850 个需改修，着重关注在热带地区的适居性和工作环境。从这个意义来说，改装方案是一条俄罗斯和印度的双赢路线：一方面，俄罗斯不是简单地修理，而是结合俄罗斯未来发展航母的需要，从“戈尔什科夫”号现代化改装的过程中发展新的科学技术，培养和重组航母的研发队伍，吸取印度海军运用航母的丰富经验和教训，以及建立新的航母建造基地（苏联的航母建造基地在乌克兰）；另一方面，印度海军将获得一艘符合印度海军需求的现代化航母，在跨越式迈向自主研制国产航母的道路上吸收了丰富的建造与设计经验。改装后的“维克拉玛蒂亚”号满载排水量 45 400 吨，舰长 280 米；起飞甲板长 195 米，舰艏设滑跃甲板，2 条跑道，着舰甲板 198 米，宽 22 米，舰艉设 3 道阻拦索；机库长 130 米，宽 23 米，高 5.7 米；搭载舰载机 34 架，其中米格 -29K 战斗机 21 架，卡 -28 反潜直升机和卡 -31 警戒直升机 13 架，或者战斗机 25 ~ 28 架，直升机 5 架。舰岛左侧的 18.9 米 ×10 米升降机和后部的 18.9 米 ×4.8 米升降机将被保留，分别具有 30 吨和 20 吨的升降能力。由于原动力系统基本瘫痪，必须进行较大的改进，预计原有的 8 台老锅炉将被全部更换。印度向俄罗斯的波罗的海造船厂购买了 9 台改进型锅炉。

1989 年，印度对外公布了要在国内建造 2 艘航母的计划，并与法国 DCN 公司签订了设计合同。法国 DCN 公司提出了一个满载排水量 25 000 吨、航速 30 节的基本设计方案，印度海军设计部门在此基础上制订了技术方案，确定由国有科钦造船厂负责建造。按照当时的计划，首舰 1993 年开工，1997 年接替“维克兰特”号航母。但是，1991 年印度的政府军事支出委员会以军费预算不足为由，中止了该项计划，并强烈要求建造类似意大利海军“加里波第”号的小型航母。

1997 年“维克兰特”号航母如期退役，只剩1艘“维拉特”号航母无疑对海军整体作战能力产生了巨大的影响。万般无奈之下，印度海军只得重新研究建造计划，提出了被称为“防空舰”（ADS）的轻型航母（满载排水量 17 000 吨）建造方案，但仍未获得批准。

随着经济状况好转，印度政府终于在 1999 年 5 月正式决定建造自研航母，同年 6 月 14 日内阁安全委员会致函海军总司令部：“政府认可建造标准排水量32 000吨航母的计划。”2001年4月11日，印度内阁安全委员会与科钦船厂签订了3艘自研航母的建造合同。它们将在法国设计的基础上进行，每艘舰的满载排水量超过 30 000 吨。2002 年3 月21 日，在重新评估需求后，印度时任国防部部长乔治·费尔南德斯宣称：自主建造航母，排水量约为 37 500 吨，252 米长，57 米宽，航速 28 节；采用 4 台通用电气公司生产的 LM-2500 燃气轮机作主动力，带动双轴；有 12~14 度的滑跃起飞甲板，采用短距起飞阻拦着舰（STOBAR），有一个斜角甲板作为回收飞机的降落跑道；有 2 部飞机升降机，一部在舰“岛”前，一部在舰“岛”后。可以搭载 24 架作战飞机，如米格 -29K，10 架以上“海王”MK43 型直升机，2 架 KA-31 型直升机用于空中早期预警。2003 年，印度政府正式批准该项目，计划投资 320 亿卢比（按当时汇率，约折合 7 亿美元）用于首舰航母的建造。2004 年，印度首舰自研航母被正式命名为“维克兰特”号，沿用已退役的“维克兰特”号航母的名字。同年 8 月，印度国防部与意大利芬坎蒂尼公司签订了价值 3000 万美元的合同，帮助印度完成航母的概念和方案设计。2005 年 4 月 11 日，印度海军在科钦造船厂举行了“维克兰特”号航母第一块钢板的切割仪式。2006 年，印度海军总司令宣布将新型航母计划命名为“自研航母”（IAC）“维克兰特”号。

2009 年 2 月 28 日，“维克兰特”号在科钦造船厂铺设龙骨，标志着印度自研航母计划正式进入施工建造阶段。然而，这艘航母在建造过程中遇到了技术、管理以及费用不足等诸多问题，服役期一拖再拖。不得不说的是，“维克兰特”号有过 3 次下水经历，被称为“世界之最”。第一次是被迫下水。开工时，没有造航母的特殊钢材，船厂不得不将“维克兰特”号长期停放在船台，但由于船厂无法承受其滞留成本，需给其他船腾坞，便于 2011 年 12 月将“维克兰特”号“赶”下水。第二次下水，是在 2013

Tips	机库	海军常识小贴士

机库位于飞行甲板的下面，是停放和检修舰载机的场所。机库有开放式和闭式两种构造方式。开放式机库以机库甲板为强力甲板，而闭式机库是把飞行甲板作为强力甲板，承受波浪作用于舰体的弯矩，飞行甲板与强力纵梁牢固连接，纵隔壁从飞行甲板一直延伸到舰体下部，形成一个整体结构，把机库包在里面。开放式甲板为航母开创期到第二次世界大战中期的主要构造方式。第二次世界大战时的美、日航母大多数是这种形式，而英国从1938 年完工的“皇家方舟”号起采用的均为闭式机库。后来，英国海军又在“光辉”级的飞行甲板上加铺 76 毫米装甲。机库的大小根据机库内停机架数和实际所搭载的飞机类型和尺寸的要求而定。通常，轻型航母由于干舷较低，抵御恶劣气象条件的能力也相对较弱，因而要求机库能容纳航母搭载的所有舰载机。而大中型航母则要求能停放半数以上的舰载机，其中包括所有直升机。从美国航母来看，根据设计经验，机库长度取设计水线长的 67% 为最佳，通常大型航母机库宽度都不延伸到两舷，一般取设计水线宽的 72%~80%。机库的高度根据舰载机的高度及机库应具备的维修能力的要求而定，机库的净高取决于舰上最高飞机的最大高度，并要考虑 0.25~0.3 米的安全间隙。

年 8 月，当时“维克兰特”号只完工了约 30%，其上层建筑（岛）尚未建成，直到 2015 年 5 月第三次下水时，“维克兰特”号才具有别国航母下水时的基本特征和性能。

2018 年 2 月 13 日，建造“维克兰特”号航母的科钦造船厂因一座重 11 000 万吨的钻井平台发生沼气泄漏而导致燃爆事故，造成多人伤亡。媒体未过多报道这艘 2017 年底来厂维修的钻井平台，而是将目光再次聚焦在“维克兰特”号航母上。从各种事故上看，印度自研航母计划的进展并不顺利，遇到了诸多复杂、困难的挑战，这也从侧面反映出作为国之重器的航母所体现的国家综合实力。

NO.29

西班牙“国王”与泰国“公主”

同时，英年早退的“国王”与生不逢时的“公主”还反映了一个航母建造的普适现象：经济是一切的基础。

关键词：

顺应潮流

经济是基础

小川说： XIAOCHUAN SHUO

2013 年 2 月 6 日，西班牙海军的第三艘航母“阿斯图里亚斯亲王”号（舷号 R11）在盛大的皇家典礼中退役，“年仅”25 岁。西班牙位于伊比利亚半岛，濒临地中海与北大西洋，具有北约侧翼以及把守直布罗陀海峡的重要地位。20 世纪 60 年代，西班牙海军曾向美国租借参加过第二次世界大战的独立级航母“卡伯特”号作为反潜直升机航母。该舰于 1967 年服役，并更名为“迷宫”号。1972 年，西班牙从美国购买 AV-8B 战斗机来装备“迷宫”号。至此，西班牙海军决定买下“迷宫”号。该舰于 1989 年 8 月“功成身退”。与此同时，为替代老旧的“迷宫”号航母做准备，西班牙海军在 1970 年开始自行设计以反潜为主要任务的轻型短距起降航母。该舰可搭载 AV-8B 战斗机和直升机，最初参照美国海军的制海舰设计，后又参考了英国皇家海军的无敌级轻型航母。最初，西班牙海军打算以“卡瑞欧·布兰卡提督”号为其命名，后改用储君的封号将其命名为“阿斯图里亚斯亲王”号。

20 世纪 90 年代，正当发展中国家如火如荼地建造自己的航母时，泰国皇家海军将“阿斯图里亚斯亲王”号选定为建造皇家公主“差克里·纳吕贝特”号航母的母型。有人质疑道：“‘阿斯图里亚斯亲王’号有什么出众之处，竟从众多的现代化超级航母中脱颖而出，受到泰国皇家海军的青睐呢？”作为“阿斯图里亚斯亲王”号航母的总承包商，西班牙巴赞造船公司这样评价它：“作为第二次世界大战后第一艘专为出口建造的航母，它可能不是最强的，但肯定是最现实的。”

军舰是为了用于作战，任何设计师都希望自己设计的军舰具有最强大的战斗力。然而，到了 20 世纪 70 年代，这一观点在美国却受到了强有力的挑战。

在美国和苏联冷战的高峰时期，为了维护传统的海上霸权，美国将大量的资金投入到激烈的海上军备竞赛中。为了更新旧的航母，美国设计了有史以来最强大的尼米兹级核动力航母。然而，大型核动力航母高昂的造价却在美国海军中引起了激烈的争论。一些军事评论家认为："清一色的大型航母编队，并非美国的最佳选择。"在这场争论中，美国的吉布斯·考布斯公司推出了名为"海上控制舰"的设计方案。这是一种排水量为 14 000 吨的小型母舰，可搭载 17 架"海鹞"飞机。据吉布斯·考布斯公司宣称，"海上控制舰"的造价仅为大型航母的 1/8，即一艘尼米兹级的造价可以建造 8 艘"海上控制舰"。吉布斯·考布斯公司的方案对于耗资庞大的美国海军来说，无疑具有很强的吸引力。但是，由于美国历来以"联盟战争"为其军事战略的基石，在当时设想的"联盟战争"中，美国海军所担负的主要任务是在大洋上夺取和保持制海权，而反潜、护航等任务主要由欧洲盟国海军负责。因此，"海上控制舰"的设计最终胎死腹中。当然，这一场关于"最强的"和"最现实可行的"争论并非毫无结果，它使美国海军产生了"按造价设计"舰艇的设计思想，后来这个思想被广泛接受，风靡一时。

就在吉布斯·考布斯公司为"海上控制舰"方案被否定而烦恼时，在大洋彼岸的西班牙却有了一个机会：西班牙海军唯一的一艘航母"迷宫"号服役已达 30 多年，这艘曾在第二次世界大战中为美国海军效力的老舰，此时已破旧不堪，西班牙决定建造一艘新型航母代替"迷宫"号服役。尽管 400 年前，西班牙海军也曾雄霸海洋，但如今就连它最大的船厂国有巴赞造船公司也从没有设计建造过航母这样的庞然大物。为此，西班牙决定向国外招标，寻找合作者，为巴赞造船公司提供航母设计和建造的技术指导。在美国政府的积极支持下，吉布斯·考布斯公司一举中标，成为西班牙新航母工程的合作者。

1979 年，被命名为“阿斯图里亚斯亲王”号的西班牙新航母正式开工建造，10 年后，这艘以美国“海上控制舰”为蓝本的轻型航母加入西班牙海军服役，这不论对西班牙还是对美国来说都算是成功。就西班牙海军而论，以反潜护航为主要作战任务的“海上控制舰”方案，较好地符合了西班牙海军的作战需求，使西班牙海军的作战能力有了大幅度的提高；同时，通过双方的合作，西班牙掌握了现代航母的设计建造技术，成为当今世界具有这一技术的为数不多的几个国家之一。对美国来说，“阿斯图里亚斯亲王”号的服役，成为美国与其盟友在海军技术上合作成功的典型范例。尽管“海上控制舰”方案遭到了美国海军的否决，但是作为在未来战争中具有重要意义的设计方案，美国海军有关人士一直对此念念不忘。西班牙新航母的建造是对“海上控制舰”最好的实践检验，为此，美国在西班牙航母工程中提供了全面的合作，并不惜提供了高达 1.5 亿美元的低息贷款作为财政支持。

作为一艘典型的轻型航母，“阿斯图里亚斯亲王”号与英国的无敌级、意大利的加里波第级，无论是在排水量、主尺度，还是在其他性能上都大同小异，难免给人以雷同的感觉。该舰长195.9 米，宽24.3 米，型深20.6 米，吃水9.4 米；飞行甲板长175.3 米，宽 29 米；满载排水量为 17 188 吨；最大航速为 26 节，续航力在 20 节时为 6500 海里；人员编制 555 人。但仔细对比分析后，则会发现其确有过人之处，即大胆取舍，突出重点。

作为航母，该舰的战斗力突出体现在它的舰载机上。为了提高载机数量，该舰设计有同型舰中首屈一指的大型机库，其机库面积达 2300 平方米，超过了无敌级和加里波第级航母的机库面积约 70%，接近法国 32 000 吨级的“克莱蒙梭”号。舰上载机总数达 20 架，常用装载方案为：8 架 AV-8B 垂直短距起降飞机、8 架“海王”反潜直升机和 4 架 AB-212 通用直升机。紧急情况下，部分飞行甲板可搭载飞机，载机总数可达 37 架。相比之下，排水量高于“阿斯图里亚斯亲王”号 3000 吨的“无敌”号，载机能力也仅为 21 架（9 架“海鹞”和 12 架“海王”）。在马岛战争中，“无敌”号超载作战载机仅为 10 架“海鹞”和 9 架“海王”。而排水量较小的“加里波第”号载机能力为 16 架 AV-8B 飞机或 18 架“海王”直升机。为了保证舰载垂直短距起降飞机能重载起飞作战，现代轻型航母均设有滑跃跑道，“阿斯图里亚斯亲王”号的滑跃跑道跃升角为 12°；相比之下，“无敌”号的滑跃跑道跃升角原为 7°，“加里波第”号为 6.5°。据英国海军研究表明，当滑跃跑道跃升角由 7° 增至 12° 后，飞机的作战载荷可增加 1130 千克，或者在同样起飞重量下起飞滑跑距离缩短 50%~60%。为此，英国海军在建造无敌级的第 3 艘舰“皇家方舟”号时，将滑跃跑道跃升角改为 12°。之后又花费巨资，将该级舰均改为 12°。和同类的轻型航母一样，“阿斯图里亚斯亲王”号设有 2 部舷内升降机，用于将飞机从机库提升至甲板。“阿斯图里亚斯亲王”号的升降机提升能力为 20 吨，属于轻型航母中最大的升降机之一。较强的提升能力，为将来改装重量较大的新型飞机提供了可能性。在提高航空作战能力上，“阿斯图里亚斯亲王”号的设计无疑是成功的。当然，这种作战能力的提高必须在体积、重量和费用上付出代价。这一代价在设计上的体现，是为了保证突出重点，大胆地舍弃了一些相对次要的性能。这一点同样形成了“阿斯图里亚斯亲王”号的突出特点。在总体设计的平衡之中，做出牺牲的主要是动力系统、舰载武器和部分电子设备。当然，作为编队的指挥舰，“阿斯图里亚斯亲王”号的通信指挥系统还是比较先进和齐全的。

20 世纪 80 年代末，泰国经济发展较为顺利，但与缅甸、印度的海上争议迟迟无法解决。被西方“捧”为“东南亚经济小虎”的泰国，欲谋求建造航母以面对海上压力，同时，试图在受台风灾害时能用直升机航母来开展救援活动。在西班牙巴赞造船公司的说服下，泰国终于于 1992 年 3 月与之签订了金额为 3.6 亿美元的合同，购买一艘能载直升机和英国皇家海军“鹞”式战斗机的轻型航母。合同中虽未含武器系统，但计入航母本身的备件和供应品等后勤保障费用中。围绕着泰国新航母建造工程的争夺告一段落后，一个值得反思的问题是：“阿斯图里亚斯亲王”号成功的关键在哪里？是什么因素促使这个被海军强国认为是二流的轻型航母却胜了“最优选的”军舰？答案只有一个：就是顺应潮流，使需求与可能达到最佳结合。

1996 年 1 月 20 日，以泰国曼谷王朝开国君主差克里・纳吕贝特命名的航母下水海试。泰国王后诗丽吉前往西班牙，在索菲娅王后的陪同下为世界上吨位最小的航母主持了隆重的典礼。两国海军司令也参加了该仪式。1997 年 3 月 20 日，新航母被交付给泰国海军。在经历 4 个月的舰员培训后，该舰进驻了泰国最大的海军基地梭桃邑；1998 年，正式服役，舷号定为“911”。据说，“9”在佛教当中为最大吉数，“11”表示“上上”。然而，这艘被泰国海军寄予厚望的航母在服役时正赶上金融危机，由于军费紧张而被迫停止使用，舰载机被封存，停泊在港口供市民参观。

2005 年 12 月 11 日，中国海军编队出访巴基斯坦、印度、泰国。到达泰国访问时，泰国海军“差克里・纳吕贝特”号航母

泰国海军“差克里・纳吕贝特”号航母在世界现役航母中排水量最小。

开放了驾驶室、飞行控制室、作战指挥室、机电控制室以及航母编队指挥员和舰长工作住舱等平时看不到的地方。时任航母舰长的帕拉东上校告诉随访记者：1997 年东南亚金融危机后，泰国经济不景气，军费开支拮据，航母战斗群的维护保养经费更显紧张，出海训练、执勤也相对减少，平时主要执行一些抢险救灾任务，大多数时间停靠在梭桃邑港，供泰国民众免费登舰参观。该舰搭载的固定翼飞机的起降训练也主要在陆地上进行。作为航母战斗群的组成部分，泰海军购买了 2 艘中国沪东造船厂建造的纳莱颂恩级护卫舰（F-25T 型）和 1 艘中华造船厂建造的锡米兰级快速战斗支援舰。

2005 年 12 月，时任“差克里·纳吕贝特”号航母舰长帕拉东上校（左）与随编队出访的海军记者钟魁润（右）合影。

从“阿斯图里亚斯亲王”号成功“催生”“差克里·纳吕贝特”号来看，其重要启示是，各国航母的发展，不仅要熟练地掌握和运用造船技术与设计手段，还必须全面地把握每一型舰艇设计的大背景和大环境；同时，各国海军的作战需求千差万别，不可能设计出一艘适合所有需求的“万能”军舰。现代舰船的设计是一项复杂的系统工程，只有在全面分析和准确掌握用户需求的基础上，大胆取舍，做出最实用、最灵活的方案，才能真正设计出“最现实”的军舰。

同时，英年早退的“国王”与生不逢时的“公主”还反映了一个航母建造的普适现象：经济是基础。

NO.30

漫谈“五花八门”的航母

如今，随着大数据时代云计算与智能制造的到来，曾经五花八门的航母设计概念或试验已经成为历史或已实现，还有哪些新概念或将出现在航母发展中？未来会给我们一个满意的答案。

关键词：

新技术、新装备
新的内涵与“泛”化外延

小川说：XIAOCHUAN SHUO

华夏文明辞典中不乏“海国”一词。早在600多年前参与郑和下西洋的马欢在《瀛涯胜览》中记载：“宝船六十三只，大者长四十四丈四尺，阔一十八丈。中者长三十七丈，阔一十五丈。”按明代一丈相当于如今的3.2米计算，当年郑和宝船“大者”约140米，“中者”约118米，堪称“海上巨无霸”。然而，伴随着“闭关锁国”的不断强化，近代中国造船业发展一度停滞，伴随世界百年航母发展，中国航母只是一个梦。

2019年6月23日，我在上海专程拜访了中国船舶计算机辅助设计的创始人、船舶技术经济论证的开拓者、中国船史研究的奠基人、被称为“中国船界活化石”的杨槱院士，说起1944年11月，他作为中国海军代表团成员应邀赴美国考察，到费城美国海军造船厂担任协助监造官，负责监造满载排水量达33 000吨、被称为“第二次世界大战中日本战列舰的头号杀手”的埃塞克斯级航母，在长达1年多的工作中，积累了丰富的舰船设计与建造、生产计划管理、轮机修理等方面的经验。回忆起那段往事，102岁的杨院士自豪中国终于有了自主研制的航母，并自信地说：“辽宁舰的总设计师朱英富是我的学生，我们有能力发展想要的航母。”

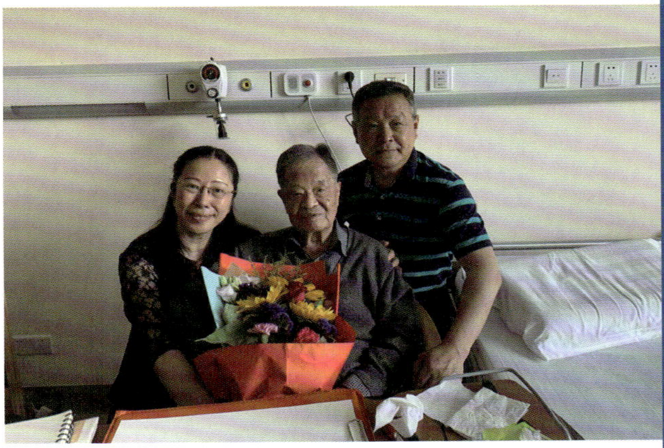

2019年6月23日

在上海船舶与海洋工程学会冯学宝秘书长陪同下，专程到上海拜访杨槱院士，谈及中国航母发展时，102岁的前辈自信地说："我们有能力发展想要的航母。"

摄影 吴纯清

自从珍珠港事件以后，航母的"海上霸主"地位得到了确立，但这并不意味着这个"海上巨人"所向披靡。回想第二次世界大战初期，在爱尔兰以西200海里处，一艘德国U-29型潜艇隐蔽地溜过反潜搜索区，用3枚鱼雷连射，击沉了英国的"勇敢"号航母，在以后的战势中又不断地重复这种潜艇袭击航母的战例。军事家与航母设计师从中得到启发，认为现代航母本身容易遭受导弹攻击的重要原因之一是它浮在水面，如果它可以像潜艇那样潜入水下，那么来自水上的攻击就会大大减小。于是，建造一种集航母与潜艇优势为一体的新式战舰成为有关专家的追求目标。经过认真而仔细的研究，一种被认为是珠联璧合的潜水航母的设想出现了。

与此同时，百年航母伴随新战略、新战法、新技术、新材料、新工艺等的发展，结合武器装备"矛"与"盾"在战场的较量所促生出的设计师的大胆创新，还出现了诸如海上"变形金刚"、超级"民兵杀手"、高速高性能航母、多体船型航母等"五花八门"的设计和设想。

早在第二次世界大战期间，日本人就开始了集航母与潜艇为一体的潜式"海上巨人"尝试，以至今日在美国的夏威夷海底仍沉睡着潜水航母的雏形"伊-400"。该航母全长122米，宽12米，吃水7米，采用双耐压艇体以利燃料箱储备；设计速度14节，可航行42 000万海里，比当时德国人设计的U型潜艇还大1.4倍。伊-400之所以被称为潜水航母，是因为它可搭载3架"晴岚"号水上攻击机，每架可挂1枚800千克的大型炸弹，或携带2枚250千克的普通炸弹；当鱼雷机使用时，可携带1枚重750千克、直径为450毫米的91式航空鱼雷。为此，潜水航母在甲板右舷设置了3个水上攻击机的机库。由于当时的潜艇通常进行半潜式航行，艇上甲板左舷的一部35 000吨重的电动起重机可将执行完任务、停留在水面的“晴岚”号尽快收回艇上。当飞机停放在艇上时，可把浮筒和主翼卸掉，一旦需要，仅在20分钟内即可完成组装。为保证飞机顺利起飞，在艇的首部装备了26米长的弹射器。然而，这艘潜水航母并没有好运气，1945年7月，它攻击南美的巴拿马运河计划未遂。同年8月，攻击驻扎在乌尔希环礁附近美军舰队的计划因日本宣布无条件投降而宣告结束。第二次世界大战结束时，伊-400和其姊妹舰被美军接收，经过技术研究后，美军于1946年将其沉于夏威夷近海海底。

2010年3月24日

航母专家于瀛先生、李杰先生、侯建军先生第一次相聚，成为我生命中的“航母恩师”。

摄影 张新龙

随着科学技术的飞速发展，潜艇与航母的设计建造都在不同程度上取得了新的进步，特别是核动力的使用更是解除了潜水航母在发展上燃料不足的后顾之忧。而巨型潜艇的出现，如俄罗斯的台风级、美国的俄亥俄级、英国的前卫级等都在排水量上接近现役的轻型或中型航母。按照航母每1000吨载有1架舰载机的标准来计算，排水量为30 000吨的俄罗斯台风级潜艇可载机30架左右。20世纪80年代以后，美国和苏联开始重视巨型潜艇的应用，特别是美国海军提出潜水航母概念性设计后，使其具有了多种作战性能，如作战时像航母一样可迅速起降飞机进行攻击，巡逻时潜入水下，避人耳目，完成弹道导弹核潜艇的使命。巨型潜艇的排水量不宜过大，为1 2000~1 5000吨，长150米，飞行甲板能够满足飞机垂直起降即可；由于采用核动力推进，水面航速为30节，水下航速可达35节；舰体内可载20余架垂直短距起降战斗机；前甲板上设有2条跑道，跑道后设2个起吊飞机的升降台，跑道之间有一座指挥塔。平常潜水时，舰载机与指挥塔则被收藏在潜水航母腹内；当要启用战斗机时，潜水航母浮出水面，并可在升降台上用2个吊车同时从舱内将舰载机吊出放到2个跑道上，同时起飞。每架飞机的起飞时间约为5分钟，舰艉的阻拦索能使飞机在短距离之内停下来。当然，虽然该设计方案计划周密，但要实现它还要相当长一段时间，其最主要的技术问题是：潜水航母的舰体密封要求很高，要做到这一点又相当困难；

舰体在下潜前和上浮后各部位启动操作复杂，应急时间过长，不利于战斗机动；水上、水下的结合，使防水、防漏工作及舰体的维修和保养成为更大的问题；更不用说对于水下起飞或着舰技术等航母舰载机的适配等重大问题。然而，随着智能技术、无人机等前沿与颠覆技术的研制使用，人们对追求潜水航母这一海中“优生儿”的信心也随之增加。也许在不久的将来，潜水航母不再是“天方夜谭”，而将创造新的故事。

人类进化史始终伴随着战争与和平，战争从未让百姓走开，装备从未分军民。在海战中，商船一直与军舰携手并进，完成海上交通战、登陆战、反潜战和空战任务。自从英国将一艘意大利客轮改建成航母后，商船与航母就结下了不解之缘。1982 年，在英阿马岛海战中，英国临时改装了“大西洋运送者”号和“大西洋堤道”号。这两艘船是原为商业用途的集装箱船，全长 212 米，载重量达 18 500 吨，航速 24 节，能装载 854 个 6.1 米标准集装箱。战争爆发之后，它们立即被英国皇家海军征用，并在 10 天内完成了改装，可以起降“鹞”式飞机。改装工作的重点是，在首部铺设一个长 15 米、宽 24 米、涂有耐热防滑涂料的飞机起降平台；从桥楼到起降平台，沿主甲板两侧用集装箱排成纵行，每行向上叠放 3 层，构成一个简易的露天机库；装上了 8 架“鹞”式飞机和 6 架“海鹞”式飞机。

相比之下，20 世纪 70 年代末，美国曾开始着手进行一项“阿拉帕霍”研制工程，至 1983 年结束时，成功地建造了一个为集装箱船提供飞行甲板、机库、燃料舱和新增人员居住舱的系统，并且完成了海上安全飞行作业的可行性研究。在这个过程中，经过马岛海战的英国人接手了，并加大“演绎”，建造出以竞争者“贝赞特”号滚装集装箱船为舰体的“百眼巨人”号航空训练舰。此次改装对上层建筑做了较大的改动，建造了一个重达 800 吨的新的上层建筑，总共 7 层。其内部设置了计算机舱、飞行员指令舱等；拆除了门式起重机和烟囱，使甲板更为宽敞，在甲板的下面设有机库，上甲板与机库之间加装了 2 部用于运送直升机的升降机；舰体增加了3道横向水密舱壁，并开有自动移动式水密门，允许机库甲板上的飞机移动，在机库甲板下设有槽型减摇水舱，并在飞行甲板下面铺设了1800吨混凝土，使其厚度增至1.9米，以克服由于上层建筑重量的增加，重心上升引起的稳性和横摇周期的变化问题；同时，对电子设备、武器装置、动力设施和生活条件进行了调整和改造，加装了包括惯性导航系统、778A回声探测仪等在内的军事设备，可具体实施武器指控、空中监视、飞机控制、对海和对空战术图像显示等工作。整个改装费用为6300万英镑，是无敌级航母改装费用的1/4。改装后的"百眼巨人"号可携载6架"海王"反潜直升机，执行任务的同时可另在机库中放置12架"海鹞"式飞机。但由于舰上没有滑跃甲板，"海鹞"式飞机不能进行满载弹药起飞，这是一个较大的弱点。

马岛海战后，商船改装成航母成为一个热门话题，许多国家纷纷响应：以军为民，以民养兵，让商船在战时发挥更大的效力。自1920年起，美国就通过制定海商法对所拥有的商船进行登记、管理，经过第二次世界大战以后的朝鲜战争、越南战争和马岛海战，到1990年海湾战争爆发之时，已形成了一个完整、庞大的民船改装、征用系统。目前，商船在战时改装成军舰，需要遵循一条基本准则：建造时尽可能使用通用规范，改造时尽最大可能地利用原有船的设备，尽可能节省改装的时间和费用。特别是改装成航母时由于加装飞行甲板会对商船的性能参数产生很大影响，包括船的稳性发生改变，飞行甲板的安装就成为改装的关键。因此，集装箱船和滚装船最合适改装成航母。

目前，最简单、最有效并最为现实的办法是：把商船的设计、建造、装备以及操作规则都纳入军辅船范畴，对其进行高度集中的国家管理模式；或利用现有商船的特点，加装战时使用的武器；还可在集装箱船及滚装船上直接加装直升机起降平台及适当的通信设备。但是，这种临时抱佛脚的救急措施，虽最大限度地发挥了船的效率，但相应地也带来飞机作战效能的损失等问题。商船只能作为航母的补充，在未来海战场上充当一次超级"民兵杀手"。

正当人们为民船战时动员改造成航母的诸多问题及高昂费用而叹息时，部分造船界专家的目光开始转向海上石油钻井平台及海上固有的岛屿，希望借助现有的条件设计建造一种造价低、使用费低的海洋机动航母平台或不沉的航母。于是，一种新的与航母有着异曲同工之效的"浮岛"出现了。1981年，加拿大率先提出一种浮岛模式：全长604米，宽68米，排水量130 400吨（为美国海军尼米兹级航母排水量的1.3倍），设计搭载4架50座级的DHC-7型涡轮螺旋桨客机，保证进行正常的起降。浮岛采取跑道迎风系泊，设在水深100~200米、离海岸200千米的水域，同时也可以拖曳到指定的地点进行维修。岛上除设有停机坪、跑道、指挥台外，还设有机库、居住舱、通信、气象等配套设施。加拿大为此投资 2 亿加元，计划 5 年内建成，由于面对的难题太多、太大，最终并未让世人见到。

日本于 1993 年提出了 FRW（训练用浮体跑道），堪称浮岛思想的又一体现。设计中的这一浮岛为浮筒平台型，全长 1000 米，宽 120 米，浮体甲板面积达 12 万平方米，为美国“独立”号航母全长的 3 倍、飞行甲板面积的 5 倍；浮体平台下方由横排 4 根、纵排 32 根（共计 128 根）直径为 8 米、高 28 米、吃水 14 米的浮筒柱支撑着，其飞行甲板下的空间高约 10 米，可容纳 E-2C 预警机、喷气教练机和大型直升机。由于在设计中，其水线面与整个浮体跑道面积相比不到 5%，因而削弱了水流和海浪对浮体的影响，使其具有航母无法比拟的平稳性。实验表明，这种浮岛可抗 42 米 / 秒风速的大风及 13 级浪的冲击，为各种飞机提供了更大的安全系数。此外，岛上设有指挥塔、停机坪、跑道、阻拦网等设施，平台下设有机库、电站、油库、居住舱等，与现代航母仅一步之遥。这种浮岛的设计借助了海上石油钻井平台半潜式、自升式和机动式的技术，着眼于平稳、甲板宽大、多层结构、容易扩展等优点，按照航母的战术技术要求进行模块化设计，实际上相当于可起降飞机的海上人工岛，或者是浮在海上的飞机跑道。

相比之下，美国海军的浮岛设计更具有针对性。它被用来为战争服务，能装载足够的武器装备（如坦克、飞机等）和燃料，可随需要布置在恰当的位置，遂行美国海军的作战任务。相关公开资料表明，美国设计中的浮岛是由 6 个独立模块舱组合而成，全长为 900 米，宽 90 米，是尼米兹级航母长的 3 倍，可携带 2~3 个舰载机联队，而且配置的机型也可由此大型化和多样化，包括陆基飞机的使用，从而提高了整体的战斗力。根据海军的要求，浮岛的长度、宽度可大可小，结构有平底船式和浮筒平台型两种，并且多为全金属或钢筋混凝土结构。其中，岛上机库、系统、动力、武备及指挥等均为模块化建造，因而模块与模块间（含系统管道）经过复合密封、抗沉及适航标准后能快速对接或撤离，拼装成具

初心不灭，人生无悔。航母的故事，是要人用一辈子去读、去品、去反思、去回味的。

有完整上层甲板的宽敞平台，飞机可在其上起降或停放，同时又可作为潜艇和水面舰艇中途停泊加油的基地或飞机应急迫降的机场。浮岛的最大特点在于其模块化设计。不同的模块组成可以满足不同水域、不同作战环境及不同飞机使用，因而，这个海上“变形金刚”成为军费紧缩时对航母的补充，具有较强的研发潜力。通过浮岛，人们可实现对岛屿（尤其是群岛）的利用与控制。

总之，作为飞机的海上作战平台，在新技术、新装备不断展现的今天，航母有了许多新的内涵与“泛”化外延。且不谈其作为大型水面舰艇在船舶设计上的突破，换个思维，将飞机这种航行于空中的武器概念扩展为无人机、无人驾驶导弹或航天飞行器，那么，航母所包含的就不仅仅是原有基础上能够实施空中打击的“尼米兹”或“加里波第”了，它甚至与攻击型核潜艇或新出现的武库舰（目前归属于导弹巡洋舰类）有着“血缘关系”。

当然，在航母目前的定义上，我们还必须遵循传统的思想，从技术的角度去分析和判断，面对 21 世纪这个海洋时代颠覆性技术的出现，航母的发展出现了五花八门的想象。如高性能、高

Tips	舰载飞机外形特点	海军常识小贴士

因舰载飞机的使用条件与岸基飞机有很大不同，故有许多不同于岸基飞机的技术特点。航母飞行甲板的起飞区、降落区有限，即使美国海军尼米兹级航母所搭载的舰载机起飞有大功率弹射器、福特级有电磁弹射器，降落有阻拦装置的帮助，但仍然需要尽可能地降低飞机的起飞速度和着舰速度。为此，采取的主要措施有：加大飞机展弦比、增加机翼面积、采用比岸基飞机更加有效的增升装置。为了使飞机停机区和甲板下机库的有限空间能容纳尽可能多的飞机，飞机的纵向尺寸要尽量缩短，机翼一般可折叠，有些机头和垂尾也可折叠，以节省停放时占用的空间。

速的航母，即在水翼艇、水面效应船以及小型浮筒式双体船的基础上，追寻灵巧的高速船型来改变航母笨重而较为迟缓的体态。其中，对于靠水翼提供浮力的设计，水翼宽度以长度的平方值增加，相应地排水量以长度的三次方值来增加，因而将其设计成小巧玲珑的“袖珍型”航母。再者，水面效应船的浮力是由舰船表面面积所决定的，如果造成盆状，其排水量为长度的平方值，从估算上是很适宜建造大型船舶的。美国曾以此建造过排水量 100 吨的试验艇，试图达到 100 节高航速，后该计划因故被搁浅。20 世纪 90 年代，隐身设计技术使水面舰艇在研制上也盛行“隐形风”。我们知道，完全的隐形仅存在于科幻小说或影片之中，但通过舰体的涂料能使雷达反射波下降、改变雷达探测能力或用新的隐身材料确实提高了隐身性。2017 年，美国海军进行了用于潜艇隐身的“斗篷”试验，给航母隐形创造了“时髦”话题。据报道，美国海军“尼米兹”号航母采用隐形涂料后，其雷达散射面积可减小到比巡洋舰还小的程度。如此一来，隐形航母将是航母生存力的一大突破，但其造价也将令人瞠目结舌。

如今，随着大数据时代云计算与智能制造的到来，曾经五花八门的航母设计概念或试验已经成为历史或已实现，还有哪些新概念或将出现在航母发展中？未来会给我们一个满意的答案。

30° W
20° W
10° W
0°
10° E
20° E
30° E
40° E
60° N
50° N
40° N
30° N
20° N
10° N
0°
10° S
20° S
30° S
40° S

50° E 60° E 70° E 80° E 90° E 100° E 110° E 120° E

PART Ⅲ

zhu meng

铸○梦 》

NO.31

呼叫 81192，请返航！

想到第一次在辽宁省首届海军航空实验班为同学们讲航母，讲到中国航母人对王伟的呼叫“81192，请返航！”时，同学们在笔记上写下的壮志誓言……

关键词：

“刀尖上的舞者”
舰载机飞行学员

小川说：

“呼叫 81192，这里是 553，我奉命接替你机执行巡航任务，请返航！”

“81192 收到，我已无法返航，你们继续前进！”

2001 年 4 月 1 日，美军一架 P-3C 侦察机侵犯我国南海领空，我军即派出两架歼 -8Ⅱ战机跟踪拦截。美军飞机突然撞向我军战机（编号 81192），年仅 33 岁的飞行员王伟再也没有返航……我们从未忘记梦想当航母舰载机飞行员的英雄王伟，“辽宁”号航母舰载机（553）呼叫 81192 以告慰英灵：在他牺牲的地方，更多的战友将永远守卫这片碧海蓝天！

每年的 4 月 1 日，我都会静静地翻开王伟在牺牲前发表的唯一一篇文章——《在南中国海上空巡航》，回想他在牺牲前不久还给《舰船知识》杂志社打电话，讲述他们在祖国最南端的前沿哨位的故事，如每年要多次紧急起飞到南海上空巡逻、侦察，守卫着南中国海上空的国界线，以赤胆忠诚与外机斗

水兵心语：

我的生命已经与蓝天、使命和祖国紧紧地联系在一起。无论什么时候，我的热血都将为中国梦、强军梦而激情燃烧；无论什么情况，我都将朝着经略海洋、维护海权、建设海军的神圣使命而激情奋飞！

——中国航母战斗机英雄试飞员 戴明盟

XIAOCHUAN SHUO

智斗勇。回想当年我还在杂志社工作，当得知王伟失踪的消息时，办公室的空气仿佛都凝固了……负责编辑王伟文章的宋晓军老师一根接着一根地抽烟，我们不停地各处打听情况。一天、两天、三天……日子不知不觉地过去，我们不肯相信所发生的一切，始终祈祷着：王伟，等你回家，继续书写海天动人心弦的故事。

2019 年 12 月 17 日，中国自主研制的航母山东舰在三亚某军港入列，相信王伟会笑傲在南中国海上空。

2020 年 4 月 1 日，我在微信朋友圈发了条信息：81192，请返航！

每年的 4 月 1 日，我都会静静地翻开王伟在牺牲前发表的唯一一篇文章——《在南中国海上空巡航》。

英雄王伟，最后一次在空中给西沙群岛拜年是2001年。

他在《在南中国海上空巡航》里这样写道：1月24日，农历大年初一，南海，浓浓的节日氛围笼罩着海军航空兵某前哨机场。在某海滨机场的战斗值班室里，只见两个身穿草蓝色抗荷衣的飞行员每人手拿一架飞机模型，进行着战术科目的研究。

“这么晚了不会再有情况了吧？”

“那可说不准，它们狡猾得很，说不定一会就过来。”

下午3时，2名战斗值班的飞行员边研究战术动作，边分析着大年初一南中国海上空国土的态势。正说着，值班参谋拉响了战斗警铃：“一等，一等……”只见他俩迅速戴上白色的头盔，三步并作两步地登上飞机。霎时，一颗绿色信号弹腾空而起，给南疆的海空增添了一道亮丽的彩虹。某部停放在椰林深处的2架战斗机呼啸而起，直刺苍穹。担负今天战斗值班任务的是海军航空兵某团中队长王伟和副大队长高秉礼。

13分40秒后，他们按照指挥所的指令驾机准时到达目标空域。

“注意搜索方位！”

“明白！”王伟边驾机边向指挥所通报信息。

战鹰在跃升，我们海空卫士的眼睛在警惕地搜索着。“发现目标，大的，是侦察机。”长机王伟兴奋地报告。

“保持距离，跟踪监视！”

2000年春节战备期间，他和领航主任段辉就曾两次飞赴西沙上空，一次是与某国电子侦察机“编队飞行”，一次是进行常规战斗巡逻。王伟和他的僚机高秉礼紧紧地跟踪监视着某国侦察机，经过数十分钟的空中监视，直到把外机逼走后，他们才奉命返航。

从空中俯瞰，西沙大大小小的岛屿，在大海的衬托下，像一颗颗黑色的珍珠镶嵌在碧蓝的镜面上，让人产生无限遐思。战鹰在祖国南海的上空盘旋，海空勇士的心在西沙上空留恋，他们不止一次地从空中鸟瞰西沙，每次都有不同的感受。这次，他们要多看几眼，因为他们想给祖国人民描绘出西沙如诗如画的美景，他们要在西沙上空给祖国人民行一个特殊的拜年仪式，给祖国人民道一声："西沙平安。"

难忘王伟生前的那个愿望：希望有一天驾驶航母舰载机在南中国海上空巡航！

2012年11月23日，我国自己培养的首批舰载战斗机飞行员和舰上飞行指挥员按照"大胆地飞，科学地飞，精准地飞"的要求，进行了高强度飞行训练，突破了滑跃起飞、阻拦着舰等关键的飞行技术，航母战斗机英雄试飞员戴明盟驾驶歼-15在辽宁舰上首次上舰圆满实现滑跃起飞和阻拦着舰。对于驾驶着重量约为30吨的舰载机，在短短的飞行甲板上着舰时不能减速，要在260~270千米/时的速度下靠挂上尾钩停稳后，飞行员才能使发动机的拉杆归零，而从钩住阻拦钢索至舰载机完全停住的制动时间约为2秒。可以想象，驾驶舰载机的飞行员是具备敏捷、善变、果断、协作精神的"刀尖上的舞者"。为了这次成功的飞行，戴明盟和战友试验试飞长达6年，他本人从一名陆基三代机飞行员、飞行教员入选首批航母舰载战斗机试飞员，第一个执行极限偏心偏航阻拦试验，第一个执行飞行阻拦着舰试验，第一个滑跃起飞，第一个寻舰绕舰、触舰复飞，先后完成科研试飞400多架次，飞行2000多架次，绕舰飞行100多架次，被誉为中国航母"着舰第一人"。

英雄戴明盟"惊天一落"划出了中国海军的"航母时代"，让我想到在南中国海上空巡航的蓝天卫士们。"航母是舰载机的海上搭载平台，舰载机作业是舰上作业中最主要也是最危险的工作，如何才能保证这些守卫祖国海空的勇士平安？19岁开始飞行生涯的戴明盟，30年来飞遍了祖国的大江南北和万里海天，飞出了风雨不改志、叱咤当先锋的精彩人生。2014年，在他题为《矢志航母事业 勇当刀尖舞者》的演讲中，这样描述他亲历的"刀尖舞蹈"：航母虽然是个庞然大物，但驾机从空中看，就像巴掌一样大，着舰区域就更小，加上航母不断地纵横摇摆、上下垂荡，海上气流也不稳定，驾驶战机精确降落在阻拦索之间，就好比百步穿杨，其难度可想而知。舰载机着舰时，不是减速而是加速，以确保飞机在着舰阻拦失败时，有足够的动力逃离甲板。

钩住阻拦索后，时速在瞬间减到 0，飞行员的颈椎、腰椎要承受巨大的冲击，血液瞬间涌向头部，眼睛大量充血，视野会变小，看任何东西都是红的，这就是我们常说的“红视现象”。14° 仰角滑跃起飞看上去是一个漂亮的弧线，但对于舰载机飞行员来说，每次在甲板上驾机起飞，由于滑跑距离短，加速太快，看到的起飞甲板是一扇迎面扑来的钢铁巨墙。短短的时间里驾驶飞机在航母上起降，不允许飞行员有一点耽搁和犹豫，同时，窄小的飞行甲板上充斥着各种飞机、机械设备、武器弹药和大量紧张忙碌的人员，飞行作业成为航母上的高强度工作。特别是在战时，飞机飞行速度快、空中停留时间短，攻击过程只有短短的几分钟，而决定生死的时间往往只有几秒。瞬息万变的战场态势和突如其来的紧急情况会对飞行员造成巨大的压力，有时会导致神经因为过度紧绷而变得迟缓，甚至失去反应能力。

辽宁舰舰载机上的中国航母人在呼叫英雄王伟：“81192，请返航！”

美国是世界上最早使用舰载机的国家，也是发生航母舰载机事故最多的国家。从 20 世纪 80 年代至今的 40 多年间，美国发生了 4500 多起舰载机安全事故，造成 300 余人员伤亡和数十亿美元的经济损失。美国也因此获得并总结出了航空兵飞机加油、空中交通管制、舰载机甲板系留及牵引、海上坠机与救援、飞机消防与救援、飞机紧急救援信息等相关技术经验并形成文件，以减少在舰载机起降和移动过程中可能发生的坠机、火灾和弹药爆炸等事故。俄罗斯海军“库兹涅佐夫”号航母虽然因经费不足而很少出海，但也曾发生了数起机毁人亡的重大事故。各国海军航母舰载机飞行员在长期的实践和血的教训中积累了丰富的舰载机安全作业和事故救援经验，总结出了有效的舰载机安全作业程序和事故救援程序，最大限度地降低了事故的发生率。但即使是拥有上百年运行经验的美国海军现役航母，也仍然会遇到各种事故。

中国航母事业刚起步，要学习和掌握的专业知识及相关常识非常多，仅就在航母上从事舰载机保障的工作人员来说，不仅要熟悉飞机，了解起降设备的紧急救援内容处置预案，还要掌握如何移走可能会随时爆炸的弹药等知识，以避免灾难的发生，并在救援过程中最大可能地挽救舰载机人员的生命，将人员伤亡与装备损失降至最小。2015 年 5 月 13 日，在海军航空兵学院飞行训练基地中，飞行教员姜涛和飞行学员鲁朋飞正在进行飞行训练，其所驾驶的单发飞机的发动机突然在空中起火，飞机动力迅速下降。面对重大险情，两位飞行员果断驾机成功避开人口密集区域，后终因高度过低，没有足够的跳伞时间而壮烈牺牲。再次让我想起王伟当年被撞击而失踪的场面……

如今，中国海军先后完成数十名舰载机飞行学员昼间航母飞行资质认证，实现了开展舰载机飞行员培养以来单批上舰人数最多、训练强度最大、平均年龄最小、认证周期最短的历史性突破。2020年初春的渤海湾某海域，随着指挥员一声令下，数架歼-15舰载战斗机陆续沿着辽宁舰甲板滑跃起飞，当飞行教官艾群成功完成阻拦挂索时，飞行教官舰基起降技术训练圆满结束。同年年底，央视国防军事频道报道首艘国产航母山东舰入列一年已三次出海训练，其间还连续数日高密度起降舰载战斗机，完成最大架次出动回收等课目。《解放军报》就首批生长学员成功着陆描述如下：“生长学员成功取得航母着舰资质认证，翻开了海军舰载战斗机飞行员培养的新篇章，助推舰载战斗机飞行员培养驶上‘快车道’，标志着海军航母战斗力建设又向前推进了一大步。”而首批生长学员年龄都是20多岁。看着这些舰载飞行事业上的追梦人与时间赛跑的勇敢事迹，我想到希望有一天驾驶航母舰载机在南中国海上空巡航的英雄王伟；想到第一次在辽宁省首届海军航空实验班为同学们讲航母时，讲到中国航母人对王伟的呼叫：“81192，请返航！”……

在为同学们讲航母时有了约定：“英雄王伟，我们将替你守卫祖国的海天！”

NO.32

叱咤海天　舰载机有“家”

飞机是航母的主要作战武器，它们能够从航母宽大而平坦的飞行甲板上起降，执行各种战斗任务。除了有能在飞行甲板上安全起降的特殊装置与设备外，机库就是舰载机的“家”。

关键词：

机库

舰载机的“家”

小川说：

2019年7月26日，在中国青少年舰船夏令营开营仪式上，身着迷彩服的孙洪浩副馆长让我想起了在2001年中国青少年舰船夏令营上认识的英雄王伟的战友陈惠忠中校。陈惠忠当年告诉我，王伟生前希望有一天能驾驶中国航母舰载机。他还分享了作为海军航空兵的他们叱咤海天、报效祖国的坚定信念。

“There are no trail of wings in the sky，but I have flown!”（天空没有翅膀的痕迹，但我已飞过！）这是陈惠忠初上蓝天、获得5分成绩时脱口而出的诗句。整整3年，等到初飞那一天，惠忠睡不着，胡子刮了又刮，飞行靴擦了又擦。当一阵清亮的哨声划破军营时，他们“呼”地一声跃起。窗外还是漆黑一片，只有东方那颗启明星眨着眼睛调皮地注视着年轻的海军航空兵。跑道上耸立着几

水兵心语：

每一个航母女兵，把最花样的年华献给部队，献给航母，她们来了，又走了，入伍和退伍的故事在这里交替上演，周而复始，生生不息。留下的，却是永恒不变的，感动。

——中国航母人 朱悦萌

XIAOCHUAN SHUO

十架初教 -6 飞机，英武的外表在月光下闪着青冷的光。在通往停机坪的路上，谁也没有说话，只有飞行靴发出的整齐的“唰唰”声。陈惠忠回忆说，当时那种激动、紧张、虔诚的心情仿佛至今犹在。“工作正常，请求起飞！”“可以起飞！”，他有条不紊地松刹车、加油门、蹬左舵，感觉到飞机在一股巨大的推力作用下开始加速。“收起落架！”耳边传来命令。“离陆了？”纳闷中，陈惠忠感觉已没有了地面的颠簸而多了一份空中的摇晃。往下一望，一串串大地在脚下飞逝而去，感觉时光在飞，梦想在飞……从起飞后的爬升到空中的特技动作，陈惠忠驾驶的飞机正好在天空中画了一个未封闭的心形。许多年过去了，他所驾驶过的机种从初教 -6，到歼 -5、歼 -6、歼 -7、歼 -8 Ⅱ，再到苏 -30，那颗献给蓝天的初心从未改变，他和战友们将用一生的时光去把这颗“心”画得更加完美、绚丽。

2014年11月23日，我国航母舰载机歼-15首次在“辽宁”号上成功起降，这些舰载机飞行员被称为“刀尖上的舞者”。回想1987年，中国海军神秘的“飞行舰长班”引起关注，时任海军司令张连忠中将，副司令邢永宁中将，以及海军航空兵的领导曾亲自了解学员的学习和生活情况，希望逐步摸索出中国自己培养海军合成人才的方法。当年，负责此项任务的舰艇学院院长曾说：“从优秀的飞行员中选拔培养舰长，这在我国海军史上是史无前例的。”班里最年轻的学员是25岁的彭建林海军中尉，当被问及“等中国有了航母后，你想不想到航母上任职”时，他有些激动地回答：“当然想，做梦都想……可以肯定，随着我国经济、军事实力的不断增强，悬挂五星红旗的航母必将出现在蔚蓝色的大海上。”（参见《舰船知识》1989年第7期）2019年6月，在大连见到首批飞行舰长班班长李晓岩将军时，已年过半百的我们望着彼此头上的白发，感慨中国航母一路走来的艰辛！想起已过不惑之年的惠忠兄弟说过：“航母是‘海上浮动机场’，舰载机在茫茫大海上飞行，航母是飞行员的‘家’，机库是舰载机的‘家’。”

飞机是航母的主要作战武器，它们能够从航母宽大而平坦的飞行甲板上起降，执行各种战斗任务。除了有能在飞行甲板上安全起降的特殊装置与设备外，机库就是舰载机的“家”。它像一个大仓库，不仅是容纳舰载机的场所，还是维修飞机的车间，在舰上发生的飞机机器设备维修就是在这里进行的。机库的首部设有航空电子设备、武器维修设施，尾部设有航空发动机、液压系统、轮胎、电池组、电子装备等维修设施。以美国海军航母为例，其机库内存放两大类舰载机：一类为固定翼飞机，有战斗机、攻击机、早期预警机、侦察机、电子战机、反潜机、空中加油机和运输机等；另一类是直升机，用于反潜巡逻、搜救、补给和运输等。

通常，机库甲板位于飞行甲板之下的主甲板上，通过升降机把飞行甲板和机库甲板连接起来，形成一个有别于陆上机场的海上浮动机场，其特征是叠落布置。美国“尼米兹”号航母的机库长208.48米，宽32.92米，高8.08米，相当于3层甲板的高度。一般情况下，机库甲板所在的甲板为主甲板，机库周围主甲

机库是舰载机的“家”，负责舰载机驻停和日常维修。

板至飞行甲板之间有 2 层甲板。若以主甲板为 01 甲板，向上则有 02 甲板和 03 甲板，这样飞行甲板就是 04 甲板。美国称 03 甲板为回廊甲板，03 甲板与 04 甲板之间，主要是飞行人员起居室等。在航母上，由于机库高大而空旷，不但是舰载机赖以生存的“家”，同时也是官兵们进行文体活动以及节日活动或重要集会的好场所。

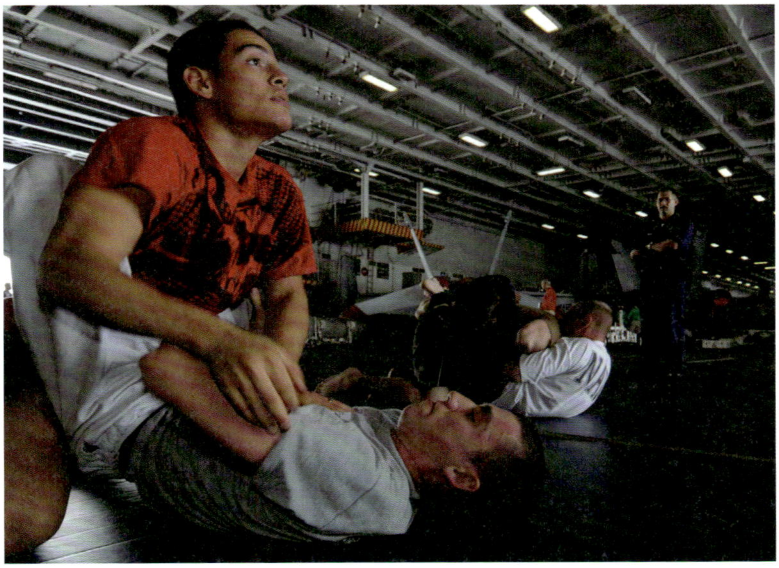

机库不仅是舰载机的“家”，也是舰员举办各种活动的运动场地。

停放舰载机的机库在航母上占有重要地位，在设计上，不但要为飞行提供方便，而且机库甲板所提供的最大区域要切实考虑飞机停放的位置。例如，在美国大型航母上，机库通常占主甲板长的 2/3，并由防火门分隔，以防重大爆炸起火事故的蔓延。同时，还要兼顾如舰载小艇存放区、防火飞行员通道、消毒和冲洗站、消防站以及弹药上、下升降的净空区域，机库两侧可用作航空兵仓库、修理所和各种舱室。同时，由于机库的高度会直接影响航母设计的型深，如果机库甲板的高度不够，就会出现飞机装载方面的问题；如果高度太高，就会浪费空间并增加舰体重量，升高重心。通常，机库甲板高度以减轻舰体重量、降低重心取得最佳平衡为准，且方便飞机的装载、维修以及舰船动力装置的维修要求。如果航空联队中只有一个机种影响机库甲板的高度，那么合理的解决方案是为那种“特例”飞机专门设置一个“高帽”区。目前，英国与美国研制的航母由于在搭载飞机方式上有所区别，所以其机库设计也不同。英国航母通常采用机库装载，也就是说舰载机无特殊情况一般都进库停放；而美国大型航母由于装载飞机量大、种类较多，因而有些飞机可以停驻在飞行甲板上，不一定将所有舰载机都停放在机库内。

从结构设计的角度，航母机库可以分成开式机库和闭式机库。所谓开式机库，就是机库两侧壁直至舰体两舷，有滑门同外面相通，通风良好，挥发的汽油不会在机库内积聚，也就不会因此而发生爆炸火灾；此外还允许飞机在机库内启动，增加了飞机准备的场所，加快了飞机的周转，一旦飞机发生火灾或中弹等事故，可打开滑门将失火飞机迅速推入大海以防止事故的蔓延。采用开式机库的航母，其飞行甲板不是强力甲板，即它不是舰体梁的上缘；而强力甲板在主甲板，飞行甲板上有伸缩缝。美国早期的航母都采用此种形式的机库，这种机库面积大，载机量多，由于飞行甲板不是强力甲板，其飞行甲板下纵桁的连续性限制不严格，舷内升降机的开口可以大些，这样方便较大型的飞机进出机库。但是，这种开式的机库有其缺点，即强度低，飞行甲板不设装甲，无法载重型飞机等。尤其是在航母大型化后，很难保证舰体的总强度要求。第二次世界大战中，美国的轻型航母“普林斯顿”号（CVL-23）于1944年在莱特湾海战中被日本“神风”飞机攻击，因飞行甲板无装甲防护，后发生大火灾而沉没。1945 年 6 月 4 日，美国“本宁顿”号（CV-20）航母，因遭台风袭击而导致飞行甲板首端坍塌。这是开式机库飞行甲板薄弱的又一例证。

闭式机库航母的飞行甲板是强力甲板，有防弹装甲，两舷侧全封闭，在其周围布置有各种维修车间；而且机库的侧壁与舰体两舷侧不重合，形成双层舷侧防护。英国航母就是采用的这种传统型机库，其机库的侧壁成为舰的纵向结构，有利于加强舰体的总强度。第二次世界大战期间，英国采用闭式机库还有另外一个原因，即航母需满足在北大西洋寒冷潮湿的恶劣环境中使用的要求，而且当时英国的舰载机比美国的落后，耐候性差，需要进行保温，否则启动、操作都很困难。

第二次世界大战后，美国设计建造的航母自福斯特级起也都改用了闭式机库。因为，战后舰艇设计上要明确满足全封闭的防护核攻击的要求；由于航母大型化，舰长达300多米，为加强舰体总强度，要求加深舰体梁的上缘移至飞行甲板；舰载机的大型化，使起降重量大幅度增加，因而对飞行甲板的强度要求更高了，飞行甲板在结构上需加强；再有就是装甲防护的要求。这些因素导致了美国必须选用闭式机库。

停放在机库中的飞机是通过升降机升至飞行甲板的。飞机升降的升口有不同的形式，在飞行甲板上面开口的称“舷内式”或“中线式”；一般舷内升降机在纵中线处开口，具有防浪性好的优点，适于轻型航母。由于在飞行甲板上开口需要切断飞行甲板下的纵向构件，这对于开式机库来说是可以满足的，但闭式机库就不允许有大的开口，即便花数百吨钢材在开口处作结构加强也满足不了大型飞机对开口尺度的要求。另外，飞机升降机的平台既占机库面积，也占飞行甲板面积，无形中减少了机库的可用面积，而在飞行甲板上飞行作业和升降作业不能同时进行。此外，舷内式飞机升降平台不能铺设厚的防护装甲，这是舰的防护弱点。鉴于此，航母设计师想出了将飞机升降机移至舷侧，飞机进出机库的开口选在舷侧，巧妙地符合了对强力飞行甲板下纵桁的连续性的要求。但是，舷侧式升降机对防浪性要求更高，为了避免上浪影响升降平台作业，在布置上要尽可能离海面高些。这种型式的飞机升降机适于大型航母。

NO.33

起飞，“航母 Style”的背后

人们熟悉的“航母 Style”，背后蕴藏着复杂的舰载机起飞技术。上述起飞方式都遵循一个原则：即只有达到飞机起飞速度时才能起飞，否则就要采取其他措施来助飞。

关键词：

蒸汽弹射

电磁弹射

小川说：

2019 年 5 月，时任美国总统特朗普在日本横须贺海军基地的“黄蜂”号两栖攻击舰上向驻日美军发表讲话，称他颁布命令把美国海军福特级航母上昂贵的电磁弹射器改为蒸汽弹射器。尽管此事未遂，美国国防领域专家表示：新服役的“福特”号航母的电磁弹射系统确实存在一些问题。正如 2018 年 12 月国防部武器测试报告所称，在所进行的 747 次舰上弹射测试中，电磁弹射系统发生了 10 次“严重故障”，故障率远高于平均每 4166 次弹射发生 1 次关键故障的要求。

众所周知，福特级航母采用电磁弹射系统，起飞频率预计每天可达 160 架次，比尼米兹级提高了 25%，具有可混搭无人机等优势。然而，从目前使用电磁弹射系统的试验数据来看，福特级航母存在许多“先天不足”的问题，诸如 11 部升

水兵心语：

“航母 Style”大家并不陌生，在网络走红的背后是航母人热血的付出，我们从漆黑的舱室开始摸爬滚打，戴着头盔，挎着水壶，背着手电筒，戴着呼吸器，穿着厚重的劳保鞋。在弥漫着噪声烟尘的通道里，在热气腾腾的舱室里，在一片漆黑的底舱里，一滴滴的汗水洒落在航母人走过的路上。请记住：我们是共和国的航母人。

——中国航母人 赵登科

降机电梯中只有 2 部可达成预期的效能；电磁弹射系统本身需要 1.5 小时才能将发电机组停机；不能方便地对设备进行电气隔离等，使得电磁弹射系统面临着不能在弹射作业期间进行及时有效的维护等问题。这既影响到电磁弹射器的可靠性，也意味着与电磁弹射系统相关的设备都可能产生联动操作困难。目前，以使用电磁弹射系统为特点的福特级航母已无法更换成蒸汽弹射系统，而这毫无疑问会使其延迟形成战斗力，并增加新航母全寿命周期的成本。

20 世纪 90 年代初，我曾向参与新中国第一次航母论证的航母资深专家于瀛先生请教了美国海军弹射器发展等有关问题，于老师也提到了美国海军福特级航母采用电磁弹射系统存在的技术成熟度问题。

人们熟悉的“航母Style”，背后蕴藏着复杂的舰载机起飞技术。在百年航母发展史上，只有早期重量不大的飞机可以自由滑跑起飞，不受任何限制，不需任何帮助，靠自身的动力滑坡起飞。一般来说，现代喷气式飞机需要几百米至几千米的跑道，这在300米长的航母飞行甲板上很难办到。因此，出现了助飞起飞技术，即在附加力的作用下，增大加速度，缩短滑跑距离起飞，如采用弹射器或助飞火箭帮助起飞；还有垂直短距起飞，采用这种起飞方式的飞机，发动机的推重比很大，而且发动机的喷口可以转动，在自身发动机的矢量推力的作用下让飞机升空，对发动机和控制系统要求特别高，目前具有这种起飞能力的飞机只有英国的“海鹞”式和俄罗斯的“铁匠”式两种飞机；另外如英国的无敌级、俄罗斯的“库兹涅佐夫”号、中国的“辽宁”号航母采用了滑跃起飞，这种技术要求航母安装滑跃式起飞跑道。上述起飞方式都遵循一

中国海军歼-15舰载机在辽宁舰飞行甲板上滑跃起飞。

摄影 查春明

个原则：即只有达到飞机起飞速度时才能起飞，否则就要采取其他措施来助飞。一般来讲，现代常规起降的高性能飞机的起飞滑跑距离都大于 300 米，所以美国海军航母采用弹射起飞。弹射方式从动能上分为蒸汽弹射和电磁弹射。

早在 1896 年 5 月，美国的赖雷教授在一艘驳船上发射了一架小型遥控飞行器，这时采用的是弹簧型弹射器，即飞机弹射器的雏形。1918 年，美国一位机械工程师诺登先生设计了一型飞轮弹射器（被称为 F 类弹射器的 MK1 型和 MK2 型），其中一台由纽约州的普兰菲尔德公司制造，另一台由华盛顿特区的海军船厂制造。该弹射器能使 4540 千克重的飞机加速到 61 节；其弹射能量来自飞轮，飞轮由一台 25 马力的电动机带动，使用锥形摩擦离合器以使飞轮同缆鼓相连。两台弹射器在华盛顿海军船厂试验成功后，分别安装在“列克星敦”号（CV-2）和“萨拉托加”号（CV-3）航母上。1928 年 3 月 7 日，舒尔上尉驾驶 T3M2 双浮筒型水上飞机，从“萨拉托加”号上首次弹射起飞成功，拉开了航母舰载机使用弹射器起飞方式的序幕。但由于这种弹射器只能弹射双浮筒的水上飞机，而这种飞机使用得并不多，所以不久后弹射器从“列克星敦”号和“萨拉托加”号上被拆除。

由于当时的飞机轻且起飞速度低，采用自由滑跑就能起飞，因此，在航母上安装使用弹射器显得并不那么必要。但在此之后，随着飞机的进步和作战经验的积累，航母上使用弹射器的优点越来越突出：一是使小型航母能够起飞轰炸机和战斗机，这样就可使护航航母（CVE）具有更强的作战能力；二是提高大型航母飞行甲板的载机能力，由于弹射器占据甲板的长度相对较短，因此在弹射器后的飞行甲板上均可装载飞机，这样能使航母一次提供更强的战斗力；三是可以提高飞机作战的持续力，由于弹射起飞方式节省了航空燃油，从而提高了作战的持续力；四是可以实现横甲板风和零航速时弹射飞机；五是大型航母能载高性能的飞机。鉴于上述原因，航母弹射器的发展才受到了重视。1934 年，用于试验的第一部液压型（H）弹射器 XH1 型被制造出来，在美国海军飞机工厂的机场成功地把 2497 千克重的飞机在 10.36 米距离内加速到 39 节。此后经过试验，弹射器上的飞机固定、弹射器复位、高压泵、控制弹射系统的方式等技术得到了完善和改进，从而使弹射能力跟上了飞机的快速发展。

1935 年，美国海军飞机工厂开始设计 XH2 型弹射器，预计将 2497 千克重的飞机在冲程 16.76 米内加速到 56 节。通过反复试验，弹射器的缆索自动张紧系统、泵的自动控制系统、飞机牵制和释放装置、拖索制动器（又称收索装置）、失控发射防止器、改进的控制阀等得到了完善和改进。到 1936 年，已经有弹射器可以弹射 3178 千克重的飞机、末速达到 61 节，被定为 H2 型弹射器。第二次世界大战开始后，在“约克城”号、“企业”号、“黄蜂”号的首部均分别安装了 2 台弹射器。为了能安装 2 台弹射器，这些舰的机库甲板上还安装了一些特种装置，以便向左舷或右舷弹射飞机。由于起飞效果好，故在全部护航航母上均安装了 H2 型弹射器。战争中，为了跟上飞机重量的急速增长，H2 型弹射器进行了改进，其动力冲程增加到 22.25 米，以便将 4994 千克重的飞机加速到 61 节。改进后的 H2 型弹射器被称为 H2-1 型弹射器。这时的弹射器都是压缩空气式的。之所以选用压缩空气式是由于舰上有供发射鱼雷使用的压缩机，能较为方便地提供弹射器所用的压缩空气。这种压缩空气式弹射器在美国海军航母上使用了大约 10 年。

1939 年，由于舰载机的急速发展，需要发展比 H2-1 型弹射器能力更强大的弹射器，以便能从埃塞克斯级航母上弹射全副武装的重型飞机。为此，美国航空局开始了平甲板型航母首部弹射器的设计，同时还设计了一型能安装在机库甲板上从两舷侧的开口向左、右舷弹射飞机的弹射器。这一时期，弹射器发展很快。典型的 H4-B 型首部弹射器的设计指标是，在 29.2 米的距离内将 5992.8 千克重的飞机加速到 87 节，安装在埃塞克斯级航母上偏向右舷位置。H4-A 是一型在机库甲板上横向安装的弹射器，其动力冲程受船宽的限制，只能弹射 7264 千克的飞机，在 22.1 米距离内达到 74 节。后来，在弹射器 H4-A 基础上改进为 H4-C 型，可安装在平甲板航母首部的左舷侧。为此，航母甲板上还取消了 2 条弹射导轨。该型弹射器被安装在了“克罗坦”号、

“威廉亲王”号等护航航母上，以及科芒斯曼特湾级护航航母上。由于这段时期弹射器的设计和缆索导向装置均有很大的改动，埃塞克斯级航母中的 6 艘做了更换。此外，H4-1 型是 H4-B 的进一步发展，在约 44 米动力冲程内可将 10 896 千克重的飞机加速到 87 节。

随着初始推力低、起飞速度要求高的喷气式飞机的进一步发展，海军需要采取措施发展一型高速弹射器，且不能依赖甲板风速进行弹射起飞作业。为此，美国海军设计了新型弹射器。该弹射器可弹射重量 9080 千克，动力冲程 53.3 米，末速达 109 节。虽然，该型弹射器的设计在同等能力的弹射器中结构重量最轻，但还是由于过重而不能安装到当时任何一艘航母上。因此，弹射器又改为弹射 6810 千克的负载，末速达 105 节，称 H-MK8 型。该型弹射器被安装在埃塞克斯级航母上，随反潜型航母服役到最后。

美国航空局舰船装置部的研究和发展工作已使海军当局相信，以火药和液压装置为基础的新弹射器不能解决越来越大、越来越重的喷气式飞机的弹射问题。英国以蒸汽作动力的弹射器的研究工作引起了航空局一些官员的关注，而美海军强大的蒸汽弹射器就是以英国的研究为基础的。

蒸汽弹射器的发明人是英皇家海军志愿后备军官科林·C. 米切尔中校。在布朗兄弟公司的支持下，他于 1950 年设计建造了第一台蒸汽弹射器。在英、美进行了大量试验之后，1952 年 4 月美海军得出结论：英国试验型蒸汽弹射器按美国海军标准改进后，可以满足美海军航母的使用要求。

在从国内找到弹射器供应之前，美国可从英国买进少量 C11 型蒸汽弹射器。这是美国第一台装上航母的蒸汽弹射器。它以英国 BXS1 型蒸汽弹射器为基础，但使用了更高的蒸汽条件，在弹射重量为 17 690 千克静载荷时，末速可达 136 节；弹射 31 780 千克静载荷时，末速可达 107.5 节。1954 年 5 月，C11 型蒸汽弹射器首先被安装在“汉科克”号航母上。后经进一步改进和发展，成为C11-1型和C11-2型，C7和C13各型。其中C11-1型和C11-2型与C7型弹射器的最大区别在长度上，C7型弹射器有较长的汽缸和弹射轨道，因此比C11-1型和C11-2型弹射器有更强的弹射能力和更长的动力冲程。后在此基础上又发展了C13型蒸汽弹射器，它在尺寸和能力上都与其他弹射器不同，能弹射22 700千克重静载荷，末速达到155节。目前，美国海军航母全部采用弹射器起飞舰载机的方式。根据传递功能，弹射器可分为液压弹射器、蒸汽弹射器和电磁弹射器等，在美国海军现役尼米兹级核动力航母上使用的是C13型蒸汽弹射器，福特级核动力航母采用的是电磁弹射器。

美国海军F-18舰载机在尼米兹级航母飞行甲板上弹射起飞。

图片来源：CNI网站

弹射器虽然不是舰载机在航母上起飞的唯一手段，但它有许多优点。例如，使用弹射器起飞可以代替很长距离的飞行跑道；可以携带性能最先进的飞机，包括喷气战斗机和大型攻击机，这是其他起飞方式所不能达到的。而弹射起飞，飞机不会像直接起飞那样易于滑出跑道，即使在夜间无照明条件下也能起飞。此外，使用弹射器，飞机可以在侧风中起飞，使航母不必为起飞而转到顶风的方向。同时，弹射器的使用能提高航母的生存能力。当起飞甲板受到某种损伤时，使用弹射器仍能使飞机起飞。

所谓蒸汽弹射器，实际上是一种活塞行程较长的往复式蒸汽机，主要由动力源和把动力传递给飞机的装置组成。弹射器的动力源来自航母锅炉里产生的蒸汽。这些蒸汽被贮存在蒸汽室里。在飞行甲板上，我们只能看到动力传递装置的部分机械，即沿着整个起飞甲板上有一条弹射器滑槽，滑槽上露出一架往复车，蒸汽筒内活塞杆与往复车相连。弹射时，用拖索使舰载机钩住往复车，一旦高压蒸汽充入汽缸筒，蒸汽推动活塞，活塞就可带动往复车和舰载机，在滑槽内高速向前滑动，将飞机弹射出去。在弹射起飞前，甲板上的弹射器操作员用拖索将舰载机前部与往复车相连，在舰载机尾部，则用一根牵制释放杆，把舰载机上的牵制钩固定于弹射器的舰面部件上。这时，飞行员将舰载机的重量报告给弹射操纵员，以确定蒸汽消耗量。然后，操作人员将蒸汽提高到预定压力，蒸汽进入汽缸筒内。此时，由于舰载机尾部有牵制释放杆拖住，使活塞和往复车不能自由前移，汽缸筒憋足的蒸汽压力，使飞机受到一个预拉紧力而处于待发状态，就好比射箭时，先把弓弦绷紧一样。当一切就绪后，飞行员启动发动机，并开足马力准备起飞。此时，蒸汽压力徐徐上升，汽缸筒内活塞上的前冲力不断增大，致使牵制释放杆的定力螺栓突然被拉断。舰载机就在汽缸筒内的活塞带动下，以及发动机推力的推动下，沿着滑槽像离弦的箭一样被弹射出去了。由于在滑槽内向前弹射的加速过程很快，加上迎面的航行风速和自然风速，舰载机迅速达到离舰的速度，起飞了。

1982 年，美国海军开始研制电磁弹射系统，直到 2004 年进入成品测试阶段。与传统蒸汽弹射器相比，其变革原理核心是由直线弹射电动机组成一个复杂的系统，理论上具有容积小、对舰上辅助系统要求低、弹射效率高、重量轻、运行和维护费用低、弹射飞机重量范围大等优点。然而，2019 年 5 月美国国防领域专家表示："新服役的'福特'号航母电磁弹射系统确实存在一些问题。"若情况属实，成熟的电磁弹射器"航母 Style"还将拭目以待。

NO.34

让梦想沿着飞行甲板启航

当战鹰振翅高飞、叱咤海空时，你会看到铸梦者坚定、勇敢的微笑。他们的工作场所就是航母飞行甲板，他们的梦想就是在飞行甲板上画出心中的彩虹。

关键词：

飞行甲板
滑跃式甲板

小川说：

2020 年 3 月 20 日，美国海军“福特”号航母完成了为期 2 天的飞行甲板认证（FDC）和航母空中交通控制中心（CATCC）认证，取得了接下来在美国东海岸唯一可用的航母资格。认证期间，第 8 舰载机联队（CVW8）4 个中队的 F/A-18F“超级大黄蜂”战斗机在航母飞行甲板上进行了 123 次日间和 42 次夜间弹射起飞和阻拦着舰，其中舰载机以 2 英里（约为3.2千米）间隔等待着舰，航母需在 55 秒内完成阻拦等海上作战通常的着舰模式。至此，“福特”号航母已使用电磁弹射系统（EMALS）和先进阻拦装置（AAG）弹射并回收了 1000 架次舰载机。

航母飞行甲板作业是一项专业而极具挑战的工作，各国航母均有着极为严谨的作业规范要求和严格的作训考核认证。

水兵心语：

航母甲板是世界上最危险的工作场所之一，着舰跑道更是危险的极端。想象一下，一辆20吨汽车，风驰电掣从你身边呼啸而过是什么感觉？但是，从我们成为航母舰员的那一刻起，梦想舞台便与这深蓝的大海紧密相连。强军梦、航母梦、我们的梦，我愿做一名铸梦者，为航母事业贡献自己的全部力量。

——中国航母人 郭谨瑜

XIAOCHUAN SHUO

2013年11月26日，“辽宁”号首次以航母编队的形式赴南海开展科研训练。航行途中，舰上官兵在甲板上排出了“中国梦 强军梦”的字样。想到此景，我的脑海中浮现出几年前的一幕：某军港严冬的清晨，阳光懒懒地跃出海平面，映出海的湛蓝；站在航母宽阔的甲板上，身穿工作服的“90后”们正站在异物排查的队伍中。这些年轻人认真地看着脚下，生怕有异物影响舰载机的安全起降作业。队伍中，身着玫瑰色服装的弹药统计员郭谨瑜在回答“航母女舰员是什么样子”时，骄傲地说道：“航母舰员个个都像‘航母Style’一样潇洒，女舰员都像我一样既戎装在身，又红装在身。当战鹰振翅高飞、叱咤海空时，你会看到铸梦者坚定、勇敢的微笑。”他们的工作场所就是航母飞行甲板，他们的梦想就是在飞行甲板上画出心中的彩虹。

如果说航母是大洋上飞机起降的浮动机场，那么航母的飞行甲板就是飞机起降、调运作业的场所，它的布置将对飞机的使用效能和航母的作战能力产生直接影响。在设计航母飞行甲板时要考虑的因素很多，主要有以下几点。

首先，飞行甲板的大小，是由完成航母作战任务所要求的航空联队规模（主要是可搭载的飞机数量）来决定的，设计上要以能实现飞机作业最高效率为前提。其次，航母的上层建筑（形象地称其为“岛”）、助降设备、弹射器、升降机和其他航空支援设施的布置，要尽量为舰载机创造最佳的安全起降条件。再者，舰载机类型、架次率（单位时间内的起降架次数）和飞机的留空时间（或飞行甲板循环周期）这3个参数对飞行甲板的布置具有重要的意义，也是航母设计时要考虑的关键因素。此外，飞行甲板不仅要在强度和刚度上满足航空联队作业的要求，如满足飞机起降过程的抗冲击等，还要满足防弹和防火等要求。因此，在百年航母发展史上，飞行甲板经历了不同时期的设计变迁。

1910年，为了在舰艇上进行飞机起飞试验，美国海军在排水量3750吨的“伯明翰”号巡洋舰的艏楼上临时铺设了长24.7米、宽7.3米的木质平台，这个简陋的平台就成为飞行甲板的“始祖”。1913年，英国皇家海军首先抛弃利用飞行甲板起降飞机的做法，将“竞技神”号轻巡洋舰改装成水上飞机航母，飞机依靠浮筒在水面起飞和降落。这种航母的作用仅是将飞机运载到指定海域，并利用舰上的起重机将水上飞机吊放到海面上。1914年，第一次世界大战爆发，水上飞机航母在大战中得到了应用，但实战中也暴露出了许多缺点，特别是在收放飞机的时候，水上飞机航母必须停下来，这容易使其成为潜艇的活靶子，因此各国海军不得不开始考虑在舰上设置飞行甲板，加快飞机的起降速度。在这个时期，所谓的飞行甲板只是一个向舰艏下倾的坡道，以满足飞机采用前3点式起落架布局的要求：机尾的位置要比机首低，采用倾斜的飞行甲板后，飞机的尾部抬高，起飞姿势就比较理想，即飞机在开动引擎的情况下，利用重力的作用更快地达到飞行速度。但这个坡度是有一定限制的，一方面必须使飞机能够达到起飞速度，另一方面必须使飞机在起飞之后有足够的爬升时间而不至于掉到海里，坡度的选择需要在这两者之间取得平衡。由于舰体的限制，这种飞行甲板使得飞机在起飞加速的末段容易产生偏航，且飞机起飞航迹不是一条直线，特别是在不利的风向条件下表现得更为明显。为了解决这个问题，人们尝试着在飞行甲板上开出两条浅槽，使飞机在起飞时，起落架的轮子只沿浅槽向前运动。当然这种系统也带来了许多的麻烦，促使人们继续探索飞行甲板的其他形式。

1917年3月，英国皇家海军将“暴怒”号巡洋舰改装为世界上第一艘搭载常规起降飞机的航母。该舰的飞行甲板分为前后两截，前部用于飞机起飞，后部用于降落。这种布局虽然使飞机可以同时在舰上起降，但起降跑道都很短，而且还存在因舰桥、烟囱、桅杆等障碍物而产生横向的和向下的混合气流和涡旋的风险。这个致命的缺陷造成了“暴怒”号航母在进行第二次飞机降落实验时机毁人亡的结果，发明助降设备的著名试飞员欧内斯特·邓宁少校不幸牺牲。英国海军意识到，必须放弃这种“杀人机器”，尽可能延长飞行甲板的长度。针对首尾两段式飞行甲板暴露出的问题，英国海军很快提出设计方案：将船体的整个长度都用作飞行跑道，跑道前半部分用于起飞，后半部分用于降落。英国首先将一艘商船改造成“百眼巨人”号航母。改造时将飞行甲板从舰艏直铺到舰艉，除了在右舷有一个不大的上层建筑外没有任何障碍物。该舰于1918年9月正式服役，成为世界上第一艘真正意义上的改装航母。1924年，英国海军订购的“竞技神”号航母服役，这艘航母满载排水量为9052吨，全长160多米，载机21架；采用通长甲板，并将机库设在飞行甲板下层的舱内；封闭的舰艏、“岛”形上层建筑等是彻头彻尾地按航母的要求设计的，基本上具备了现代航母的雏形。该舰后来被称为“现代航母的鼻祖”。与此同时，美国海军在1919年开始将“木星”号运煤船改装为通长飞行甲板航母。1922年3月，这艘名为“兰利”号的航母服役，其飞行甲板长162.7米，宽19.5米。日本以英国海军为榜样，也在1918年订购了一艘专门设计建造的航母“凤翔”号。该舰采用通长飞行甲板，于1922年完工，赶在了英国“竞技神”号之前服役。由于通长飞行甲板比较适合飞机的起降，因此这种飞行甲板形式一直沿用到第二次世界大战结束。

为了提高舰载机出动架次率，20世纪20年代，英国和美国曾出现将机库甲板作为辅助飞行甲板的大胆设计，两个飞行甲板可以使飞机同时升空与降落，轻型飞机在机库中经过短距滑行后可以直接起飞。日本在照搬该设计的同时，也做了一些改进，即在“加贺”号航母上设置了两个这种辅助飞行甲板，将下面2层甲板的前端设为起飞甲板，其余部分作为机库，这样就有3层飞行甲板。但是随着飞机重量不断加大，需要的起飞距离也越来越长，这些辅助飞行甲板显然无法再满足螺旋桨式飞机的起降要求，到1930年左右就彻底消失了。

1945年12月3日，一架“吸血鬼”式喷气战斗机在英国的“海洋”号航母上成功降落，宣告了喷气式舰载机时代的到来。舰载机的喷气化给航母带来新的挑战：重量大、起降速度高、加速性差、需要的滑行距离长，从前设计的飞行甲板无法满足其要求。虽然，起飞问题由于后来采用了功率更大的蒸汽弹射器而获得解决，但着舰仍存在一定的问题。而喷气机进场速度更大，稍有不慎，就很容易发生机毁人亡的事故。1947年，英国一家研究所推出了“柔性甲板”技术，以期解决喷气机的着舰问题。试验时，在“勇士”号航母1/3的飞行甲板上铺设了70毫米厚的橡胶面，取消了舰上的飞机阻拦装置，飞机沿甲板“弹跳”前进直至静止，这种办法最后以失败而告终。

1950年6月，朝鲜战争爆发。美国海军先后派遣了11艘航母参战。其中“瓦利福奇”号航母首先派出喷气式舰载机对朝鲜的政治、经济、军事目标进行了狂轰滥炸。这是喷气式舰载机首次参加实战。战争的考验证明了喷气式舰载机的优越性以及航母具有使用喷气式舰载机的能力，使舰载机彻底告别了螺旋桨时代；另一方面也暴露出传统的飞行甲板在形式和起降作业程序上存在许多严重的不足。

1952年，英国海军肯梅尔上校提出了斜角甲板方案，即一条从舰右舷后部延伸到左舷的前部、与舰的中轴线呈一定角度的跑道，横向布置有阻拦索，主要用于飞机的降落，为飞机提供一个完全不受阻碍的降落航线。飞机从右舷边进场着舰，如果飞机尾钩没有钩住任何一根阻拦索，飞行员可以加速从航母左舷边上空飞离，然后再试一次。这样一来，就不会发生飞机猛烈撞到上层建筑上或撞坏停在飞行甲板前端的飞机等事故。斜角甲板有效地将飞行甲板分为3个明显的区域：斜角降落区、前部的起飞区以及两者之间的待机区。

其总长度直接影响到舰载机的事故率。再加上同年，英国海军中校特哈特发明了助降镜，舰载机的着舰事故率大大下降，有数据显示当时就降到了每万次 50 例的水平。

美国海军经过 400 多次试验，充分体会到了斜角甲板的优越性，并于 1952 年 5 月对“安提坦”号航母进行了改造。这次改造在舰上安装了与舰的中心线成 8° 的斜角甲板，使其成为世界上第一艘安装斜角甲板的航母。在此基础上，美国还对第二次世界大战期间建造的埃塞克斯级和“中途岛”号航母进行了相似的改装。一年后，美国海军将刚刚开工的“福莱斯特”号航母由原来设计的直通甲板改为斜直两段式飞行甲板的形式，之后建造的美国海军航母均沿用了这一设计，这几乎已经成为美国航母飞行甲板的标准形式，并沿用至今。

如尼米兹级航母，自 1968 年 6 月开始建造以来，整个设计在 30 年间几乎没有做过重大的改动。以“杜鲁门”号为例，航母的着舰区总长为 237.7 米，这个长度的确定需要综合考虑各种因素。首先在降落的过程中，飞机飞到舰艉时必然离甲板还有一定的高度，这个高度一般为 3 米左右，飞机的下滑角应为 3.5° ~4°，以此可推算出飞机的着舰点在离舰艉部的 45~50 米处；阻拦索要达到很高的阻拦概率，其间距需要达到 12~18 米；为了吸收降落飞机的动能而不危及飞机的结构，飞机在钩上阻拦索后滑跑距离应该有 105 米；从钩住阻拦索滑行结束后，飞机离开回转区的转向距离，回转区等于飞机长加上回转半径长约 33 米。要确定整个斜角甲板的长度还需要考虑其他因素，如助降系统的位置、阻拦索与拦机网之间的距离、飞机滑行偏中心容差等。斜角甲板降落跑道的宽度通常为 27~36 米。从舰艉起向左舷延伸到舷外，一般与舰的中线呈 10° 左右的夹角；斜角甲板的角度选择也相当重要，通常甲板的角度选为 6°~ 13°，角度越大，飞行员着降的难度就越大，而且左舷需要用来支撑的突出部也会增大很多。

相比之下，英国海军直到 1954 年才在排水量为 18 000 吨的

“人马座”号航母上装 5.5° 的斜角甲板。此后，他们延续“航母以飞机为主”的理念，围绕飞机高于航母自身的设计，在 20 世纪 60 年代成功开发“鹞”式垂直 / 短距起降飞机后，为了增大“鹞”式飞机升空时的载弹量，英国海军中校道格拉斯·泰勒提出了滑跃式甲板设计。即，将飞行甲板前端约 27 米长的一段甲板设计成向

中国海军辽宁舰航母采用滑跃起飞的飞行甲板。

上弯曲的平缓凹形曲面。通过滑跃式甲板起飞，飞机可以获得所需的爬升航迹角和上仰角速度，使机翼达到较大的仰角，飞机在离舰点能产生更大的升力。这无需对飞机做任何改装，飞行员也感到安全适用，而飞机的载重可以增加 20%，起飞滑跑的距离可以缩短 65%。试验表明，常规起降飞机使用这种系统在相同起飞距离的时候也能携带更多的载荷升空，或在相同载荷的情况下，

起飞距离更短，当然滑行距离比弹射起飞来说要长得多。采用滑跃式甲板的英国“无敌”号和“竞技神”号航母，在马岛海战中经受了战争的考验并取得了很好的战果。这无疑为希望拥有航母的中小国家指明了一条可行的道路。在西班牙“阿斯图里亚斯亲王”号、意大利“加里波第”号和苏联的航母上，这种飞行甲板设计已经得到了广泛的使用。虽然，迄今为止美国并没有采用滑跃式甲板，但在 1980—1985 年，美国海军也对滑跃式起飞做了大量的研究，并用 F-14A、F/A-18A、T-2C 飞机进行了广泛的模拟计算和陆上滑跃式固定飞行甲板试验，探索在弹射器被破坏时，采用滑跃式甲板做紧急升空的可行性。

值得一提的是，20 世纪 70 年代末，苏联船舶工业部的涅瓦设计局设计了 T-1 型滑跃式甲板。T-1 型甲板高为 5 米，长 60 米，宽 30 米，跃升角为 8.5°，由黑海船厂建造，安装在克里米亚半岛的新费得罗夫卡机场，由苏霍伊、米高扬、格雷莫夫三大设计局大名鼎鼎的试飞员 H. 萨多夫尼科夫、B. 普加乔夫等进行试飞。1982 年 8 月 21 日，米高扬设计局试飞员 A. 费斯多维茨驾驶米格 -29 首次完成了滑跃式起飞。当时这架飞机起飞重量为 12 吨，滑跑距离为 250 米，起飞时速为 240 千米。8 月 28 日，萨多夫尼科夫也驾驶苏 -27 成功起飞。该飞机的起飞重量为 18.2 吨，滑跑距离小于 230 米，起飞时速为 232 千米。到 9 月 17 日为止，苏联共用苏 -27 进行了 27 次试验。苏 -25 攻击机随后也在 T-1 装置上起飞成功。这一系列成功试验的结果表明，滑跃式甲板能够保证舰载战斗机的无弹射起飞。涅瓦设计局吸收各项试验的经验，设计了新型滑跃式起飞甲板 T-2。该型装置长 53.5 米，宽 17.5 米，跃升角为 14°。1984 年 9 月 25 日，萨多夫尼科夫首次成功完成了从新型滑跃式甲板起飞的任务。于是，该甲板设计被运用到了于 1983 年开始建造的“库兹涅佐夫”号航母上。其滑跃式甲板长约 60 米，跃升角为 12°。1989 年 11 月 1 日，苏联在“库兹涅佐夫”号航母上成功地进行了苏 -27K、米格 -29K、苏 -25 舰载机的滑跃式起飞试验；其他飞机，如安 -74 预警机、雅克 -141 垂直／短距起降飞机的滑跃式起飞试验也取得了成功。同级第二艘采用滑跃式甲板的航母是“瓦良格”号，甲板跃升角为 14°，其滑跃式起飞的出动架次率，据称可达 10 分钟起飞 12 架飞机，即平均每 50 秒起飞 1 架。

试验证明，在利用滑跃式飞行甲板进行起飞的过程中，当飞机在飞离航母时，由于有斜板给予的正俯仰角速度，其迎角和高度都将增大。在滑跃式起飞的任何阶段，飞行员都能对飞机进行有效的操纵，完全控制飞机的飞行姿态。另外，由于滑跃式起飞不依赖甲板风，航母低速航行即可，这节省了航母的燃油消耗，增加了航母的续航力，动力装置的寿命也得以延长。其不足之处是飞机起飞率低，影响作战能力的发挥。与有弹射器的同样大小的航母相比，滑跃式甲板的前段呈抛物线形，因此有相当长度的甲板无法停放飞机，导致飞行甲板上停放的飞机数量少，这也是美国海军至今不放弃弹射器的一个重要原因。另一方面，滑跃式起飞对飞机的发动机推力要求很高，需要大推重比的发动机，这就要求航母携带更多的航空燃油。滑跃式起飞的速度比弹射起飞的速度约小一半，因此对飞机小速度的可操纵性和稳定性就会有更高的要求。苏联在苏-27K 飞机上加装了可动前翼，以增加其起飞过程的俯仰控制能力；增设外翼副翼，提高其横侧操纵效率。滑跃式起飞所需的甲板跑道较长，如果在一个 12° 的滑跃式甲板上起飞全副武装的飞机，需要的起飞跑道长达 180 米，比平甲板起飞降低 40%，但这个长度却是弹射起飞所需的 70~80 米长度的 2 倍。而对于 4 万吨级至 6 万吨级的航母来说，其总长才 260~300 米。如果采用弹射起飞，航母就具有起飞与回收同时进行、互不干扰的能力，而采用滑跃式飞行甲板就不可能实现这一点。同时，由于滑跃式甲板存在一定曲率，对于 12° 跃升角的滑跃式甲板，飞机起落架承受的重量是正常起飞的重量的 2 倍，因此需要对飞机的起落架进行特别设计。

随着海军飞机重量的不断增加，美国海军航母采用蒸汽弹射器弹射飞机。弹射器弹射飞机所需的甲板长度包括弹射最大飞机时所需的弹射器动力冲程长度、火焰挡板离弹射器的距离、弹射器水力刹车等。飞行甲板的其他区域除设置升降机和“岛”形舰桥等部位外，均为待机区，降落后的飞机迅速被牵引到待机区。因此，航母整个飞行甲板的长度就是降落区和起飞区长度之和。从适航性和结

航行中的美国海军“里根”号航母，飞行甲板上舰载机折翼摆放。

构方面考虑，斜角甲板不能前伸和外伸太多，美国尼米兹级航母的飞行甲板的长度均为 300 多米，按下滑角为 4°，不计回收和弹射区内的重叠部分，飞行甲板的最小长度约为 285 米。刚刚服役的“福特”号航母采用电磁弹射系统，飞行甲板长达 337 米。

坐过船的朋友都知道海上风大，而航母上有个专有名词来形容它，叫“甲板风”。甲板风，就是由航母的运动和自然风叠加作业的结果。比如，假设航母以 30 节的速度迎风航行，自然风风速为 15 节，那么甲板风风速就为两者之和，即 45 节。当飞行甲板执行起飞作业时，相对迎面风速越大，对起飞越有利；而此时，人在上面行走会非常困难，甚至出现站不稳的情况，所以通常只能贴在飞行甲板上匍匐前行。2001 年，在一次学术交流会上，我曾说过：“希望有一天，我能站在人民海军航母甲板上，任凭海风吹拂的，但愿不是白发。”2017 年，站在辽宁舰飞行甲板上，随行的儿子看到我已两鬓斑白，他俯身亲吻了我当年“立誓”的飞行甲板。那一句“兄弟，我来了！”让我的泪随风飘落……母子相拥，我心里知道：这些年，陪航母的时间远比陪儿子的多！

NO.35

耸立在航母上的“岛”

航母上的“岛”可形象地比喻成我们的“大脑”。从航母诞生以来，“岛”的位置和形式经过了大量的实践，逐步被确定下来。

关键词：

基础功能，指挥功能
烟囱功能

小川说：

2019 年 5 月 26 日，我和“航母忘年交”毛震亚先生在交谈中，回忆起 20 世纪 90 年代初，我向他们这些“中国第一代航母人”学习的经历。这段经历让我受益匪浅。尤子平、许学彦、潘镜芙、张日明、朱英富、于瀛、李杰、侯建军、林尧清、虞崇正、于燮、曹克祥、侯光恺、黄鸿勋、张孝俊、李明权、卢成文、胡其道、蒋都庭等许多德高望重的前辈，曾帮助我提高了对航母的战略思考、系统工程思维、从顶层设计角度对技术发展的理性认知。他们不仅是我航母（学术）专业上的导师，更是我人生成长的恩师。毛先生清晰地记得，我是好奇的“小问号”，曾问过他许多问题，如航母一眼望去体态肥腴，为什么还有一个小小的“岛”？这个“岛”有什么作用？为什么不在中间而多在右侧建“岛”？在右舷形成不对称布置，是否会影响航母的平衡？“岛”的设计与哪些因素有关？相比较而言，美国航母的“岛”为什么越建越往后？

水兵心语：

在踏踏实实工作身影的背后，捧出的是满满的付出和奉献。正是这默默的奉献，成就了我们的航母事业从“船能动”“机上舰”，到战斗力日渐形成，一步步地发展壮大，这就是我们伟大的航母事业，一个用千百名航母舰员默默付出垒砌起来的伟大事业。

——中国航母人 于景己

XIAOCHUAN SHUO

“岛”的大小与什么有关系，是否越大越好？“岛”是否有一天会消失？

交谈中，我们回顾了中国航母发展的艰辛，从“瓦良格”号到“辽宁”号培养出的一大批后起之秀，一代又一代中国航母人从默默无闻铺路打基础、“摸着石头过河”实干“架桥”，到自主研制创新发展……我们这些“航母忘年交”似乎内心有着某种不可言表的传承。如今，眼看着新一代中国航母人快速成长，自主研制的山东舰设计团队平均年龄35岁，这几乎是我开始关注、研究航母至今的岁月。

于是，想起母亲说过的一句话：“幸福，就是和喜欢的人在一起做喜欢的事。”有了这份传承，一辈子能赶上成为中国航母人，不仅是幸福，还很幸运！正如泰戈尔所说：“不是我选择了最好的，是最好的选择了我。”

美国第一艘核动力航母“企业”号在 1966 年改造前的圆顶式“岛”。

航母上的“岛”可形象地比喻成我们的“大脑”，其作用可简单归纳为以下几点。一是基础功能。它承载着各种电子设备天线，几乎是航母上全部重要电子设备天线的基座和设备舱室的住地。二是指挥功能。从上至下布置有航空（飞行）舰桥、航海（航行）舰桥和司令舰桥，以及各种指挥设施的舱室，具体实施飞行管制、甲板作业指挥、航行指挥和全航母战斗群作战行动的指挥协调任务。三是烟囱功能。在常规动力航母上，它是舰桥和烟囱的结合体，主动力的进、排气道的对外出口就坐落其上。四是支援功能。它是飞行甲板上各种装置的储藏所，同时也是飞行甲板工作人员的休息地，更是舰内与飞行甲板的重要通道。

从航母诞生以来，“岛”的位置和形式经过了大量的实践，逐步被确定下来。航母的首创者、法国大发明家克雷芒·阿德尔在1909年发表的《军事飞行》一书中设想，航母的飞行甲板应该是什么障碍也没有的平甲板，有利于飞行甲板起降作业的进行。目前，航母“岛”位于右舷，是经验的总结和习惯的需要，其设计是一个十分复杂的问题，涉及的因素很多。

首先，从结构上要保证其具有足够的强度。“岛”是一个狭长而很高的结构物，其设计考虑不同于其他军舰的上层建筑。它的横向载荷构成了临界设计因子，也就是满足强度的衡准，横向隔壁系统承受巨大的剪切应力，保持其从底至顶的连续性至关重要。其次，考虑舰机适配性。众所周知，“岛”是飞行甲板上最大的建筑物，如何安排其位置对舰机适配性影响很大，必须在保证其实用功能的前提下尽可能少占飞行甲板的面积，以便让出更多的位置供飞机在甲板上作业，也就是说离起降跑道要有足够的安全距离。同时，还要考虑到“岛”后的空气乱流不致严重干扰进场飞机着舰作业；保证航空管制（俗称“塔台”）有开阔的视野，使飞行作业指挥官（俗称“航空老板”）面对飞行甲板一览无余。再者，“岛”的构型要能满足天线基座的要求。由于航母上几乎所有重要电子设备的天线都集中在这个小“岛”上，因此电磁兼容性是一个十分棘手的问题。要最大限度使其兼容，防止重要设备相互干扰和微波辐射对飞机甲板作业构成危害。同时，还要保证其他使用功能，如烟囱排气不影响飞行作业，烟气不会在飞行甲板上对飞机构成危害；对航空舰桥、航海舰桥和司令舰桥布置有足够的空间和高度，满足其指控功能要求；有足够的舱室空间以满足办公、储藏和通道等各种支援功能的要求。

“岛”的设计有几个棘手的问题必须解决。首先，对于常规动力航母来说要解决排烟问题；其次，要满足指挥功能的问题。

起初，航母舰长指挥战位位于飞行甲板前端首部，当时在电子设备不发达的情况下，靠人在露天下观察指挥是可行的。但经过海上航行实践，舰艏是受浪影响最严重的地方，尤其在北大西洋的恶劣海况下，舰长是无法在那里指挥的。于是，英国人发明了封艏（又称“台风艏”），“岛”是指挥的理想场所。而雷达出现后，安装雷达和后来的各种电子天线更需要“岛”。经过设计师们的试验调整，在保证飞机起降作业的前提下，将“岛”设置于舷侧是最好的解决办法。至于位于右舷侧，则与人因工程相关。我们不妨思考一下人的习惯，运动员在运动场上是逆时针，也就是向左转圈跑；汽车司机在遇到紧急情况时通常习惯向左打轮；同样，飞机驾驶员在处理紧急事件时习惯地向左打舵，导致飞机向左转；而舰载机在着舰时不一定每次都会成功，如果不成功，飞机要进行复飞，复飞时飞行员往往左向偏转，如果上层建筑在左边，就容易发生撞机事故。因此就不难理解，“岛”为何最终位于右舷侧了。历史上，也曾有过“岛”建在左舷侧的例子。如日本的“苍龙”号和“飞龙”号。“飞龙”号的“岛”就位于左舷侧。起初这种设计是出于编队作战上的考虑，两艘舰一左一右编队航行，起飞时飞机互不干扰。但在实践中发现，这种设计并不理想，反而增加了事故的发生率。所以，后来把“岛”设置在右舷侧的设计便成了普遍的选择。但“岛”位于右舷，使航母失去了一般船体的对称性。为了使航母保持平衡，设计师们在左舷侧建造了巨大的舷台，舷台上布设了斜角甲板和弹射器等航空支援设施，用以平衡“岛”的重量。航母所特有的舰型也由此形成。由于这种不平衡性引起的设计上的非对称性，使舰在结构上不仅出现弯矩，还出现扭矩，因此增加了航母结构设计的难度。

目前，综观各国航母的“岛”结构，共三大类：一类以法国“贞德”号直升机航母为代表，采用中央“岛”式布置，把上甲板一分为二，前部为巡洋舰艏，后部为飞行甲板；一类以美国航母为代表，“岛”偏置在右舷，从而构成直通的飞行甲板，十分利于飞行作业，这是目前大小航母普遍采用的一种布置方式，包括西班牙为泰国建造的“差克里·纳吕贝特”号航母；还有一类是新近服役的英国皇家海军伊丽莎白女王级航母采用的“双岛”形式。以世界上拥有航母最多的美国来看，航母的“岛”越建越小、位置越来越靠后。从福莱斯特级常规动力航母到尼米兹级核动力航母，其飞行甲板上“岛”与飞机升降机的相对位置只有两类：一类如福莱斯特级航母那样，1 号升降机位于“岛”前，2 号和 3 号升降机位于“岛”后，4 号升降机位于左舷侧的斜角甲板的前端；另一类就如改造后的小鹰级航母，1 号和 2 号升降机位于“岛”前，3 号升降机位于“岛”后，而 4 号升降机由左舷侧的前端移到了后端。在这两类布置中，“岛”的相对位置只差一个升降机的位置，并非无限地往后，这种变化是由使用中得出的经验决定的。在福莱斯特级航母的布置方案中，左舷侧升降机位于斜角甲板的前端，不管是中部弹射器启动，还是进行着舰回收飞机作业，均会使该台升降机受到影响，因此在“岛”前实际能充分发挥作用的只有一台升降机。也就是说，假如在起飞作业时，由于 4 号升降机不能充分发挥作用，需要从 2 号升降机调度飞机供应 1 号和 2 号弹射器，其飞机滑行距离远，影响弹射起飞效率；而改变后的飞行甲板布置方案，各升降机没有占用起降跑道的，都能充分发挥其效能，而 1 号和 2 号升降机离 1 号和 2 号弹射器的弹射台最近，3 号和 4 号升降机离 3 号和 4 号弹射器的弹射台最近，从而可以大大提高弹射起飞作业效率。反之，在回收飞机作业时，“岛”前也有两台升降机充分保障其降落的飞机进入机库。此外，此改动改善了左舷侧升降机的淹湿性。在此之前，左舷侧斜角甲板的前端由于支撑其舷台船体有很大的外飘，当航母起降作业高速航行时，此处的飞溅特别大，易使该处升降机受到影响。

航母的“岛”位于飞行甲板前后或左右及其大小等，不仅要满足设计要求，还涉及许多在使用过程中获取的经验。在横向上，早期“岛”外侧与主舰体的内舷连接，这样能使它的刚性更好，震动小，因为天线经受不起太大的震动。尼米兹级航母已将上层建筑全部外移至飞行甲板边缘，这样就节省了更多的空间以供飞机使用，而其震动问题也通过减小“岛”的重量和一些特殊措施

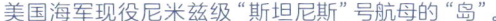

美国海军现役尼米兹级“斯坦尼斯”号航母的“岛”。

得到了相应的限制。在纵向上，由于考虑到烟囱的布置，烟囱随主机一般位于中偏后一点，所以，常规动力航母的“岛”多半设在中部稍偏后的位置。早期航母的“岛”比较大，因为它不但有航行指挥、航空指挥和作战指挥（编队指挥）的各舰桥，而且还是对空武器的基座。而现在，“岛”尽可能缩小了些。美国尼米兹级核动力航母不用考虑烟囱的布置，“岛”长 25 米左右，占舰长的 1/13；宽 8 米左右（上面为 10~12 米），不到飞行甲板宽的 1/9。这种设计不仅可减少对飞行甲板上尾流场的影响，且使它容易外移，有利于扩大飞行甲板的有效面积。但要做到这一点，必须有两个前提：一是解决电磁兼容问题，包括共用天线等设置；二是有较好的电子设备，不用借助目视。

根据航母的大小和使命的不同，其舱室安排也不相同。“岛”上舱室一般可以分为以下几类。一是指控类舱室，如航空舰桥、

中国航母“辽宁”号挂满旗的“岛”。
摄影 查春明

航海舰桥和司令舰桥。航空舰桥，又称飞行舰桥，担任航空管制、甲板作业指挥等任务；航海舰桥是与航母航行有关的指挥场所，设有海图室，舰长的指挥站位于此；司令舰桥是编队司令部的所在地，是为满足旗舰功能而设置的，编队司令就在这里面实施对全舰队的指挥控制。二是电子设备舱室，如雷达室、通信室、导航室和电子战设备室及其附属的配电和空调等舱室。三是支援舱室，如空调室、通风室、消防室、储藏室和休息室等舱室。以美国退役的常规动力航母“独力”号的“岛”为例：07 甲板为司令舰桥，其上除设有编队司令作战指挥控制中心外，还有导航和作战军官休息室，编队司令休息室、1~4 号烟道及各通道等；08 甲板为航海舰桥，其上有舰长指控中心、驾驶室、主通信室、海图室、舰长休息室、尾向对海观察台、电视摄像机室、1~4 号烟道以及升降道和各通道等；09 甲板为航空舰桥，其上设有雷达室、“北约海麻雀”导弹系统发射室、“北约海麻雀”导弹指挥仪平台、AN/SPS-48 风扇室、指挥仪基座、集会室、电子对抗设备室、主飞行管制站（塔台）、AN/SLQ-17 设备舱室、电子对抗设备 3 号工作间以及 1~4 号烟道和升降道等。这样的“岛”通常与主舰体材料是一样的，如尼米兹级航母的“岛”为高强度结构钢，前 6 艘（CVN-68 至 CVN-73）为高度屈服强度钢 HY-80 和 HY-100，从第 7 艘“斯坦尼斯”号（CVN-74）开始，逐步改用高强度低合金钢 HSLA-80 和 HSLA-100，其装甲材料为“凯夫拉”装甲，非结构材料有铝等金属材料和其他非金属材料。

NO.36

不可小视的航母烟囱

采用核动力之后，由于核反应堆不产生燃烧烟气，令航母设计师头疼的烟囱也就从核动力航母上永久地消失了。

关键词：

起倒式烟囱　舷侧水平烟囱
固定直立式烟囱

小川说：XIAOCHUAN SHUO

2017 年 4 月 26 日，中国首艘国产航母在万众期待中下水。当天上午 9 时，按照国际惯例，航母下水仪式在庄重的国歌声中开始，随着一瓶香槟摔碎在舰艏、两舷喷射出绚丽的彩带，周边船舶一起鸣响汽笛，航母在拖曳牵引下缓缓移出船坞，现场爆出雷鸣般的掌声。此后，这艘我国自主研制的航母多次出港试航，关心航母的朋友会通过航母的烟囱是否冒烟来判断其出航的时间。

烟囱是常规动力航母的重要标志，烟囱在排烟过程中会对舰载机安全作业产生极大的影响。烟囱排放灼热的废气会扰乱飞行甲板上的气流而产生湍流，妨碍舰载机的安全着舰；而高温烟气还会造成附近环境温度不均匀，导致空气密度不均匀，同样会使正在进行着舰作业的飞行员产生视觉误差；未能飘散的浓烟更会遮挡飞行员的视线；当航母低速时，有时会因风向的关系，烟气逆流弥漫至飞行甲板上空，这些燃烧后的废气会腐蚀航母上的雷达天线或通信设备，同时也会损害舰载机的外露电子设备。当然，航母烟囱也经历了自身的发展过程。采用核动力之后，由于核反应堆不产生燃烧烟气，令航母设计师头疼的烟囱也就从核动力航母上永久地消失了。

水兵心语：

我坚信，只要我们都有热爱航母、扎根航母、建功航母、献身航母的信心和决心，我们的航母一定能在深海大洋中扬帆起航、破浪前行！也许没有人知道我们的名字，也许无人记得我们的脸庞，但祖国强军的历史中会留下我们共同的名字——中国航母人。

——中国航母人 缪青超

世界上最早的全通甲板式航母，是英国于1918年完成的“百眼巨人”号航母。它的排烟设计是从锅炉舱通出排烟道，分左右两路沿着机库侧面导向舰艉，然后用强力的抽风机将其排出。在舰载机进行着舰作业时，根据风向随时关闭左、右烟道之一，让出烟的排烟口相对飞行甲板总是处于下风位置，以免对舰载机作业产生不利的气流扰动。据称，从一舷排烟切换到另一舷排烟，在2分钟内即可完成。

当时追随英国海军也在发展航母的日本，根据《华盛顿海军裁军条约》，将其停止建造的2艘战列舰改为航母。其中，“加贺”号于1928年建成，仿效了英国“百眼巨人”号，也采用舷侧烟道、尾部排烟的方式，只是稍作改进，烟道末端微微向下并外斜，在排烟口内的周围设置一组海水喷嘴，由其喷射海水以冷却排烟，

2005 年

英国皇家海军退役的“无敌”号航母采用双烟囱。

图片来源：《世界知识》杂志

防止其飘逸上升。实践表明，冷却装置的防烟上升效果倒还可以，但是舰后上空的气流扰动并未能得到多少改善，而与舷侧烟道相邻的居住舱室却承受着高温的炙烤，且敷设长距离的粗大烟道付出了极大的重量和容积代价。后来，这种舷侧烟道、尾部排烟的方式又被改为舷侧直接排烟。

美国第一艘航母“兰利”号（CV-1）是在 1922 年由运煤船改装而成的。它的烟囱一开始就采用了直立式，将烟道的出口分成两支，在左、右舷各设一支，借助烟道切换装置使烟气始终在下风位置排出。后又发现使用不便，改为 2 个烟囱都设置在左舷后部，呈起倒式。航行时，其烟囱竖起，从上方排烟；飞行作业时，将烟囱倒下，变为水平排烟。同在 1922 年竣工的日本“凤翔”号航母也采用了这种起倒式烟囱，即在飞行甲板右舷舰桥建筑之后、舷侧以内设置了 3 个起倒式烟囱，为此占用了一部分飞行甲板的面积。由于起倒式烟囱重量较大、操作不灵活，在使用数年后又改为固定式水平烟囱，直接向舷外排烟。后来，固定式水平烟囱几乎成为日本航母一种传统的标准式样。

世界上另一艘采用起倒式烟囱的航母是美国的“突击者”号（CV-4）。该舰为了布置烟囱，在总布置设计中还做了专门考虑，特地将锅炉舱设在机舱后面，这样烟囱位置就可以比较靠近尾部。

舰的两舷设置了3对烟囱，是世界上烟囱数量最多的军舰。与“凤翔”号相似，由于在烟囱竖起时会占去飞行甲板两舷的一部分面积，于是“突击者”号做了改进，在烟囱的舷内一侧附装有一块盖板，当放倒烟囱进行飞行作业时，这块盖板正好填补了原来烟囱占去的缺口面积，使飞行甲板恢复了正常宽度。伴随着航母的大型化、高速化发展，动力装置的锅炉能量和排烟量也显著增加，起倒式烟囱构造变得过于复杂、笨重，如今不再采用此类设计。

20世纪20年代后期，日本在改装“加贺”号的同时，还改装了另一艘“赤城”号。作为对比尝试，后者采用了固定式舷侧水平烟囱的设计方案，共装备了19台锅炉，其排烟管均导向右舷，集中于2个烟囱内。其中，前烟囱有11台燃油锅炉的排烟管，在高速航行和起降飞机时使用，烟囱水平突出于飞行甲板之下，排烟口略向下弯曲，排烟气不向上升起，而是向下排出；后烟囱则集中8台煤、油混燃锅炉的排烟管，仅在巡航时使用，此烟囱也水平突出于舷外，但排烟口向上弯曲，由于起降飞机时不使用这部分锅炉，也就无烟排出；前烟囱还设有和“加贺”号相同的海水喷射装置，以冷却排烟。由于这种烟囱效果尚可，在日本海军以后建造的龙骧、翔鹤、云龙等型舰队航母，以及商船改装的轻型航母、辅助航母上都被普遍采用。

舷侧水平烟囱虽然基本能用，但也存在一些问题。当航母在战斗中不慎破损进水，并向右舷发生倾斜时，烟囱的出口处将浸入海面而不能排烟，而且海水还有通过烟囱倒灌浸入舰内的危险。对于前一问题的补救措施，设计师在烟囱末端弯曲部的最上方加设了一个应急排烟孔，平时盖住，在排烟口入水时打开此孔救急；对于后一问题，只能竭力在设计中提高烟囱排烟口的高度。

日本在第二次世界大战期间建造的大型航母，因顾虑舷侧水平烟囱对抗沉性不利，故又向飞行甲板上的直立烟囱演变，但迟迟没有采用这种烟囱。其原因主要是担心使用后将增加航母的侧面受风面积和升高航母的重心高度，对处于风浪中的航母稳性不利。1934年，日本曾发生“友鹤事件”。“友鹤”是一艘水雷艇，它在完工后不久的一次航行中，在回转时发生了倾覆。此次事故发生的主要原因是艇的重心过高，回转时产生的离心倾侧力矩加上突然的波浪力矩，合成了过大的倾侧力矩而致倾覆。事后日本海军引以为戒，对于任何可能导致重心升高的举措都极为小心谨慎。

相比之下，英、美航母的烟囱发展基本一步到位。英国与“百眼巨人”号在尝试过舷侧烟道、尾部排烟的方式之后，在后续的“鹰”号设计上果断改为固定直立式烟囱，设于飞行甲板右舷并使其与舰桥建筑连成一体。这种型式经过不断改进一直使用至今。

1924 年，英国皇家海军“竞技神”号航母的烟囱采用了固定直立式。

美国在吨位较小的“兰利”号、“突击者”号上试验过起倒式烟囱以后，对其新建的大型航母也都改用了布置于飞行甲板右舷的固定直立式烟囱。他们意识到，要避免烟气影响飞行甲板上停放的舰载机及其起降作业，关键是将烟囱排烟口做得尽可能地高，并在飞行作业时根据风向选择合适的航母航向。为此，在烟囱设计时进行了风洞试验，力求即使风力较小时，也能避免烟气飘落到飞行甲板上方。试验成果被纳入美国在“列克星敦”号（CV-2）航母及其同型舰“萨拉托加”号（CV-3）的设计中，于飞行甲板右舷的舰桥建筑之后设置了一个极为高大的烟囱。由于该级舰装有16台锅炉，设计时将各锅炉的排烟管合并成4根烟道，最后又集中于1个大烟囱中。由于其烟囱长32米、宽4米、高21.4米，在飞行甲板上犹如一座七八层高的大楼，被称为“世界军舰史上最大的烟囱”，之后一直作为美国舰队型航母烟囱的标准型式，并不断进行紧凑化和小型化改进，逐步与“岛”式上层建筑一体化。

虽然，舰队型航母的吨位在逐渐大型化，常规动力装置的功率也日益增加，排烟量理应增大，但由于动力技术的进步，烟囱的尺度并未随之扩大，而是呈缩小趋势；动力装置通过燃烧技术的改进、蒸汽工作压力和温度的提高，使得锅炉燃烧更为充分，热效率大幅提高，烟气由浓变淡，排烟量相对减少。现今，从锅炉中排出的烟气先与外界吸入的空气混合，以降低温度、稀释浓度，再以抽风机加压后从烟囱吹出。美国最后一艘常规动力航母“肯尼迪”号（CV-67）的烟囱还采取了向舷外倾斜约30°的措施，使烟囱口喷出的烟气带有一定的离舰横向速度，进一步确保了烟气不会回流入飞行甲板上方。

20世纪60年代，核动力航母诞生，一劳永逸地摆脱了烟道和烟囱对航母的困扰，提高了对飞行甲板和舱室的利用率，对飞行作业的安全性和飞机的维护保养等都带来了根本性的改善，还节省出了数千立方米的燃油容积改作他用，同时获得巨大的续航力。

值得特别提出的是苏联海军航母，在烟囱设计上颇有“后来居上”的速度。至20世纪60年代后期才问世的莫斯科级直升机

停靠在码头的辽宁舰，被夜幕降临的灯火映衬着的烟囱。
摄影 王松岐

航母，由于其舰体前段层层叠置了多座反潜、防空等导弹发射装置以及相关的制导雷达天线，后段又要为直升机飞行甲板留出尽可能长的地方，所以只能把烟囱和大型预警雷达“顶网”天线的桅杆都挤到了舰的中部，桅脚就直接支撑在烟囱的前缘。为了解决烟囱排气时对天线产生的高温、腐蚀等影响，他们不得不采取更为严格、有效的隔离和降温措施：首先在烟囱的造型方面下功夫，进行了巧妙的设计，将烟囱前缘两侧做成后倾的“滑梯”状斜面，在航行中使迎面而来的气流顺此“滑梯”向上向后斜向掠过，这股气流在“顶网”天线和烟囱的排烟之间形成了一道屏障，起到隔离、冲散、降温的作用；此外，烟囱内部也对排烟采取了更为强力的降温、稀释措施。在莫斯科级直升机航母中部上层建筑两侧的烟囱根部，可以见到各有两个大尺度的方形百叶窗式进风口，左舷有一个斜置的特大尺度的进风口，将吸入大量新鲜空气，经风机加压后，在专门的管道中与烟道内的高温烟气相混合，使其迅速冷却后排出烟囱，确保降温后的烟气不会烤坏天线的结构元件。斜角甲板式航母在苏联仅有基辅级和“库兹涅佐夫”号 2 代共 5 艘航母服役了，其烟囱设计保持了莫斯科级的传统，特别是重视排烟的降温措施，因此在烟囱下部的岛式上层建筑两侧，都设有数量众多的大型通风格栅，从而也使烟囱排烟温度降低到 200 摄氏度以下，在排烟的红外抑制方面达到了十分先进的水平，是世界上最早实施的水面舰烟囱红外抑制技术。

如今，当中国自主研制的航母下水时，人们看到了比“库兹涅佐夫”号航母更小的烟囱，从其烟雾轻袅中可以判断其燃料燃烧的效率极高。

NO.37

降落，拥抱归航的“战鹰”

舰载机飞行员着舰训练时间相对较长，在正式上航母之前，首先要在陆地模拟跑道上进行降落训练，通过这个训练后还要进行舰上试验训练，在取得足以掌握航母上降落的技能后才能成为真正的“刀尖舞者”。

关键词：

阻拦装置 对中信号 舰载机着舰

小川说：

人们常说：“上山容易，下山难；起飞容易，降落难。”

在20世纪80年代的美国电影《壮志凌云》中，有一幕经典片段是在金色的阳光下，F-14“熊猫”舰载机飞行员的成功降落。现实中，成为航母舰载机飞行员，最难的是着舰飞行作业，尽管研制了菲涅耳透镜光学助降装置，但是要使着舰飞机安全降落在摇动且不足300米长的飞行甲板上，是一件需要高度集中精力的非常危险的事，如果遇上战斗后的飞行员十分疲劳，或是战机伤残、燃油不足、恶劣气候等情况，要成功着舰就更困难。为此，舰载机飞行员着舰训练时间相对较长，在正式上航母之前，首先要在陆地模拟跑道上进行降落训练，通过这个训练后还要进行舰上试验训练，在取得

水兵心语：

一名阻拦专业的摘钩员，他的战位就在着舰跑道的边缘，每次歼-15飞机着舰都要先与他“亲密接触”。这还不算，挂索后，飞机还没停稳他就必须第一时间冲上去检查挂点，此时他的位置离尾喷口只有咫尺。而从他检查完跑回原位，到下一架战机挂索的间隔时间则是按秒计算。

——中国航母人 王明明

足以掌握航母上降落的技能后才能成为真正的“刀尖舞者”。

为保障高速飞行的舰载机能够在有限的飞行甲板上安全降落，航母上特设有在正常情况下使舰载机缩短着舰滑跑距离的阻拦索和在舰载机处于危机情况下着舰使用的阻拦网。与飞行甲板尺寸和弹射器一样，它们对飞机的性能也存在着种种限制。同时，舰载机要有一定的着舰方式，通常利用菲涅耳透镜光学助降系统目视着舰；如果在恶劣天气或夜间着舰，则采用雷达引导的航母指挥着舰（CCA）的方式着舰。即使航母在白天进行战斗，由于实行无线电静默状态，以保证在战斗中不被敌人探测到航母的位置，航母上常常只能用目视信号，这无疑给对舰载机飞行员和指挥人员增加了难度。

在航母发展史上，人们先后通过沙袋、重力、机械、液压等各种缓冲措施吸收进场飞机的动能，帮助飞机安全降落在行驶速度不算太快的航母上。1911 年 1 月 18 日，当尤金·伊利驾驶着 453.5 千克重的飞机降落在美国"宾夕法尼亚"号巡洋舰上时，飞机尾部铺设有一块长 36.58 米、宽 9.75 米的木质平台，每隔 0.91 米横向布置一条绳索，两端各带一个 22.5 千克重的沙包，每根绳索上有几个 0.305 米高的支撑支离甲板，为与之相匹配，飞机上装有 3 对挂钩。这就是最早的阻拦索和尾钩，是航母阻拦装置的雏形。1924 年，卡尔·诺登和 T. 巴思共同设计了 MK1 和 MK2 制动型阻拦索。这种阻拦索通过将一条制动带固定在绞盘表面来制动，其主要设备有鼓、制动系统、回收马达和弹簧缆索张紧器。其中除张紧器外，MK2 型阻拦装置在甲板上面的设备与今天的阻拦装置十分类似。

第一代真正的液压阻拦索，是 1928 年由位于美国汉普顿大道的海军一级航空站试验处研制的 MK3 型。其设计阻拦力为 3600 千克，着舰时速为 97 千米。该阻拦索安装在"突击者"号航母上，由两套独立的制动机构组成，一端联结一个，并改用柱塞代替活塞，液体由液压缸内排；阻拦索的两端联结到一个液压缸上，使 MK3 型单套装置允许缆索等长拉出，而且它还允许在蓄液筒中设定和储藏气压，从而实现了阻拦索的张紧和快速收回。与此同时，MK3 型液压阻拦索取消了老装置上的马达，不再依靠舰的动力，与现代阻拦索有异曲同工之处。第二次世界大战期间，美国航母大量使用了在 MK3 型基础上发展起来的 MK4 型阻拦装置。MK4 型阻拦装置将一个轴串列 10 个滑轮，改成了双轴各串 5 个滑轮，能阻拦重 4989.6 千克、速度为 61 节的飞机，被用于"列克星敦"号、"萨拉托加"号、"突击者"号、"黄蜂"号和"大黄蜂"号等航母上，后又装在独立级轻型航母和大湖区用于训练的"貂熊"号和"黑貂"号训练舰、埃塞克斯级的头 10 艘航母、卡萨布兰卡级和科芒斯曼特湾级护航航母上。此外，大量的阻拦装置还安装在各航空站，用于训练驾驶员的弹射起飞和阻拦着舰技术。

第二次世界大战期间，MK4 型阻拦装置进入实战后，由于舰载机起落次数的增多，要求阻拦装置以最大额定工况进行工作。后因其能力明显不足，MK5 型阻拦装置便诞生了。MK5 型阻拦装置的功率比 MK4 型大 3 倍，能够阻拦重 13 607.7 千克、以 78 节速度降落的飞机。1994 年 10 月，第一套 MK5 型阻拦装置被安装到了"本宁顿"号（CV-20）航母上。后来，这些装有 MK5 型阻拦装置的航母随反潜型航母的退役而完成了使命。第二次世界大战后，美国海军的攻击型航母多采用 MK7 型阻拦装置，能为重 22 679.5 千克、以 105 节速度进行着舰的飞机提供阻拦，应急时还可阻拦 27 215.4 千克重的飞机。MK7 又分 1、2、3 型，由于能提供附加的冲跑功能，增加了装置的吸能潜力，从而充分保证各型飞机的安全降落。

目前，美国航母在普遍采用斜角甲板的情况下，舰载机的正常着舰由阻拦索来完成，如果阻拦索未能使飞机停住，飞机还可开足马力从斜角甲板上再次拉起复飞，进行第二次着舰。在特殊情况下，如作战时飞机尾钩被打坏、起落架或发动机等失灵、飞机燃油耗尽无法第二次着舰时，就要采用紧急措施，即由阻拦网来完成使飞机着舰的任务。为了保证飞机安全着舰，提高飞机尾钩的钩索率，航母飞行甲板的降落区平行设置了 4~6 道阻拦索。第一道阻拦索一般设在距飞行甲板尾端 36.6~51.8 米处，每道阻拦索之间相隔 12.2~18.3 米。随着舰载机自动化程度的提高，美国海军尼米兹级航母从“里根”号以后将阻拦索的数量减少到 3 根，并在最后一道阻拦索之前设置阻拦网。

在茫茫大海上航行，航母需配有通信、导航、观通、助降等设备，以及空中管制和甲板回收作业等部门，协助舰载机找到其航母并顺利归航与着舰。其中，向归航飞机发出航母位置信息的战术航空导航系统，能使归航飞机确定航母的方位和距离，以便归航；远程警戒雷达可以管制接近航母的归航飞机；进场精确导航雷达可指示着舰飞机的精确位置和进场速度。以美国海军最后一级常规动力航母小鹰级为例：当准备着舰的飞机飞抵航母的右舷上空、高度为 240 米、以 300~350 节的速度从舰艉方向进入时，会放下尾钩，表示即将着舰。飞机继续沿直线飞行一段距离后，打开减速板，向左转 180° 到航母的左舷侧，在回转过程中放下起落架，速度降到 250 节，与航母方向逆向飞行，高度降到 180 米，在此期间再次确认飞机的总量是否在限定的着舰重量以内，以防在飞行甲板上“撞车”。当着舰飞机飞至距航母尾端约 1200 米处，飞机进入下滑航线，此时高度为 112.5 米，速度 125 节。信号官若确定着舰飞机处在正确下滑航线上，就会打开切断灯，发出一亮一灭的信号引导飞机着舰。此时飞机保持攻角 8° 、速度 125 节的下滑姿态完成着舰。

在这个复杂而危险的舰载机着舰作业中，关键性人物是着舰信号官，又称降落指挥官。他们的工作，是确保处在下滑航线上的舰载机能安全地降落在飞行甲板上。为此，着舰信号官需向着舰载机的驾驶员发送各种着舰信息。自从舰载机改用喷气式舰载机后，着舰速度增加，由着舰信号官用手拍发送信息的方式已经过时了，被新的菲涅耳透镜光学助降系统所替代。着舰信号官是具有优秀驾驶技术的飞行员，他们遇事冷静沉着，有正确的判断力和洞察力，以及随机应变处理问题的能力，通常从现役的优秀飞行员中选拔，经过着舰信号官学校培养毕业后才能成为着舰信号官。以美国海军为例：在舰上，有一个由 6 名着舰信号官组成的着舰安全队，他们的战位在斜角甲板后部、左舷侧伸出的着舰信号官平台上。他们在这里执行诱导着舰飞机安全着舰的重要使命，其队长由资深的着舰信号官担任，由他控制信号设备，如对中辅助系统、着舰飞机下滑航迹自动记录装置、舰内联络用的通信设备、

辽宁舰歼 -15 舰载机降落。

摄影 韩峰

尾钩钩索定位观测装置等。管制着舰飞机的着舰信号官，上身穿着白色救生衣，左手拿着无线电话机的话筒，右手拿着皮克勒开关。该开关能控制菲涅耳透镜光学助降系统上的灯，用电线同着舰诱导装置上的控制器相连接。着舰信号官的拇指按着绿色切断灯上的开关按钮，食指按着的按钮叫“叉杆按钮”，按下该按钮，红色禁降灯就会一亮一灭地发光，表示让进场飞机重新拉起复飞。

在舰载机降落过程中，菲涅耳透镜光学助降系统起了很大作用。该系统由透镜灯箱、禁降灯、切断灯、基准灯、电源、控制装置等组成，突出的特征是能发出直线型号的柱形光束，在空中只有在某个角度内才能见到该光束，因此它能为下滑着舰飞机指示正确进场的下滑航迹。其中，切断灯用来通知着舰飞机的驾驶员可以着舰。如果橙黄色光柱（俗称“肉球”）在绿色基准灯的上方，说明飞机飞高了，需要降低高度；如果肉球在绿色基准灯的下方，说明着舰飞机飞低了，需要升高；如果肉球在绿色基准灯的一线上，说明下滑航迹正确，着舰飞机只要保持航迹就能准确钩锁，安全地降落在飞行甲板上；如果见到绿色基准灯下面的红色光柱，说明进场着舰飞机飞得太低，需要紧急拉起重飞，严重时会发生机毁人亡的事故。菲涅耳透镜光学助降系统只能解决着舰飞机的下滑航线是否正确的问题，解决不了对中的问题，也就是着舰飞机对准斜角甲板降落道的中线。如果着舰飞机的下滑角不对，可以复飞；如果不对中，则有可能发生着舰飞机撞毁事故。由于对中问题对于保障着舰飞机的安全特别重要，目前的对中信号视距太近，往往容易使驾驶员感到紧张。为了能在远处实现对中，美海军航母已经试验了新研制的激光对中系统。据说，该系统在10海里之遥就能看见信号。

NO.38

核动力航母的“永动心”

每当我们看着航母壮阔的航迹，想象着甲板上扑面而来清爽的海风，感受到航母雷霆万钧的力量和速度时，有谁能感知到航母这座“海上城市”强大的“心脏”，而核动力是航母的“永动心”呢？

关键词：

核反应堆　“全核化”时代
“永动心”

小川说：XIAOCHUAN SHUO

2021 年 1 月 27 日是美国海军海曼·乔治·里科弗上将诞辰 121 周年纪念日。我在日记中这样写道：这位被戏称为“老贼”的“核动力海军之父”奠定了美国海军“全核化”航母的发展道路，也将是大国海军发展航母的趋势。航母的研制过程大体可分为立项论证、方案设计、工程研制、定型（鉴定）、施工建造、试航测试等阶段，每一阶段都有相应的技术状态管理、质量管理、风险管理、可靠性与维修性工作管理、合同管理、费用管理等工作内容和要求。其中，动力装置作为航母的“心脏”十分重要，需要综合考虑国家舰艇制造及备件供应基础、航母的排水量、最大航速、巡航速度、尺寸、续航力、水下噪声及各种航行状态的可靠性等多方面因素。

目前，现代航母采用的动力系统可分为常规动力和核动力两类。其中，美国和法国的现役航母采用了核动力推进系统；俄罗斯、英国、意大利、印度、西班牙、巴西、泰国等国的中小型航母普遍采用常规动力系统。所谓核动力是指采用核反应堆工作产生热量，以供锅炉烧开水，带动蒸汽轮机运转，带动螺旋桨旋转，为航母提供航行动力。

水兵心语：

其实装备也是有生命的，当你真的用心去呵护它的时候，你一定能够感受到它的心跳。我们工作在航母最深的舱底，我们把心里装满了阳光，我们的爱也最深沉，我们是盛开在机舱里的向日葵。

——中国航母人 丁立松

自从2009年“小鹰”号航母退役，美国海军航母进入“全核化”时代。核动力航母的研制由于涉及核安全等敏感问题，与国家的军事战略、技术水平和工业基础以及经费保持紧密联系。

与常规动力相比，航母采用核动力推进系统具有较为明显的优势：核动力装置不受燃料装载的限制，能长时间高速航行，大幅提高了航母的机动性，扩大了航母的作战范围。尽管常规动力航母也可达到30节的航速，但为节省燃油，巡航航速通常为20节左右，其续航力也因燃油装载量的限制而十分有限。核动力航母减少了对基地和后勤支援的依赖，一次装料可使航母运行13年、高速航行50万海里。而执行同样的作战任务，常规动力航母需要事先在世界各地建立庞大的燃料补给网络。核动力装置占用空间较小，可使航母装载更多的航空燃油、弹药和补给品，满足舰载机作战的需要，增强航母的持续作战能力。采用核动力装置还可大幅改善舰员的生活和工作条件。核动力航母没有烟囱排放出来的有毒气体，没有舰用锅炉高温和蒸汽锅炉鼓风机发出的巨大噪声，并可为舱室空调、海水淡化系统等提供充足的能源，使得舰员生活和工作环境大为改善，从而大幅提升舰员的战斗力。

由于核动力航母建造是一项充满高技术含量、高危险性的复杂系统工程，因此对于建造企业的基础设施设备、人员保障、安全管理等基础保障条件要求更高。在核动力舰船建造过程中，一旦发生核事故，将对人员、财产、生态环境等方面造成重大影响，这不仅是核动力航母建造的难点，也是研制管理难度大的原因。核动力航母虽然有着诸多优良性能，且能满足战略战术需求，但核安全仍是全人类至高无上的“红线”。与此同时，尽管核动力装置具有无可比拟的优势，但是从经济可承受性角度来看，核动力航母较常规动力航母的全寿期费用要高出很多。根据美国政府问责局（GAO）公布的研究数据，一艘常规动力航母 50 年全寿期费用约为 140.94 亿美元，而一艘核动力航母（排水量比常规航母大 1300 吨）50 年全寿期费用将达到 222.22 亿美元，比常规动力航母要多花费 81.28 亿美元，增长了 57.7%。

1950 年，由于美国“核潜艇之父”里科弗的多方游说，美国海军作战部长福莱斯特·谢尔曼对核动力装置的兴趣陡增。他认为，美国不仅仅需要核潜艇，还需要“探讨建造一艘具有核动力装置的大型航母的可能性”，因而下令研究发展核动力航母的可行性。1952 年 1 月，美国完成了航母核反应堆的选型研究。1954 年 4 月，里科弗提出一个包括潜艇、水面舰艇和航母的反应堆原型堆的发展系列项目，并获得批准。1954 年 8 月，美国原子能委员会同意研制航母核反应堆的陆上模式堆。同年 9 月 30 日，美国第一艘核潜艇“鹦鹉螺”号正式服役，引起世人瞩目，核潜艇突破了普通潜艇的全部性能限制，显著提高了水下航速，而且可以长期在水下航行而不需要增加燃料。核潜艇卓越的性能引发了人们建造核动力水面舰艇的呼声。1956 年 1 月，美国海军正式发文，开始核动力航母的论证设计。美国现役的核动力航母使用的是压水堆：最新的福特级使用的是 A1B 型；尼米兹级使用的是 A4W/A1G 型；已退役的“企业”号使用的是 A2W 型，采用的是由贝蒂斯原子能实验室研发的西屋 A2W 反应堆，共 8 座，由 32 台蒸汽发生器、4 台蒸汽汽轮机、4 根传动轴、4 个螺旋桨（单个螺旋桨重量 32 吨，螺旋桨直径 6.4 米）组成。A2W 单堆功率 150 兆瓦，可提供轴功率 35 000 马力（26.1 兆瓦），二回路初始蒸汽压力为 4 兆帕，温度 279 摄氏度。“企业”号有 8 个 A2W，可提供 280 000 马力（209 兆瓦）的轴功率，以保证有充足的动力去驱动航母以 30 多节的速度航行。

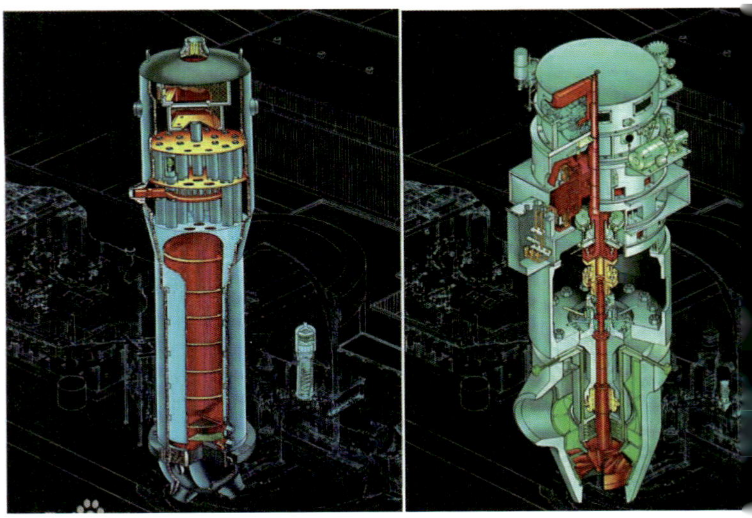

美国海军尼米兹级航母核动力装置分别采用A4W/AIG型和A4W型压水堆。

目前，世界上数量最多的尼米兹级航母所采用的 A1G 型反应堆，相比“企业”号有了质的提升。A1G 型反应堆燃料的 U-235 浓缩度为 97.3%。基于 20 世纪 60 年代的核技术，受当时计算能力、测试数据以及所使用的设计规则的限制，其建模能力十分有限，因此为了保证安全性，只能执行保守的工艺和程序，反应堆堆芯使用了平板型燃料组件，以增加换热面积和提高换热效率，并提高性能。然而，为满足尼米兹级航母总体性能需求，核动力装置的核心反应堆非常庞大而复杂，有 30 种以上的管道尺寸、1200 个以上的阀门和 20 个以上的主泵。在航母运行时，反应堆需要 60 多个人工观测点，对人力和电力的需求都非常大。

福特级航母采用的 A1B 型反应堆与尼米兹级反应堆相比，A1B 型反应堆改进了堆芯设计和核燃料组件制造工艺，减少了过热点数量，允许堆芯以更高的功率密度运行，以延长堆芯寿命，减少废料的产生，同时减少了将近 50% 的阀门、管道、主泵等。这些改进既简化了反应堆制造工艺，也减少了维护工作量和人员需求，并使系统更为紧凑，占用空间更小。新的反应堆将使用现代化电气控制与显示，可以将反应堆运行时的观测点减少到20个，将大幅减少维护人员的数量。能实现这样的突破，源于技术基础科研的进步，在可靠性允许的前提下（确保安全）降低设计保守性，通过改进方法并开发新模型，进行核、热水力学、结构力学、流体力学、动态结构负载预测和分析，建立新的堆芯性能规范，使堆芯运行效率最大化，因此采用了舰用反应堆有史以来尺寸最大的控制棒。2018年12月，刚服役不久的美国海军“福特”号航母回造船厂大修1年，这在航母发展史上算是少有的“没上岗先休假”案例。根据相关报道，2017年4月和2018年1月，“福特”号发生了两起主推进轴承故障，如“心脏病”发作一样让航母无法正常工作。加上服役前发生过的子系故障和动力故障，有人提出疑问：这艘花费129亿美元建造的美海军战略“支柱”，是否仅是大洋走秀的“花瓶”？人们甚至质疑，美国航母全核化时代的核动力装置能否成为强有力的“永动心脏”？

法国是除美国之外唯一建造和装备核动力航母的国家，拥有唯一一艘中型核动力航母“戴高乐”号。“戴高乐”号航母的满载排水量为42 000吨，全长261.5米，飞行甲板宽64.4米，吃水达8.5米，全舰搭载40架飞机；装有2座83 000马力的K15反应堆，由于受当时的技术水平和经济条件的限制，直接引用了潜艇反应堆，对航母总体性能造成了影响，结果只能提供27节的航速。该舰作战指挥系统技术水平较高，探测设备、火控系统、通信设备等都十分先进，可同时跟踪2000多个目标，足以有效地监控整个航母战斗群。“戴高乐”号的飞行甲板布局体现了“一切为舰载机服务”的思想。其具有雷达隐身外形的舰桥位于甲板右舷前部，既方便了航海驾驶又为后部留出空间停放飞机。2部升降机均安装在右舷，增加了机库空间；2部从美国购买的C-13-3型蒸汽弹射器分别位于舰艏左侧和降落区斜角甲板左侧。从操作上看，这种布局方式牺牲了同时起降飞机的能力，但方便了甲板上的飞机停机和流动，提高了飞机出动架次率。“戴高乐”号从美国引进了2架E-2C“鹰眼”预警机，为了“鹰眼”上舰，还对斜角甲板长度进行了修改，将其增长了4米。“戴高乐”号的防空武器比较强大，装有2座六联装“萨德拉尔”轻型近程

法国“戴高乐”号与美国核动力航母对比

国家	美国			法国
型号	“企业”号	尼米兹级	福特级	“戴高乐”号
标准排水量 / 吨	3570	81 600	—	35 500
满载排水量 / 吨	93 970	93 900~102 000	100 000	42 000
水线长 / 米	317	317	317	238
水线宽 / 米	38.5	40.8	40.8	31.5
吃水 / 米	10.8	11.3~12.1	11.3	8.5
飞行甲板长 / 米	341.3	332.9	332.9	261.5
最大宽 / 米	78.3	76.8	78	75
机库（长 × 宽 × 高）/ 米	223.1 × 29.3 × 7.6	208.4 × 32.9 × 8.1	—	138.5 × 29.4 × 6.1
载机数量 / 架	80	80	80	40
弹射器数量 / 架	4	4	4	2
升降机数量 / 架	4	4	3	2
航空燃油装载 / 吨	8500	9000~10 000	—	3400
航空弹药装载 / 吨	2000	3000	—	—
反应堆型号 × 数量	A2W × 8	A4W/A1G × 2	A1B × 2	K15 × 2
推进功率 / 马力	280 000	260 000	260 000	166 000
航速 / 节	30+	30+	30+	27
舰员 + 航空人员 / 人	3350+2480	3200+2480	共约 4600	1256+610

防空导弹系统、4 座“紫菀”15 型防空导弹垂直发射装置以及 4 门 20 毫米防空火炮。

作为法国第一艘核动力航母，为了节约成本，法国海军没有为其研制新堆型，而是采用了技术成熟的凯旋级核潜艇的反应堆 K15 一体化自然循环压水堆装置，并增加了安全防护屏。该反应堆热功率 150 兆瓦，具有噪声低、安全可靠性高的特点，缺点是航母的最大持续航速只能达到 27 节，是航速最慢的核动力航母。核反应堆安装在一个严密的水密壳内，采用高强度的结构钢加以防护，以防止航母受损时损坏核反应堆，堆芯寿命在 20 年以上。“戴高乐”号装有 2 座核反应堆，每座核反应堆重约 900 吨，布置于机库甲板下中部略靠舰艉处，分设在 5 个隔舱中。反应堆控制舱居中，两边依次是 2 个反应堆舱和 2 个汽轮机舱。其基本工作原理是利用核反应所产生的能量加热第一回路中的高压水，再利用第一回路中的水进入蒸汽发生器加热第二回路中的水，使其转化成蒸汽，驱动汽轮机运转。之所以被称作一体化核反应堆，就是因为它是将蒸汽发生器直接置于反应堆核心部分，连成一体以减小体积。核动力装置最主要的特点是燃烧时不使用氧气，而

“林肯”号核动力航母率领一支由 28 艘各类舰只组成的舰队，参加环太平洋“夏季脉动”多国海战演习后返回基地。

是在密闭环境下工作的，它工作的可靠性和位于水面还是水下没有关系。

从总体上来看，航母的动力系统要满足以下几方面的要求。首先，航速是决定动力装置输出功率的主要因素，航母动力装置的输出功率要确保航母达到舰载机起降所要求的约 30 节的航速。其次，对于采用蒸汽弹射起飞方式的航母，动力装置还必须为蒸汽弹射系统提供足够的蒸汽，确保舰载机能够正常弹射起飞。例如，美国航母装置 C-13-2 型蒸汽弹射系统，每弹射 1 架飞机，大约需要消耗相当于 1 吨淡水的水蒸气。同时，航母的动力装置必须具有较高的安全性。从国外航母技术规范要求来看，一般要求航母 4 舱进水不沉，连续 3 舱进水仍可保持 50%的动力，使航母能以 20 节以上的航速返回基地。每当我们看着航母壮阔的航迹，想象着甲板上扑面而来清爽的海风，感受到航母雷霆万钧的力量和速度时，有谁能感知到航母这座“海上城市”强大的“心脏”，而核动力是航母的“永动心”呢？

NO.39

航母的“摇篮”纽波特纽斯

位于美国弗吉尼亚州纽波特纽斯市的纽波特纽斯船厂诞生于 1886 年，与著名的诺福克海军基地相距不远。作为世界上唯一的大型核动力航母的“摇篮”，该船厂已向美国海军交付了包括“企业”号在内的三级 11 艘大型核动力航母。

关键词：

核动力航母建造厂

“全舰系统工程”

小川说： XIAOCHUAN SHUO

2019 年 12 月 7 日，日本偷袭珍珠港事件纪念日当天，美国海军在航母的“摇篮”纽波特纽斯船厂举行了最新福特级航母第 2 艘“约翰·F. 肯尼迪”号（CVN-79）的命名仪式，美国前总统约翰逊·肯尼迪的女儿、这艘航母的冠名者卡洛琳·肯尼迪出席了命名仪式，并按照惯例在新航母的船体上打碎了一瓶香槟，也许由于过度紧张或激动，她第一次没有打碎，也有人称：不吉利。

目前，美国核动力航母设计呈现出大型化、通用化、隐身化、模块化、智能化和集群化等特点，相应建造航母的船厂与单纯建造民用船舶的船厂有相当大的不同，必须拥有完备的造船基础设施和完善的基础设备，以保障核动力航母的安全建造。回想同年 7 月 29 日，纽波特纽斯船厂使用 900 吨起重机吊装“肯尼迪”号航母的岛式建筑的壮观场面，这座已为美国海军建造了 33 艘航母的百年老厂备受世人瞩目。

水兵心语：

三十岁对于一个女人意味着什么，她太清楚了。“第一次留我不犹豫，这一次留我不后悔。”每当在辽宁舰海天之间抛起迎风飞扬的军旗，在那庄严肃穆的军礼中，我们看到了一个女舰员对祖国的忠诚与坚守。

——中国航母人 吴冬燕

位于美国弗吉尼亚州纽波特纽斯市的纽波特纽斯船厂诞生于1886年，与著名的诺福克海军基地相距不远。作为世界上唯一的大型核动力航母的“摇篮”，该船厂已向美国海军交付了包括“企业”号在内的三级11艘大型核动力航母。

与美国许多历史悠久的船厂相比，纽波特纽斯船厂的历史并不算长，1897年才首次为美国海军建造战舰。它既没赶上为美国独立战争建造风帆战舰，也没赶上为南北战争建造装甲舰，但却赶上了19世纪末美国决定建立常备海军的年代。正因如此，该厂适时调整技术力量，发挥“船小好调头”的优势，迅速成为新一代美国海军舰艇的供应商。在1907年环游世界的著名“白色大舰队”的16艘战舰，有7艘由纽波特纽斯船厂建造；而在美国海军22艘无畏级战舰中有6艘也由该厂建造。此后，该厂为美国海军建造的各型水面舰艇源源不断地下水、交付，创下了辉煌的造舰业绩。

商业上的成功并没有影响到纽波特纽斯船厂的洞察力。1910年，在距纽波特纽斯船厂不远的海面上，一架寇蒂斯型飞机从“伯明翰”号巡洋舰上成功起飞。这次划时代的试验使纽波特纽斯船厂认识到舰船技术将会迎来一次新的革命。此后，该厂开始组织力量就航空母舰的技术进行了可行性研究，并开始探索新舰种的设计和制造工艺。经过多年努力，该船厂终于在1930年得到了美国海军的订单，为其设计和建造了第一艘专门的航母“突击者”号（CV-4），并于1934年交付美国海军。

此后，法西斯德国和日本军国主义在军事力量上急剧扩张，第二次世界大战一触即发。美国海军对舰艇的订货量迅速增加，纽波特纽斯船厂又建造了3艘约克城级航母。很快随着战争进程的发展，该船厂在航母建造上变得一发不可收拾，从1941年开始，连续开工建造了9艘埃塞克斯级航母，并在战争后期开工建造了2艘中途岛级航母。这些航母大多数都在第二次世界大战的中后期参加了对日作战，有的航母，如“约克城”号和“企业”号还在战争中立下赫赫战功，成为一代名舰。

在这一时期，美国国内能够建造航母的船厂不仅仅只有纽波特纽斯船厂，从诺福克海军船厂建造（实为改装）美国海军首艘航母“兰利”号（CV-1）后，还有昆西、纽约、费城等船厂为美国海军建造了数十艘航母。但除了纽波特纽斯船厂和纽约船厂外，其余船厂在第二次世界大战结束之前所建航母的数量并不多。

第二次世界大战结束后，航母建造业一落千丈。1944年第四季度至1952年上半年没有一艘航母正式开工建造，一些战争时期开工的项目也被纷纷叫停。不过，美国为应对战争之需而建立起了庞大的造船系统，并随之占领了商船建造领域。发生在20世纪50年代的朝鲜战争和苏伊士运河事件，以及美国商船更换计划，对美国造船工业十分利好，其船厂生意也颇为兴隆。但是，随着60年代远东造船业的崛起，美国造船业遭受重大打击，大量美国船厂的经营难以为继，大批船厂倒闭。几家能够建造航母的船厂也在风雨飘摇之中退出了历史舞台，例如昆西船厂在建造了2艘美海军核动力巡洋舰之后，由于经营问题而在1963年关闭；纽约船厂因经营不善而于 1967 年关闭。

此时，纽波特纽斯船厂又一次展现了其敏锐的洞察力。1954 年 1 月 21 日，人类第一艘核动力潜艇“鹦鹉螺”号下水，该船厂预测到水面舰艇将进入核动力时代，从而决定将船厂进行战略转型，并率先在 1954 年与威斯汀豪斯公司和美国海军共同开发出供水面舰艇推进系统应用的核动力原型反应堆。随着具有无限航程的核动力航母“企业”号在1958年开工，核动力水面舰艇的新时代开始了。此后，在20世纪60年代末，纽波特纽斯船厂持续改进设施、提高核技术研发能力，并增加和提升核动力舰艇技术的研究人员数量和水平，从而将船厂的发展方向转向核动力舰艇的制造。

在一系列改造和努力之后，纽波特纽斯船厂也建造了多艘核动力水面舰艇，这其中包括美国海军 9 艘核动力巡洋舰中的 6 艘：弗吉尼亚级的“弗吉尼亚”号（CGN38）、“得克萨斯”号（CGN39）、“密西西比”号（CGN40）、“阿肯色”号（CGN41）和加利福尼亚级的“加利福尼亚”号（CGN36）、“南卡罗来纳”号（CGN37）。

1968 年，纽波特纽斯船厂开始批量建造现役最多、吨位最大的尼米兹级核动力航母，它标志着新一代核航母时代的诞生。至此，由于在经营上有远见、技术上有储备，纽波特纽斯船厂在核动力舰艇的竞赛中拔得头筹，成为美国唯一一家核动力航母建造厂。

作为世界上唯一的核动力航母建造厂，纽波特纽斯船厂具有十分先进的造船设施与研究开发能力，特别是具备强大的铸造和机械制造能力。其产品、装备和科研能力与单纯建造民用船舶的船厂相比有相当大的不同，而几年前惨痛的军转民经历也证实了航母建造与商船建造的巨大差别。因此，可以理解当美国国防部1998 年末定下新的航母订单时，纽波特纽斯船厂心急如焚的心情。

纽波特纽斯船厂在航母建造能力的独特性上主要体现在 3 个方面。首先，拥有完备的造船设施，其中最大的船坞长达 662 米，是全美最大的船坞，该船坞能建造39万吨级的船舶，备有横跨船坞和平台的900吨龙门吊。船体结构装焊车间面积达44 540平方米，设有全天候的自动生产设施。船体加工车间有切割和成型设备50多台，可加工3~150毫米、长度达18米的钢板。模块舾装车间面积为11 150平方米，有10层楼房高的舱室舾装设施内有空调设备，可以满足运行精密的电子仪器所需的严格要求，可全天候作业。铸造车间面积20 910平方米，能铸造的最大铸造件达65.9吨。机械加工车间面积为27 890平方米，有150台机床，可制造大型螺旋桨等各种机械。其次，具有强大的研究、开发和设计能力。船厂设有创新中心，该中心通过结合最新技术，降低造船成本，以达到满足用户需求的目的。其噪声、震动、电气、机器等实验室则提供设备的监测和评估技术。此外，船厂还建立了弗吉尼亚先进的造船和航母集成中心，用于研究未来航母的系统集成和隐身技术。再者，该船厂拥有大量高素质的工程技术人员，核技术与非核技术人员的总数超过4000人，主要从事概念研究、详细设计、开发新的工艺、造船软件开发、测试与评估设备控制等工作，其专业涵括热力学、声学、流体力学、核反应堆等；还有超过400名IT工程师，从事开发制造软件、网络技术、计算机图形设计、三维图形技术等工作。另外，为培养造船专业人才，船厂还专门设立了技术学校。

纽波特纽斯船厂的核心业务完全围绕美国海军的订单进行，包括核动力航母建造、 潜艇建造、更换核燃料和海军维修与工程服务4项业务。另外，20世纪70年代以来，纽波特纽斯船厂提出了20多份有价值的研究报告，其主要内容涉及设计制造一体化、船舶生产率、船舶工业先进技术和实施示范、船厂计算机辅助生产过程设计、区域导向的管理、船舶工业的激励机制、机器人、高强度钢大能量焊接、101~610毫米铸件电渣焊和先进的离子加工技术等。通过研究“策略—任务—技术”，以实现整艘船舶按一体化的系统工程原理进行制造。

该厂还自行开发三维计算机模型系统，可模拟包括水动力、推进、船体设计、噪声等多方面的造船技术。

美国致力于发展核动力航母，提出“全舰系统工程”概念，即以传统的总体工程概念为基础，通过时间域和空间域的扩展，更好、更快、更省地实施全舰系统工程所要实现的总目标。其中，从系统工程的时间维度来看，舰船项目的全寿期过程从用户提出需求、预先研究开始，要历经论证、设计、建造、使用、维护、后勤保障、改进改装、退役处理等流程；从系统工程的空间维度来看，一艘舰船，既是由许多系统/分系统、设备构成的能完成一定任务需求的大系统，反过来它又是构成海军编队、海陆空联合作战兵力的一个分系统。在建造尼米兹级最后一艘航母“布什”号时，组波特纽斯船厂采用了新的壳体设计，通过更有效的工艺过程压缩基本建造费用；通过建造“福特”号航母，采取可承受分阶段策略，逐步引进新技术，如采用新的核动力装置和遍布全舰的发电和配电系统，以及可变换的模块化结构，以便简化现代化改装和老设备的更换工作等。随着福特级航母计划的实施，船厂的建造计划将再次出现一个跨度长达数十年的新航母周期。在如此漫长的时间里，纽波特纽斯船厂将牢牢占据美国航母建造业的主导地位，使航母不断适应未来战场的新要求。

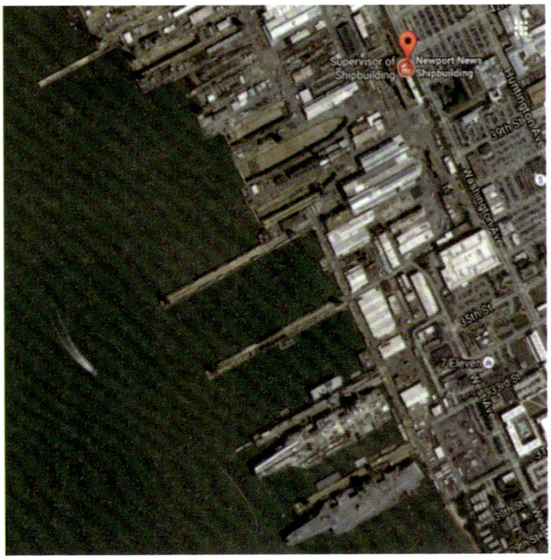

鸟瞰美国纽波特纽斯船厂。

纽波特纽斯船厂实景图。

NO.40

生活在五星级“海上雀巢”

如果说美国海军现役的核动力航母是“航母吞金兽”，舰上生活堪称“奢华”，那么100多年前提出“航母”概念的法国，海军现役的“戴高乐”号航母是否将法国人特有的浪漫带到了“海上雀巢”？

关键词:

“戴高乐”号
“海上城市”

小川说: XIAOCHUAN SHUO

2020年3月26日，美国代理海军部长托马斯·莫德利宣布：正在东亚地区执行任务的“罗斯福”号航母转移至关岛，其原因是航母上已有多名水兵确诊感染新冠病毒，5000多名舰员需全部接受新冠病毒检测。美国《海军时报》表示，此前被空运回关岛的患病水兵只有轻微症状，航母舰员在抵达关岛后也不允许出码头，不会因此减弱航母战斗力。但毫无疑问，这是美国海军航母海外部署因疫情出现的计划外“空窗期”。

“航空母舰的衣食住行也是战斗力。”

这让我回想起2011年8月10日，经过改建的“瓦良格”号航母正式下水，成为未来中国航母的训练平台。当时，我接到了撰写《航空母舰的衣食住行》一书的任务，作为中国航母服役的献礼。在该书的编撰出版启动会上，海潮出版社社长荣新光大校传达了海军首长强调的“航母上的生活也是战斗力”的思想。通过对国外航母生命力的设计理念，特别是对航母上的军人对生活用品需要的研究，我发现在航母上工作和生活的水兵，就像是生活在超五星级的“海上城市”中，不论是食品、饮用水、被服等生活用品，还是室内设备和用具以及医疗条件等，一应俱全。

水兵心语：

当航母需要的时候，我愿意化作一枚小小的螺丝，发挥我最大的能量，坚守在她最需要我的地方；当航母需要的时候，我会成为一把勤劳的扳手，工作在每一个机舱战位，认真仔细地紧固每一颗螺丝；当航母需要的时候，我要成为乘风破浪的战士，在航母事业的舞台上，铸造属于我青春的梦想，这便是我追梦航母的初心。

——中国航母人 张德智

为保障“海上城市”——航母的战斗力，舰上人员衣食住行的质量往往比陆上要好，且因为许多用品是特制的而显得十分“昂贵”，航母舰员因此被称为“海上贵族”。

仅以航母舰上官兵消耗的生活用品为例，有一半以上是食品，充分体现了“民以食为天”的道理。各国对每位海军的食品月消耗量都有各自的标准，而航母上因为有航空兵，标准会高一些。如果以每人每天 2.3 千克的食品消耗量计算，一艘有 5000 名官兵的航母每天要消耗 11.5 吨食品，每月消耗 345 吨（因为食品的比重较弹药要小）。这些食品占用的空间是十分可观的，若考虑到许多食品需要冷藏保鲜，实际占用的空间还要更大一些，而且要消耗不少能源。通常，航母的自持力一般定为 90 天，所以食品的储备标准也按照 90 天时间考虑，每月要进行一次补给，每次花费 3 ～ 4 小时。美国海军航母上淡水供应标准通常是：温带、寒带，每人每天 80 升；热带、亚热带，每人每天 100 升。一艘美国海军尼米兹级

美国海军尼米兹级航母上贮备的食品。

航母以 5000 人计算，航母每天消耗的生活淡水为 400 ~ 500 吨。除了人要饮水，蒸汽弹射器也要“喝”淡水，当然，这与蒸汽弹射器的负载和次数有关，也就是与它的“劳动强度”和“劳动时间”有关。假定航母上的飞机每天弹射起飞一次，就要消耗掉淡水约 150 吨！另外，冲洗甲板和飞机，贮存消防用水等也要消耗淡水。以此做一个粗略的计算，航母每天共需要消耗淡水 800~900 吨，这些淡水通常是由制作淡水的装置生产，不需要专门补给。但制作淡水需要消耗舰用燃油，常规动力航母计算燃油消耗的时候，也会把生产淡水和辅机的油耗计入其中，修正值不应小于 10%。如此算来，生活在航母上，成本超过五星级酒店。

如果说美国海军现役的核动力航母是“航母吞金兽”，舰上生活堪称“奢华”，那么 100 多年前提出“航母”概念的法国，海军现役的“戴高乐”号航母是否将法国人特有的浪漫带到了“海上雀巢”？

“戴高乐”号核动力航母正常编制为 750 名官兵，其中，包括上级司令部 50 人，飞行部队 550 人，本舰 150 人。舰员的海上自持力按 45 个昼夜设计；在执行特殊任务时可在机库内装载一个约 800 名官兵的陆战团，可以保证他们 30 天的生活所需。航母舰员的居住条件也得到了精心的设计。舰上共有 2000 个舱室，其中 2/3（约 1700 间）是与生活有关的舱室，最大的水兵舱可容纳 21 人，比早期“克莱蒙梭”号航母水兵大舱的 200 人的条件要好许多。通常，士官被安排在 4~9 人舱间里，高级军官拥有一个单人舱间。在法国，军舰上接纳女性是 20 世纪 90 年代后期才出现的，由于“戴高乐”号航母研制工程的实施时间在 20 世纪 90 年代之前，所以没有设计女性专用舱室，后经调整设计，能接纳约 10 名女舰员，但未达到法国海军的“所有军舰将来要接纳 10%的女性”这一要求。

航母的生活舱室里摆设有 7000 多件主要家具，其中 1700 个卧铺、衣柜、办公室和盥洗间设备都采用厚为 2 毫米的铝合金制作；舱室门为象牙色，充分体现出航母的“贵气”；住舱里配备冰柜和烘衣柜，给舰上日常生活带来了很大的便利。在水兵舱室里，

法国海军“戴高乐”号航母上的家装及厨房。

昔日那种衣服挂在床头的杂乱景象已不复存在，烘衣柜容量大，既卫生又美观。为了确保起飞甲板下面的生活舱室的隔热和隔音效果，连地板都采用绝缘材料，隔板和天花板通过具有吸收声音和减轻振动的弹性连接物与母舰主结构相连；住舱用的 5000 平方米的隔板均为隔热隔音材料，而且生活区所有材料均是耐燃的。

生活舱室分成外、里两间房，里间房是安放床铺供睡觉的，而外间房则是供休闲的。以供 9 人生活的士官舱室为例，当走进外间房时，可以看到一张带有 4 个座位的桌子、一张 3 人沙发、一张低矮的圆桌。坐在沙发上可以收看电视，电视机悬放在高处。大容量的冰柜内贮存着罐头和各种饮料，账单由室长掌管。在一个遮帘后面是供睡觉的里间房，3 个三层床之间被厚厚的床上拉帘分隔开来，还有个人用的衣柜以及烘衣柜。公用盥洗淋浴室和厕所位于纵向通道上，离生活舱室很近。为了使住舱室整洁并腾出更多的地方，航母上开设了专门用来存放个人旅行箱的舱室。

在“戴高乐”号航母上，所有与伙食有关的场所和舱室都被布置在一个垂直区段里，以便于输送。从下面的冷藏库和贮藏室出发，食物被往上送到第一站进行准备：开罐头、解冻、洗蔬菜和水果等。准备好的东西完全符合卫生条件，再被往上送至厨师的工作台上。厨房旁的冷柜里则放着一些事先准备好的冷盆、色拉或食物。民以食为天，航母上的 3 个厨房每天可以供应 4000 份正餐和 2000 份早餐。海军将官厨房则为贵宾准备饭菜。面包和糕点都是在舰上制作的，每天要做 600 千克。餐厅尽可能地不直接布置在飞行甲板下面，以防飞机起降带来的噪声。对所有舰员来说，进餐时间是一段充分享受生活的好时光。官兵们要在远离家人的海上度过整整几个月，且无法享受餐馆的美味佳肴，所以，为他们精心准备每一顿饭菜着实是一件大事。尽管舰上的烹调有诸多不便，但却是十分讲究的。法国爱丽舍总统府的名厨师都是由海军部选送的，这些曾在海军部队中锻炼过的烹饪大师均闻名遐迩。在“戴高乐”号上，20 个人只需花 2 天时间就可将 45 天自持航行所需要的 250 吨食物装入位于厨房下层的冷藏库和贮藏舱里，而这在“克莱蒙梭”号航母上需要 80 个人和 1 周时间。

能如此之快地将食物送进冷藏库和贮藏舱，除了航母设计精巧外，还得益于货盘式包装和专用升降机设施。

“戴高乐”号航母上有一条垂直通道，将布置在航母机库前方的医院与飞行甲板接起来，以便利用弹药升降机运送伤员。医院拥有16张床、2个手术室和1个急救室，并有现代化的医疗技术，可实施各种各样的手术。医院配有相关设备，如扫描器，还有一个专治大面积烧伤病人的科室。通向医院的出入舱口比一般舱口要大一些，便于抬送伤员。为了应付日常需要，医院还设有门诊室、医务室和牙防所。根据编制和部署表，舰上医院配备若干名内科医生、1名外科医生、1名麻醉医生、1名牙科医生和一些男护士。药房备有长时间出海执行任务所需要的一切药品。

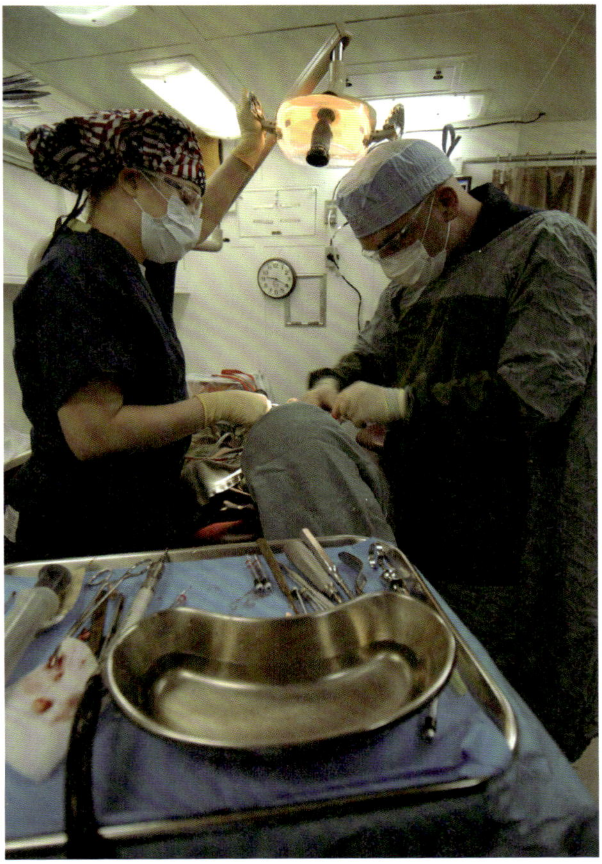

法国海军“戴高乐”号航母上的医院手术室。

为了丰富水兵和海军下士们的生活，“戴高乐”号航母上设有一个休闲场所，供他们欣赏音乐、玩台球或其他游戏，以帮助他们放松心情，保持良好的状态。在航母上，人们花时间最多的休闲项目是阅读和看电视。每个人除了有自己的藏书外，航母上还设有闭路电视系统，可以播放航母上的新闻和从卫星上接收到的节目。此外，航母上还配有专门的健身房。如果需要在舰上开展体育活动，在无飞行任务的情况下，可以利用机库和飞行甲板。

“戴高乐”号航母还拥有一个小的购物中心，那里有各种各样的商品：糖果、饮料、卫生用品、文具用品、纪念品（小酒杯、笔、饰带、头巾、T恤、帽子等）。舰上设有小邮局负责信件的邮寄和收发，寄出的文件上的邮戳旁边还会盖一种特殊的波纹印。然而，

2019年12月25日，美国太平洋舰队正在巡航的“林肯”号（CVN-72）航母舰员身穿圣诞服指挥舰载机起降。

这里并不是自由的“游戏天堂”。在航母上，行政和后勤供应部门设计成“村落”状，分布在机库和飞行甲板之间的主甲板上各部门生活区的范围里，设有类似纠察的值勤警察办公室和禁闭室，通常配备两名海军陆战队士兵来轮值，以防犯罪。当然，同西方其他航母一样，“戴高乐”号航母上拥有一位天主教神父，他拥有一个做弥撒的场所，以便为舰员解决心理问题。

不同军衔、专业和性别的法国海军，在不同季节里共有20余种制服。特别是在飞行甲板上工作的舰员，还有不同颜色的工作服和头盔、帽子来区别分工和责任，具体规定和美国海军极为相似。例如，飞机弹射指挥官戴绿头盔、着黄工作服，弹射器操纵手则为戴绿头盔、着绿工作服，

法国海军“戴高乐”号航母上的“工作服”。

飞机降落指挥官着白工作服，阻拦装置操纵手也是戴绿头盔、着绿工作服等。总之，着装既是执勤的保证，又为海上生活增添了丰富的色彩。航母上的专用洗衣间配有大容量的洗衣机和熨烫机械，这样，舰上人员可以天天换穿干净的军服。

在“戴高乐”号航母这座浮动的“海上城市”中，45 天内会产生大量的废物，因此，环保是航母设计中需要特别注意的一环。如果航母停靠在码头，可被生物降解的废物经碾碎后将被倒入回收网络里；如果航母在离海岸12 海里以外的公海上，可以将符合国际法规规定的废物倒入海中，但为了避免招来大量的海鸥在航母周围盘旋，给舰载机带来严重的损坏，也要有控制地处理这些废物。塑料废物或其他易腐烂物质要先经一个容积近 7 立方米的碾碎压实机处理，然后被暂时储存于冷藏室里，以免细菌繁殖，等到任务结束后再带回基地焚烧或回收。来自舰上医院的医疗废物则需要采取专门的措施，先经一个专用机器压实后再存放在 -20℃的冷藏舱里。除此之外，目前各国海军航母上还会不断推出有关环保的新规定，使舰员们爱舰如爱家，自觉维护这个海上绿色世界。

航母舰员生活在五星级的“海上雀巢”，与同是“五脏俱全”的超大豪华游轮相比，舰上若干厨房、餐厅、住舱等空间更为狭窄，环境更为封闭，出现伤员与病员实属正常现象。但出现如美国海军“罗斯福”号航母上的水兵感染新冠病毒的现象，一定程度上会给舰员造成恐慌心理。如果出现大面积的传染事件，那么影响的将不仅仅是一艘航母，而是一整个航母编队，甚至是执行任务的舰员的信心和能力。

NO.41

出征，谁为航母保驾护航

在航母研制过程中，不仅要解决航母自身和舰载机的技术问题，还要同时研制能与航母形成编队作战的配属舰艇，以及建立航母的后勤支援保障体系，才能使航母真正形成战斗力。

关键词：

海上补给能力

维修保障

小川说：

2020 年 1 月 12 日，我国自主研制的万吨大驱首舰南昌舰（舷号 101）在青岛某军港码头举行了隆重的入列仪式，至此，中国海军拥有了历史上吨位最大、火力最强的驱逐舰，被网友们誉为航母的“佩刀卫士”。

自古兵书有“兵马未动，粮草先行”。航母以大量舰载机作为主要武器，编队要长期在远离本土的海洋上活动，需要的物资和维护项目数量大、种类多，航母编队中舰船的大小、种类不同，从水面舰船到水下潜艇，从舰炮、导弹到飞机，从军事行动到日常生活，包括众多的军辅船自身也要补给，所需补给的物资种类以及后勤保障管理等是一个庞大的系统工程。

早在 2005 年 11 月，我专程拜访了航母专家孙诗南先生，第一次听到有关航母编队后勤保障的重要性评述。临别，年逾古稀的孙先生将倾其一生的研究成果送给我留作纪念，其中包括谁为航母保驾护航的高论：在航母研制过程中，不仅要解决航母自身和舰载机的技术问题，还要同时研制能与航母形成编队作战的配属舰艇，以及建立航母的后勤支援保障

水兵心语：

为了我们有生之年起码有这样一次机会，不计回报，不惧困难，不顾一切地，为了祖国，为了祖国的国防事业，为了祖国的第一艘航母，奉献过青春和全部的热爱。

——中国航母人 辽宁舰员

XIAOCHUAN SHUO

体系，才能使航母真正形成战斗力。为此，要根据航母的作战使用情况，研究对航母的战斗支援措施，包括作战活动区域的物资分发和库存系统、舰载机和各种重要装备的维修问题以及生活保障措施、母港建设等，需要专门的补给基地作为航母及其编队舰艇进行燃料定点补给、修理和船员定期休整的后勤依靠。

2005 年 11 月，拜见航母专家孙诗南先生（右二）时，首次了解航母后勤保障的重要性。

在 1982 年发生的马岛海战中，英国派出了以“竞技神”号和“无敌”号航母为首的由 106 艘舰船组成的庞大舰队，被称为“特混舰队”。在这支特混舰队中，作战舰艇有 41 艘，而辅助舰艇中有各种船只 15 艘，征用船队中有各种船只 50 艘（如下图所示）。

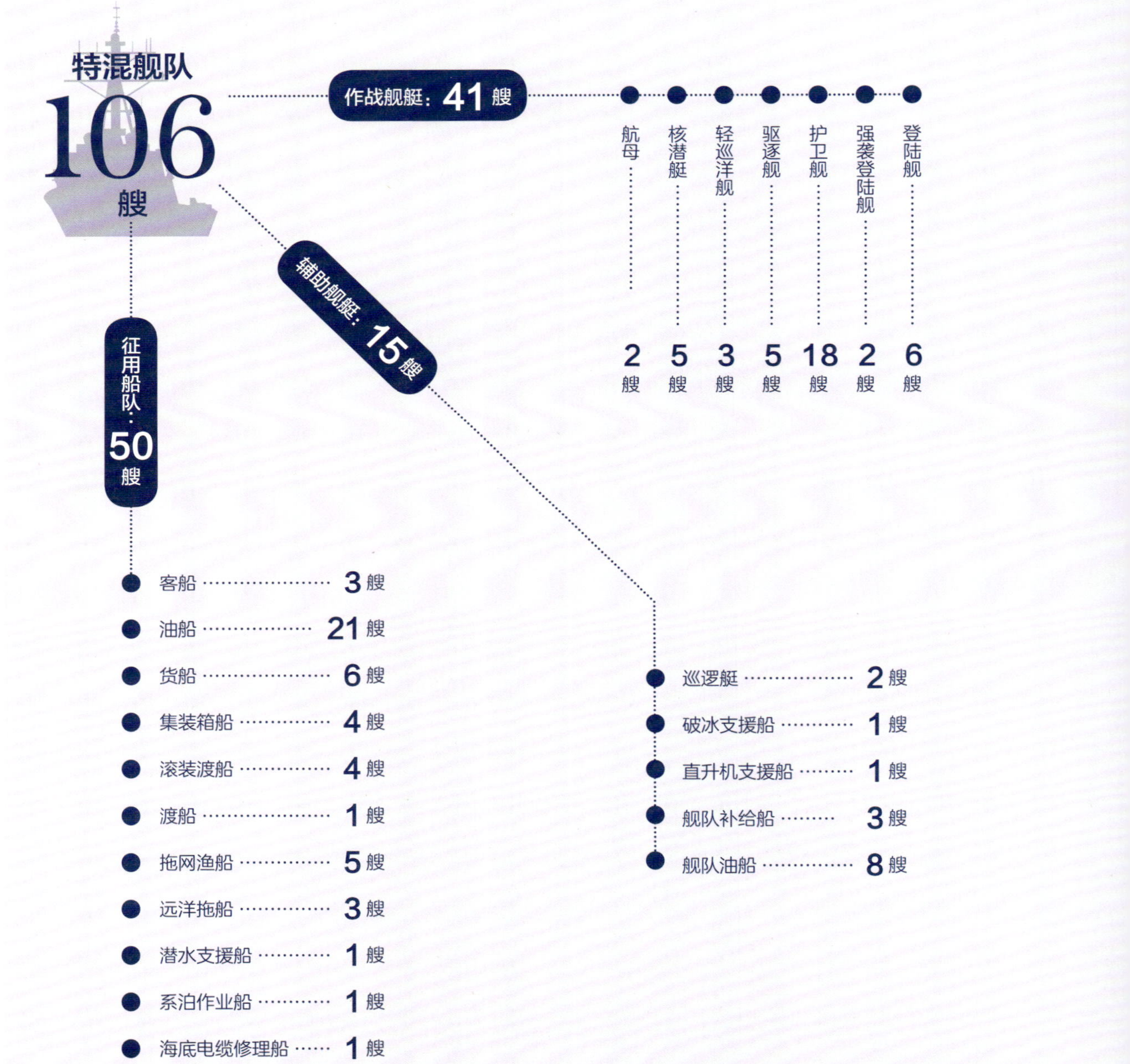

在这样一个特混舰队中，辅助船队要为舰船提供战区前线的后勤支援，包括油料、弹药、粮食和军需物资的海上补给。征用船队负责战区后方的后勤支援，包括兵力、油料、弹药、粮食、军需物资的运输，伤病员的医疗救护，受伤舰艇的修理以及各种救助作业，还要为“海鹞”式飞机、直升机提供装载起降场所。虽然马岛海战已经过去30多年，但局部战争中，各种消耗越来越大，军事上的后勤支援需求量大、涵盖面广，如武器、弹药、油料、备份零件、备份装备、食品甚至维修保障等。可以说，没有后勤支援保驾护航，难以赢得战争胜利。

美国海军“艾森豪威尔”号航母进行海上食品补给。

实际上，航母自身为消耗物资提供的补给都是十分有限的。以舰载机的航空燃油为例，美国核动力航母携带的航空燃油为9000吨，这些数字若与家庭轿车只有60~70升的载油量相比，简直就是天文数字。要知道，一艘大型航母上搭载的飞机在80架左右，每架舰载机出动一次就要消耗燃油8~12吨！假设每架飞机每天出动一次，则航母每天需要消耗的航空燃油就达到了640~960吨！按照这样的油耗，在大型航母上的航空燃油的储备只能维持8~12天，实际上这还是理论上的计算。按照美国和北约海军的规定，一般情况下，航母的航空燃油储量不得低于50%，进入战区前不得低于90%。这样一来，如果以不低于50%的储量计算，一艘携带9000吨航空燃油的航母，每隔4~6天就必须进行一次航空燃油补给；如果以储量高于70%计算，则每隔2.8~4.2天就需进行一次补给。根据对海湾战争的统计，在舰载机联队攻击作战时，每飞行3~3.2小时，就需实施二次空中加油，每架次的油耗比标准高出50%以上。由此可以看出，航母航空燃油所需的补给量很大。

在航母编队队用燃油方面，要求在非作战、舰载机不起降的航行时间里，燃油储量不低于70%。通常，一支由8艘舰艇组成的常规动力单航母编队，其舰用燃油装载量大约是17 100吨。假定航母编队以20节航速航行，则每天油耗为1340～1410吨；如果条件变为航母每天有1/4的航程处于飞行战斗状态，为保证舰载机起飞，那么，航母打击大队每天油耗就要达到1800多吨；如果要保证50%的舰用燃油储量，每隔4～5天就需要补给一次；如果保证70%的舰用燃油储量，则每隔2～3天就需要补给一次。不要小看这些数字，舰队的燃油消耗量、补给周期的长短和每次补给所耗费的时间，直接关系到航母编队的作战能力和安全。因为处于补给状态的舰只的机动性能、防护能力都会大大下降，因此，这也是作战双方力求获取的重要情报。

作为战斗舰艇，航母的弹药需求包括航空武器弹药、炸弹、导弹、火箭、推进剂、烟火器材等。一艘核动力航母的弹药装载量可达3000吨，普通的常规动力航母的弹药装载量为2000吨，其中包括舰载机使用的航空弹药和航母平台使用的防御武器弹药。据对海湾战争的统计，美国航母上的舰载机一次出击携带的弹药，包括导弹、普通炸弹、制导炸弹、火箭弹、机关炮弹等，总量为2.5～3.5吨。航母的弹药储备可以支持舰载机800～1000架次作战飞行任务。也就是说，如果按照一艘航母搭载80架舰载机、每架每天出动1次计算，航母上航空弹药的自持力为10～15天；遇到强度比较高的战斗时，自持力只能维持一周左右。航母和其他舰船消耗的弹药通常以作战5天为一个基数；作战强度较高的时候，减半计算；在战区每隔2～3天需要补给一次弹药。

此外，航母编队的零配件补给不论战时还是平时都是少不了的，包括各种武器装备用的零件、部件、配件、附件、工具等，和油料、弹药一样，对保证舰船正常执行任务至关重要。从理论上看，零配件的消耗量、储备量取决于所选用的武器装备，但零配件的消耗量估算与燃料、弹药的消耗相比，其难度大得多。除了一般军舰上有的武器装备外，航母上还有许多不同类型的舰载机，更增加了零配件补给的难度。一般情况下，舰上的军用装备与民用装备没有太大的区别，只是军用装备更复杂、可靠性更高。舰上的装备要面临炮火的考验，因为在战时环境下武器装备包括舰体本身都很容易受损。所以，各国在为军舰设计装备的时候，都会考虑到战时的环境，尽可能把军用装备设计成可以很方便地更换零配件，只要储备足够的零配件就可以保证武器装备长期正常工作。现在，新的发展趋势是，零配件不但要求更换方便，而且要求尽量少。因为零配件很昂贵，而且本身也需要保养，贮存过多会增加人力消耗。

航母编队在执行任务时除了需要以上补给，还需要进行维修保养。一般情况下，舰船（包括人员）的损失率低于1/100，但是损耗率较高。按美国海军的战备规定，平时应有约30%的舰船执行作战任务，约30%的舰船执行训练任务，另有约30%的舰船在港维修保养。由于海上的特定条件和舰船所必须面对的极端环境等因素，海军的事故率较高，而航母上因舰载机频繁起降，事故率更高。因此，维修保养是航母在其全寿命期限内的一项非常重要的工作，也是后勤支援中的一项主要内容。航母舰载装备种类繁多、技术性强，维修面非常广泛，就像我们日常生活中使用的小轿车，根据故障大小的不同，可以分为小修、中修和大修。对航母的维修保养，根据故障大小和维修保养的复杂程度，可以分为3级：原位维修，也叫基层维修和舰员级维修；离位维修，也叫中继级维修；后方维修，也称基地级维修。原位维修，是指对航母上的武器、机构和设备定期进行擦拭、维护、保养、更换简单的零件、排除简单的故障，并对其进行预防性检修。原位维修的目的是使舰上的各种设备处于良好的工作状态，这对航母长时间巡航和作战有重要意义，由航母上的装备操作人员和维修人员在航行过程中实施。由于航母装备的复杂性，其操作人员所具备的维修能力大大高于一般舰船的操作人员。中继级维修是指对航母定期进行难度较大的中修，或者更换大型部件的总成。这种维修的实施是根据航母活动时间的长短和强度来确定的。就像公路上行驶的民用汽车，可以根据里程数或者使用时间的长短，比如5万千米/2年，来确定是否实施维修（保修）。中继级维修由岸上维修站或者海上机动维修分队组织实施，岸上维修站有各种完善的修理设施和专业维修人员，有的还有专用船坞。基地级维修是指对航母进行大修、换装和改装。大修是指修复航母损坏的舰体结构、舰上武器、技术器材，或者更换同型号同性能的部件。换装是指采用技术性能更好的同型号部件替换舰上过时的武器和技术器材；换装可以单独进行，也可以结合大修进行。改装是指改变航母的舰体结构、更换武器和技术装备，以改变航母的战术技术性能和用途。基地维修一般在船厂进行，包含在后勤支援保障的范围之内。

在舰载机的维修保障方面，航母有比较特殊的方式。舰载机的燃油可以和舰用燃油一起在港口补给，但舰载机的零配件要由指定的航空基地补给，因为这些零配件的生产、供应需要依赖飞机制造工厂。此外，海上机动修理舰船一般都不具备维修舰载机

美国海军航行在大洋上的航母编队需要大量的配属舰艇以及相应的后勤保障。

的能力，而是在航母上配备了舰载机中修车间和设备，所以，在航母上就可以实施对舰载机的离位维修。

航母编队不仅要为舰船与设备维修提供保障，还要为舰员和舰载机人员的卫生勤务提供保障，其目的在于利用海军组织严密的卫生勤务系统，发挥最大的医疗效果，保存人力，恢复和提高战斗力。卫生勤务保障的范围包括：医疗预防、伤病员住院治疗、牙医保障以及提供航母所需的医药器材补给等。海军一般既要执行联合卫生勤务支援原则，同时又要求舰船具有自我提供卫生勤务支援的能力。海军卫生勤务保障体系分为三级：舰船自身保障、伤病员收治保障和医院船保障。通常只要求舰船具有联合卫生勤务的一级卫生勤务支援能力，二级卫生勤务支援由设有流动床位的伤病员收治船负责。不过，大型航母上通常设有医务室和拥有多个手术室、一定数量的床位、设备先进的小型医院，已经可以担负三级卫生勤务支援，对伤病员进行全面检查，采取救生和稳定伤情的紧急救护，并根据伤情和身体情况确定进一步救治还是后送。因此，航母可以直接依靠医院船提供三级卫生勤务支援或者决定空运到后方治疗。

总之，庞大的航母编队有着强大的威慑力与战斗力，其海上补给能力与维修保障是不可忽视的因素，这也是各航母的正常运行需要各国不断投入人力、物力和财力的重要原因。

NO.42

筑守航母“流动的国土”

作为航母最主要的依托，母港是航母在非行动期间长期驻泊的港口，是航母平时驻泊休整和维修保养的大型综合性保障基地，可确保航母得到全面、系统、可靠的弹药、油料、物资保障，同时完成技术、装备的维修和人员的休整。

关键词：

航母母港

“助推器”

小川说： XIAOCHUAN SHUO

2020 年 3 月 30 日，据《旧金山纪事报》报道，正在驶向关岛基地的美国海军“罗斯福”号核动力航母舰长布雷特·克罗泽尔上校写信给上级，希望尽快允许舰员离开空间有限、密封性大的航母，以避免出现更多新冠肺炎确诊病例。航母作为“流动的国土”，因疫情被迫临时决定停靠在关岛近岸，使许多人对航母的基地产生好奇与关注。

以航母为核心组成的航母编队，既能赴远海、远洋广大水域，遂行对海、对空、对地的立体作战任务，具有重要的战略威慑作用，是现代海军远海作战夺取制海、制空和制信息权等最有效的体系，同时又具有强大的非战争功能。总结世界各国海军航母作战使用的经验，航母母港是充分发挥航母及其编队作战效能的“倍增器”。关岛并非美国海军航母母港，是美国太平洋前沿基地，包括阿普拉海军基地、安德森战略空军基地和阿加尼亚海军航空站三大基地，用以部署美国空军 B-52 隐身战斗机、侦察机和反潜机等。

水兵心语：

我们坚信，离领海越远，身后的祖国就会越安全，世界和平也就多了一分保证。

——中国航母人 刘喆

航母是国家战略和国防战略需求的重要海军武器装备，是国家综合国力的具体体现和海军实力的重要标志。作为航母最主要的依托，母港是航母在非行动期间长期驻泊的港口，是航母平时驻泊休整和维修保养的大型综合性保障基地，可确保航母得到全面、系统、可靠的弹药、油料、物资保障，同时完成技术、装备的维修和人员的休整。国外航母母港在满足军事战略需要的前提下，大多选择在天然掩护条件好、水域面积适当、陆域充足且靠近工业发达城市的地方，驻泊设施通常比较齐全，码头泊位数量多，专用码头齐备，修理设施完善，起重装卸能力强。目前，全世界 8 个国家共拥有 22 艘现役航母和 16 个航母母港，其中 14 个母港在使用中；另外 2 个母港：梅波特海军基地处于改建、训练之中，卡达姆巴海军基地尚未进驻航母。其中，美国是世界上拥有航母数量最多的国家，现役 11 艘，占全球现役航母总数的 50%，其 6 个母港在数量、规模、现代化水平以及核安全等方面均属世界一流，且美国在日本横须贺拥有世界唯一一个海外航母母港。

一般而言，航母母港作为航母的“家”，具有如下几方面特征。首先，战略位置重要。作为航母作战训练和后勤保障的主要依托，航母母港首先要符合国家战略和国防战略的需求，部署于最重要的战略方向和战略要冲。如美国海军，是当今唯一的全球性海军，现役航母数量众多，其母港设置充分考虑到了美国国家战略及战术需求。最大的航母战略母港诺福克母港位于美国东海岸中部，拱卫美国的东大门；西海岸最大的航母母港圣迭戈母港是美国西南部的海上门户，也是美国海军控制东太平洋和巴拿马运河区域的主要据点；横须贺母港位于扼守东京湾进出口通道，是美军在西太平洋地区最重要的前沿阵地。以上 3 个母港基本上被美国所控制，是美国全球战略要地的“战略三支点”。其次，驻泊体系完备。航母母港突出体现了“大”的概念，即驻泊规模大、体系能力大。美国诺福克和英国朴茨茅斯等航母母港均注重生活服务与军事保障功能的协调建设，普遍建有功能齐全的兵员休整宿舍、军人家属公寓、学校、医院、服务社区等生活保障设施，能够满足航母编队人员及家属的工作与生活需求。

多年来，经过不断地调整完善、增加资金投入及技术装备，特别是加大国防工业相关部门的协调与配合，美国航母母港已成为一个具备大型舰艇维修和保养能力、资源配置十分合理、功能设施齐全的战略中心，基本实现了为航母及其编队提供全面的休整和补给、提高舰队的快速反应能力以及提供可持续保障力等目标。根据航母驻泊、行动需要和港口各类设施的完善程度，航母母港通常分为战略母港、前沿母港和机动母港 3 类。在这些母港中，一类为后勤支援保障型的母港，如美国、英国、法国等国的母港，基本不设置作战指挥职能，重点为航母、舰载

在母港中大修的美国海军尼米兹级航母。

机及其人员提供驻泊、驻屯、补给、维修和生活保障；另一类则兼具作战指挥与后勤保障职能，如俄罗斯海军“库兹涅佐夫”号航母驻泊的北莫尔斯克母港，其日常行政管理由北方舰队北莫尔斯克海军基地负责。

在母港中完成舾装的英国海军伊丽莎白级航母。

但“库兹涅佐夫”号航母作为俄罗斯海军的战略力量，其战时指挥则由北方舰队和海军司令部直接负责。英国拥有百年航母史，对于航母母港的建设与使用拥有丰富的经验。目前，现役“卓越”号航母（已改为直升机航母）的母港为朴茨茅斯海军基地。该港区位于一个口袋形的海湾内，湾口朝南，比较狭窄，进港航道水深 9.5 米。港内有停泊锚地 3 处，港外是斯皮特黑德海峡东口，水域宽阔，水深 20~30 米，避风性好，为舰艇主要停泊锚地。法国由于地理位置所限，航母母港位于法国东南部的土伦海军基地，配套建设有海军站、造船厂、营区、油库、仓库和海航站等，可供“戴高乐”号航母等各类舰艇停泊。俄罗斯海军航母母港选择在北冰洋沿岸少有的不冻良港北莫尔斯克海军基地，港区水深 4.1~8.8 米，可维修包括航母在内的各型舰船。印度现役航母母港位于孟买岛东岸的孟买海军基地，其港口水深 10~12 米，地形隐蔽，为天然良港，现有 4 个码头区，约 50 个泊位，可靠 7 万吨级舰船，可泊各类舰艇。在建的卡达姆巴海军基地是印度海军现代化计划中的一项工程，是其实现“三航母战略”目标的重要组成部分。

航母母港是航母编队战时兵力集结、日常训练、维修补给以及舰员生活、娱乐的重要依托，不仅要有完备的舰艇驻泊、战备训练、维修补给和生活服务设施，同时还要有较为全面的安全防护能力。因此，在航母母港建设过程中需严格制定工程规范体系，明确建设标准，依据这些文件有效指导母港建设的全过程，既可避免建设工程的重大失误，又对海军项目的质量鉴定和验收起到至关重要的作用。环境影响评估是国外航母母港建设过程中一个备受重视的环节。通过评估，可及时发现工程实施过程及母港建成后可能对当地自然地理和社会环境造成的负面影响，提前采取相应的防范措施，确保母港的设计和建设与当地环境兼容，在满足海军航母作战需求的同时，促进当地自然、经济和社会的和谐发展。

由于航母母港具有重要的军事作用和战略价值，既是战时敌方重点封锁、打击、破坏和控制的目标，又是平时恐怖袭击的对象，随时可能面临陆、海、空多重攻击威胁，既要防敌精确制导武器的硬打击，又要防敌电磁干扰的软打击，还要防敌水下蛙人和鱼雷等特种作战的偷袭。针对未来战争愈来愈趋向于“谁控制了航母母港，谁就取得了海上行动主动权”的态势，母港真正成为航母战斗力恢复和提升的“助推器”与“倍增器”。

航母母港建设首先要做好科学的顶层设计，按照航母作战编成的需求，进行总体规划，明确母港的功能、结构、规模、布局、保障和防护能力，达到合理布局、功能齐全、设施完善、可靠性强、效费比高、安全防护等目标，并预留现代化改建的可行性。目前，对于中国来说，建设航母母港是历史上的第一次，这个巨大的工程从无到有，面临诸多挑战，如征地工作、工程技术、安全风险等，难度超乎想象。有媒体报道：“为确保航母母港工程进度，我国引进了亚洲最大的挖泥船，采取 3 艘耙吸船和 5 艘抓斗船交叉作业方式，创下了国内相关行业施工新纪录。”但是最令人担忧的是在施工海区，尚有第二次世界大战时期遗存的多枚水雷，如不及时排除，将对水上施工和靠泊舰船造成极大的安全威胁。类似这样的问题在施工过程中时有发生，工程人员面对严峻的考验，探索集勘探、设计、施工、监理和建设五位一体的应急机制，边发现问题，边解决问题，已攻克了百余项技术难题，填补了国内多项研究的空白。2013 年 11 月，辽宁舰驶入三亚某基地，标志着我国已有 2 个基地具备了停泊航母的条件；2019 年 12 月，山东舰在三亚军事基地入列，能够满足航母编队今后开展全要素、全过程训练，这是对航母装备、人员、补给、指挥、基地等要素的考验。

停靠在码头的辽宁舰。
摄影 查春明

NO.43

大海作证　辽阔海疆守安宁

大海作证，我们的航母在海上每划出一道亮丽的航迹，都承载着中国人在世界航母百年史上沉淀的航母梦。中国古代《孙子兵法》有“不战而屈人之兵”的最高境界。

关键词：

国土安全　我们的航母
维护世界和平

小川说：XIAOCHUAN SHUO

2 月 14 日，本是充满鲜花与巧克力的浪漫日子。

2020 年 2 月 14 日，一场突如其来的新冠肺炎疫情让口罩成为最美的礼物，也让我在“封闭”时期有了充足的时间读书。翻开我曾经编辑的《舰船知识》杂志，那篇《海洋、海权、海战与海军——尤子平院长访谈录》把我的思绪带回到 2001 年 2 月 14 日。那天上午，在中国舰船研究院院长办公室，我拜访了曾主持或参与主持我国多项重大舰艇型号研制工作的尤子平先生，与这位毕业于上海交通大学，历任造船厂的总建造师、总工艺师，舰船总体研究所总设计师、副所长、总工程师，中国舰船研究院副院长，中国舰船研究院科技委主任的前辈谈海洋、谈海权、谈海军、谈海战、谈海洋的世纪，许多观点和理念至今堪称鲜活。围绕新时期海洋、海权与海军发展，我们的交流从读书开始，尤院长告诉我：“在人类文明的历史长河中，有众多关于个人、国家及世界的史学读物，虽未见到一部完整的关于海洋的历史书，但海洋却实实在在地渗透着人类历史，并以巨大的能量影响和改变着世界。”相比之下，1890 年，美国军事理论家马汉出版了《海权对历史的影响（1660—1783年）》，诠释了海洋影响人类进程的真谛。从国家战略发展的学术研究层面，马汉站在海洋文明的高度、海洋历史的维度、海洋军事的角度以及海洋文化的经略，用战略家的理性与史学家的智慧系统地总结了 16—19 世纪发生在欧洲的海上战争及其影响，形成了著名的“海权论”（Sea Power），即海上力量、海上权力，其实质是：拥有并运用优势的海军或海上力量去控制海洋，从而达到战略目标，影响历史进程。

水兵心语：

我们渴望被肯定，可是我们更渴望每个前进的脚步都有我们的助力！我们渴望站在舞台中央，可是我们更渴望为每一个航母梦的起飞保驾护航！谁说这就不是航母人该有的好样子呢？

——中国航母人 黄鑫

如果说马汉当年是站在19世纪末、20世纪初的节点总结了19世纪以前的海洋战争与历史发展，尤子平先生则是站在21世纪初展望未来，探究海洋战略。马汉总结了诸如西班牙、英国、

2001年2月14日

聆听尤子平先生关于海洋、海权与海军的教诲。

摄影 宁薇

土耳其、俄罗斯等以欧洲为主的海上强国的历次海上战争后，得出一个真理：海上较量，表面上看是为了达到战略目的，实际上最终都影响和改变了历史。从中国历史，特别是近代历史来看亦是如此，我们曾遭受了一百余年的海上侵略。帝国主义列强从海上入侵，不论是为贩卖鸦片，还是为拓展殖民地，都有其明确的战略意图，最终使中国沦为半封建半殖民地社会。再看 20 世纪 90 年代的海湾战争和科索沃战争，同样是由海到陆的战争影响了社会历史进程。借古论今，推算未来，对海洋的认识直接影响着我们的历史，牵制着历史的发展方向。

关于海洋战略影响历史进程，尤子平先生曾这样阐述：目前，世界海洋可以被看作三部分，一是《联合国海洋法公约》已经划定的占地球海洋面积 22% 的水域，包括专属经济区、大陆架、领海……都可以划为沿海国家的管辖区域；二是联合国对国际大洋、深海海底部分资源的划分，用以为资源开发投资先驱者提供勘探，为开发做准备，譬如我国在夏威夷以东界定了 15 万平方千米进行深海资源开发，虽已缩至 7.5 万平方千米，但是这属于我国所管辖的范围；三是国际海域，包括国际重要的海洋通道。据此，我国所拥有的海洋国土也是从这三部分来划分，并制定相应政策，勾画海洋战略。其中，国民意识最强的 18 000 千米海岸线，6000 多个岛屿等提法，归属第一专属海域，面对潜在危机，国家在提出加强国防安全意识、加强反对霸权主义意识的同时，明确提出要实现祖国统一，领土完整；对于第二部分的海域资源，国家也明确提出：深入开展深海勘察、大力发展深海技术、适当介入深海开发，建立深海产业；至于公海、海上通道等第三部分海域，我们看到了日益增加的海上贸易，特别是海上运输的重要性，因而提出保护海上交通线，维护西北太平洋的稳定（参见《舰船知识》杂志 1999 年第 10 期）。总之，海洋战略包括海洋科技、海洋经济、海洋产业、海洋军事等，是国防战略中重要的部分。

面对新世纪高科技的发展与国家战略的转移，人们探求的目光已扩大到海洋与空间。浩瀚的海洋不平静，面对新的挑战与机遇我们又该如何认识海洋？大海又将以怎样的方式影响着我们？曾经人们习惯于用“蓝水”“绿水”“黄水”形象地区别全球战略和区域防御的海军，到了今天，这些美丽的词语是否已随时代的变化而不相适宜了呢？针对这些问题，尤子平先生的观点很明确：应从历史发展的观点来看，要从未来将要或可能发生的军事斗争来判断海军所处的地位和作用。

我们知道，20 世纪 90 年代的海湾战争，多国部队在海湾战场上使用了大量的高新技术，包括信息技术，取得了前所未有的战场效果。这场战争被美国人称为“军事革命”，而这场“革命”对全球军事产生了极为深刻的影响。因此，有人预见在未来日子里的战争将是“核威慑下的信息化战争”，即是一种与以往战争特征存在明显不同的现代化战争。第一个特征是“核威慑”，指的是战时核武器的使用，以及和平时期核威慑的存在。第二个特征是“信息战”，美国在反复研究与论证后将其定义为“信息优势”，其内涵包括：一是指挥控制与电子战的对抗，也就是比敌对双方谁的信息快、多、准；二是计算机网络的攻防，也就是“黑客”的攻击与破坏；三是武器装备的信息化程度，即将电子、微电子、光电子等渗透到武器装备当中，提高和改变其性能与功效。第三个重要的特征是“精确打击”，即各种武器装备的打击目标精确化，包括其速度和数量意义上的攻防一体化程度。过去的战争讲究一打一大片，现在却能做到指哪打哪，打哪毁哪。第四个特征是指挥自动化与网络化，目前作战指挥还是传统的“烟囱式”垂直指挥，相对独立，一旦实现网络化，作战指挥的信息资源即可共享，这必然导致战争空间的扩大化，而反应速度却空前减慢。第五个特征是高水平的多兵种联合作战。今后在一定规模的战争中，很难出现单军兵种作战，海军也是如此。第六个特征即是要对付多维的、非线性的战争，威胁来自太空、空中、陆地、水面、水下、电磁等，且战场前后方界限不明显，从而改变了作战方式。

随着这些战争形式的改变，海军使命与任务也发生了比较大的变化。第一，马汉的“制海权”到了第二次世界大战期间的太平洋战争、大西洋之战等有航母参与的海上对抗时，已发展成为“海上制空制海权”，今后海战场上将是多维立体化，所面临的威胁来自不同的空间，如空中卫星提供信息、多兵种联合作战等，这时，控制作战空间权就显得十分重要。所谓“控制作战空间”包括对付多维威胁，不仅是海面、海空，还包括太空、水中、陆地、电磁……所以，美国人正在研究作战新概念，把战区切成不同的立体模块，研究在不同的战区模块上如何取得战场主动权。针对海军，则重点研究在某一战区如何从海上对付多维立体的威胁，并打赢发生的战争，这与以往的海军使命有了很大的不同。

第二，海军作战形式改为以攻防结合的编队、集群为主，不以单个舰艇本身为作战单元，成为多兵种、多武器装备、多舰艇组成的海上集群作战系统，这对舰艇本身的技术发展提出了更高的要求。

第三，过去海军作战多半是在海上进行舰艇对抗，比速度、比火力、比数量，是较单一的作战形式，而现代海军的作战使命发生了重大的新变化。如美国制定的海军新战略叫“From Sea”，即“从海上出发”，其斗争样式是很多的，实质上是海对陆的“濒海战略”。这个新战略既是美海军未来发展的需要，更是美国对世界进行全面分析后得出的结论。目前，约 80% 的国家、占全球 50% 的人口集中在沿海地区，且有 80% 以上国家的首都和 100 多个百万人以上的大城市分布在沿海，最远不超过 485 千米。美国拥有海上“宙斯盾”系统，这些被视为各国政治、经济、文化中心的地区，一旦成为目标，即在导弹射程之内。所以，海军的使命不仅仅在海上，还要从海上对付陆地，其作用既可视为主战力量，也可视为支援力量，归其本质是服从和服务于联合作战。

第四是“网络中心战”。以往海军的平台作战是以消耗为主，比交战双方舰艇、人员和火力的损失；现在则比拼指挥能力、反应速度和毁坏程度。所以战争方式也随之转向以网络为核心、以精确打击为手段的“网络中心战”，这毫无疑问地打破了传统的海上交战方式，使战争形势发生了根本性的变化。

针对以上几种海上作战方式的变化,海军再简单以“蓝”“绿”“黄”区分其使命就显得名不符实了。

欧洲战场曾是马汉海权论的发源地，如今，欧洲海军是否因此走上了独特的强军道路？以及针对美国海军新的军事理论、总体作战模式以及武器装备的巨大变化，发展中国家在军事技术与经济实力上都无法正面与强国海军抗衡时，该怎样以弱制强？

尤子平先生坦言：提及欧洲海军，通常指北约各国海军，有种观点称其为“世界第二流的海军”，在发展上与冷战时期的美国、苏联海军有所不同，但“海权”思想根深蒂固。其中，英国海军从整体上是紧跟美国，但仍保持自行其道；法国海军基本上坚持“独立自主”；德国受战败国在军事上的限制，不能发展大型战舰，于是着眼于先进的装备技术和武器装备的出口，像209型潜艇、MEKO型护卫舰等都是出口军贸的“热门货”；还值得一提的是瑞典，虽说它是中立国，但其海军发展，特别是其隐身技术和反潜技术独树一帜。欧洲海军现状的个性化是有发展背景的：首先，第二次世界大战使欧洲各国元气大伤，尽管有马歇尔计划扶持、自身也十分努力，但经济实力仍远不及美国，要想成为一流的海军尚力不从心；政治上，由于《北大西洋公约》的存在，欧洲的军事战略更多是服从于北约的利益，实行的是按地中海、波罗的海、北海、北大西洋等区域制订的海军发展计划；此外，为了抢占国际军贸市场，赢得最大的经济回报，武器的出口也推动着欧洲各国快速发展有特色的海军装备。所以，站在世界范围内去比较今日的欧洲海军，其总体水平虽不是一流，但单项技术如隐身技术、三体船、综合全电力推进系统及战术武器（包括电子战）的发展却大有特色。

因此，以目前海军的发展趋势，强、弱差别会从不同角度显现出来，要想以弱制强，以少胜多，要采取的一条很重要的战略是：不对称发展战略。美国率先提出这一战略，即先研究“假想敌”在发展什么，再确立用什么方式克敌制胜。艾森豪威尔曾说：“相对于陷入‘是谁造出了武器’或者‘谁扣动了扳机’的争论，能够集中目标重要得多。”譬如，美国海军在研制核潜艇的问题上，为满足其全球战略而完成了洛杉矶级；为更新换代现今战略转向濒海，就发展了海狼级；后来发现仍适应不了浅海作战需求，又立刻研发了弗吉尼亚级，从而针对性地适应威胁变化与战略转移来发展研制海军装备。这种海军装备不对称发展的方式更有利于这些经济、技术实力不足以及军事力量尚弱的发展中国家，也就是要集中力量发展让敌人害怕的“杀手锏”。

20 多年前，尤子平先生勾画出的未来海军武器发展的蓝图，在今天看来仍惊叹于德高望重的前辈智慧的预判：在未来可以预见的范围内，世界海军舰艇发展会有几大动向：一是继续重视海基核威慑力量，也就是发展弹道导弹核潜艇。二是发展重视具有水下隐蔽突击能力的常规动力、核动力或AIP的鱼雷、巡航导弹潜艇。三是保持航母编队作为海军核心力量的发展。最近，美国为研究未来的航母，组织专家对航母生命力、战斗力和作用等进行论证，并形成了 21 世纪航母的评估报告。美国认为在新世纪里，航母地位不可动摇，至少在 50 年内仍能发挥作用，并确定要重点发展适应未来信息战、精确打击战的舰载机和武器，且其他国家没有的要有、有轻型的还要有中型的等。四是巡洋舰、驱逐舰和护卫舰的新研制和改装并举，突出强调其“网络中心战”的平台作用，特别是由相控阵雷达和垂直发射导弹系统组成的所谓“宙斯盾”舰，将会发展成未来水面主战兵力和战区导弹系统平台。五是两栖战舰将得到很大的重视，在这个问题上，美国海军在 21 世纪仍将保持 12 个两栖编队，它们不仅仅是作为运输手段，而且还要承担一定的作战任务，其吨位、装备以及电子设备都超越了以往的登陆舰的概念，出现了两栖攻击舰、两栖指挥舰、多用途两栖舰等。六是用于近海作战的高速小型舰艇，如以色列 4.5 型隐身艇，各国海军都会有进一步的发展。再者就是运输舰和补给舰向大型化、提高综合支援能力和“平战结合”方向发展，如滚装船和集装箱船的利用等。从技术特点上来看，也有几种明显的趋势：信息网络化（包括水下信息网络）、舰载武器精确打击化、电子对抗化、隐身化、装备无人化（无人飞机、无人潜器）、动力综合全电力推进系统化、超控智能化（目的是减员增效，增加在航率）、舰艇研制虚拟化，以及数字化造船模式的使用，国外称之为“量身定制”或“平行工程”。这些舰艇研制新技术的优势发挥，又将促进舰艇向更高、更新的方向发展。

历史学家把哥伦布、达·伽马和麦哲伦漂洋过海发现新大陆、建立直接的海上联系作为人类全球史的开篇，这无疑说明海洋占据了人类历史的重要“节点”。

历史证明，强于天下者必胜于海，衰于天下者必弱于海。

如今，中国自主研制的航母山东舰入列，与辽宁舰一起让中国海军进入“双航母时代”。当我们的航母在大洋上航行时，我们不能忘记，一些国家的航母曾经离我们如此之近，一些国家的飞机曾经闯入我们的天空、逼近我们的领海。

如果有人问：中国为什么要造航母？中国首艘航母辽宁舰原政委李东友将军于2013年2月14日写的《你的名字叫“辽宁”》给出了最好的答案：

你是一个没落大国的弃婴

瓦良格是你的乳名

斑驳的颜色诉说着你凄苦的童年

遍身的灰霾掩盖了你铁骨铮铮

世间的风雨让你饱尝国破政息的痛苦

十年的沉寂让你更加渴望燃烧的激情

感谢命运让你与一个东方巨人相逢

他的勃勃雄心改变了你的生命

他用有力的大手牵引你走下尼古拉耶夫破败的船台

从此开启你与一个伟大民族紧密相连的征程

他牵引着你穿越博斯普鲁斯海峡的重重迷雾

他推动着你把好望角变成身后的背影

一万五千海里长长的航迹串起了世界最大的三片海

六百二十八天艰辛的跋涉点燃了中华航母的梦

你是共和国航母的长子……

你的名字叫辽宁

——辽阔海疆守安宁！

大海作证，我们的航母在海上每划出一道亮丽的航迹，都承载着中国人在世界航母百年史上沉淀的航母梦。中国古代《孙子兵法》有“不战而屈人之兵”的最高境界。中国航母梦游离出的不仅是我们对武器装备强大的渴望，更有中国人不再受侵略的愿望和世界和平的中国梦。尤子平先生曾说过：“探究海洋战略，首先要明确海洋国土，海洋战略包括海洋科技、海洋经济、海洋产业、海洋军事、海洋立法……是国防战略中重要的组成部分。”21世纪是海洋的世纪，中国航母梦里承载着经略海洋、强大海军、国土安全和维护世界和平！

当中国第一艘航母被命名为“辽宁”号时，已经向世人展示了新时代人民海军为辽阔海疆守安宁的决心与捍卫和平的力量。

摄影 查春明

NO.44

鹏程万里 深蓝“止戈”

回忆往事，从小“要为祖国造大舰”的潘院士激动地说：我实现了年少时的梦想，眼看着中国海军在走向大洋中不断发展壮大；如今我又盼到了中国航母，鹏程万里走向深蓝。

关键词：

向海图强，背海而衰
鹏程万里 走向深蓝

小川说： XIAOCHUAN SHUO

2020年10月14日，由“太原”号导弹驱逐舰、“荆州”号导弹护卫舰和“巢湖”号综合补给舰组成的第35批中国海军护航编队圆满完成亚丁湾护航任务后载誉凯旋，回到舟山某军港码头。

亚丁湾、索马里海域地处亚非两大陆上交通要冲，是印度洋进出地中海的必经之路，也是连接欧非贸易的“黄金水道”。20世纪90年代以来，由于索马里政局动荡，大量索马里人生活无以为继，纷纷铤而走险，从此这片海成了“海盗天堂”。曾任护航编队指挥员的李鹏程将军说过：对于世界上任何一个滨海国家而言，海洋不仅关系到经济的发展，更关系到国家的安危、民族的强大。海洋是我国战略利益所在，是国家安全与发展的命脉所在。护航行动在维护国家海洋权益、保护国家海外运输线安全的同时，着重担负应急救援、撤侨护侨、联演联训、反恐维稳等多样化任务，拓展兵力运用方式方法，学习借鉴世界先进军事经验，拓宽人才培养渠道，提升官兵国际化素养，整体推进海军的能力建设。亚丁湾，不过是海洋的一隅；12年，不过是历史的一瞬；护航行动的一小步，迈出了履行我军历史使命的一大步。一抹中国红在大洋飘荡绽放，让海天多了一分阳光，让世界多了一分和平。

水兵心语：

站在那优美的滑跃甲板上向右舷望去，第一眼看到的就是我的岗位，那微微抬起的仰角，那坚毅挺拔的身姿，那随时待发的状态，谁敢来犯。亲爱的战友们，为了亲情，我们没有放弃，为了爱情，我们没有放弃，为了梦想，我们没有放弃，让我们在未来的日日夜夜与最最亲爱的辽宁舰并肩战斗，尽情地挥洒出青春的热血吧！

——中国航母人 郑胜超

一个民族如果不能拥有海洋，就没有出路和希望；一个国家如果不能走向海洋，就难以登上强国舞台。以史明鉴，向海图强，背海而衰；经略海洋，海军走在前列。

2019 年 4 月 23 日，我登上停泊在青岛海军博物馆内、卧伏青岛湾与小青岛和栈桥朝夕为伴的鞍山舰，在水兵舱里录制了人民海军成立 70 周年纪念专题节目。

鞍山舰是人民海军最早被称为“四大金刚”的驱逐舰艏舰，“四大金刚”始建于苏联。20 世纪 40 年代初期，曾参加过第二次世界大战。1954 年 10 月 26 日，中国与苏联双方在青岛市某军港举行了正式交接仪式，接收了 2 艘自豪级雷击舰：列什切里内依（“果敢”号）和列齐威（“神速”号），分别被命名为“鞍山”号、“抚顺”号，舷号分别为 101、102。从此，这两艘艇被列编为中国海军第一支驱逐舰队。1955 年 7 月 6 日，中国海军又接收了同类型舰 2 艘：列兹基（即“勤奋”号）和列考特内依（即“凛冽”号），并分别被命名为“长春”号、“太原”号，舷号分别为 103、104。于是，这 4 艘舰便成了当年轰动一时的“四大金刚”。这几艘舰在当时装备了雷达、声呐、深水炸弹、鱼雷、反舰主炮等较为先进的反舰、舰空武器，形成了对海攻击、对空防御和对潜攻击的主体作战能力，是人民海军早期的主力舰。但是，随着科学技术的发展，“四大金刚”所装载的装备性能和自动化程度日显落后，到了 20 世纪 60 年代后期至 70 年代初期，历经 5 年时间，逐次对其进行现代化改装，将鱼雷改装成导弹，从而大大提高了海上作战能力。

“四大金刚”的航迹遍及祖国的万里海疆，在人民海军发展史上赫赫有名。在近半个世纪的海上生涯中，“四大金刚”参加过各种重大演习，监视驱逐过美国驱逐舰，多次接待国家领导人和外国元首视察，为共和国立下了汗马功劳。随着时光的飞逝，“四大金刚”的服役期超过了 30 年，宝刀渐老。1992 年 4 月 24 日上午 11 时 30 分，在美丽的海滨城市青岛举行了隆重的退役典礼，鞍山舰第一任舰长，后任北海舰队司令员、已离休的苏军，将他 38 年前升上去的军旗降了下来，交给了鞍山舰最后一任代理舰长、他的儿子苏海音。当时，颇为感人的一幕是“鞍山”号最后一任政委曲卫平，含着热泪在退役典礼上致辞，不足 1500 字的告别信在宣读过程中，竟因激动不得不易致辞者，可想当年海军官兵对第一代驱逐舰是多么眷恋。“四大金刚” 相继圆满地结束了保家卫国的重任，恋恋不舍地退出了四海为家的大舞台，逐渐被我国自行研制的第二代、第三代、第四代导弹驱逐舰所替代，但“鞍山”号、“抚顺”号、“长春”号、“太原”号和它们的舷号也因此被重复使用，不断被赋予新的内涵。

2019 年 6 月 23 日，我专程拜望了中国两代导弹驱逐舰总师潘镜芙院士，特别汇报为庆祝人民海军成立 70 周年，在他作为总设计师的济南舰上为中国海军博物馆举行“国防科普研习基地”挂牌仪式， 希望“四大金刚”等中国海军发展的功勋舰艇装备退役后仍能贡献余热，向世人展示人民海军历史的发展与走向大洋的风采。

2019 年 6 月 23 日

我专程拜望了中国两代导弹驱逐舰总师潘镜芙院士（中）。讲起 1985 年在他设计的“济南”号导弹驱逐舰上实习的经历，潘院士自豪地笑了。

谈起人民海军 70 年来的大发展，89 岁的老人家领着我走到书柜前，指着他所设计的各型军舰模型、各种奖励证书和与国家领导人的合影，动情地说：“我 7 岁那年，日军进攻上海，当听到长辈们忧虑地议论‘我们没有海军可以抵挡日寇’时，知道了海军的重要，立志要为祖国造大舰。1952 年，从浙江大学电机专业毕业后，从事了舰船总体设计，一干就是一辈子。20 世纪 60 年代初，主持某型护卫舰电气部分设计时，首次在我国自行研制的舰艇中成功采用了交流电制。”

1966 年 6 月，中央军委批准我国自行研制第一代导弹驱逐舰，潘镜芙作为设计工作的主要负责人之一，决心将雷达、声呐、传感器、指挥仪和各种武器有机结合起来，首次成功地解决了舰载武器按系统装舰的技术问题，大幅度提高了武器的命中率；1971 年 12 月 31 日，我国第一艘国产导弹驱逐舰“济南”号（舷号 105）正式服役，从此，海军进入了导弹化时代。1979 年 8 月，邓小平同志赴该舰考察时激动地写下：“建设一支强大的具有现代战斗能力的海军。”不久，济南舰参加了我国首次向南太平洋发射运载火箭的飞行试验，结束了中国海军只能在近海游弋的历史。1985 年，作为哈尔滨工程学院 82-111 班大三的学生，我在大连造船厂进行大修的“济南”号上完成了毕业实习。

由于济南舰实现了潘镜芙提出的“全舰有机协调、综合性能兼优”的目标，在设计第二代导弹驱逐舰时，总设计师潘镜芙按照系统工程的观点，着眼于全舰综合性能的提高，设计出的首舰“哈尔滨”号（舷号 112）在服役时就被誉为“中华第一舰”。

欢送中国海军第一次环球启航的经历让我终生难忘。

摄影 查春明

1997 年，哈尔滨舰出访美洲四国，约 100 天，历经四季和 12 个时区，两次穿越赤道和南北、东西半球，总航程达到 24 000 多海里，首次代表中华民族进行有史以来的环太平洋航行。1998 年 4 月 9 日至 5 月 27 日，以同型舰“青岛”号（舷号 113）为旗舰的中国人民解放军海军舰艇编队远涉重洋，对新西兰、澳大利亚、菲律宾进行友好访问。随同编队出访的海军兄弟张钊回国后送给我他的处女作《在太平洋上航行》，扉页上印着：献给海洋、献给海军、献给每一名普通的水兵！下面写着“小川姐：与海结缘，就是与美丽而宽广的心灵相约”。翻开书，跳入眼帘的是我们的蓝色航迹：中国黄海、东海、太平洋、所罗门海、珊瑚海、斐济海、塔斯曼海、珊瑚海、所罗门海、俾斯麦海、太平洋、苏拉威西海、苏禄海、中国南海、东海、黄海。总计 13 000 海里的航程，历时 48 天。大海与水兵，彼此间的性格气质如此和谐，互相包容互相解释。他们胸怀坦荡、胸襟开阔、团结一心、众志成城、快活乐观、精力充沛。

与潘镜芙院士谈得兴起，说起2002年5月15日，青岛舰与“太仓”号综合补给舰启航，执行中国海军首次环球航行任务时，我曾带着孩子飞到青岛专程送行，就像送别亲人一般。此前，

中国海军舰艇编队从1985年首次访问南亚三国开始，已先后派出19支舰艇编队，访问了22个国家。首航沿途访问了新加坡、埃及、土耳其、乌克兰、希腊、葡萄牙、巴西、厄瓜多尔、秘鲁、法国等10个国家10个港口，历时4个多月，先后横跨印度洋、大西洋和太平洋，航行33 000余海里，6次穿越赤道，再次刷新了人民海军出访纪录。话及此，脑海里飘过1994年我在《舰船知识》杂志工作时曾主办的“我爱海魂衫”征文活动，在那个年代，许多人是离开海魂衫睡不着觉的“海魂族”，我们透过对海魂衫的钟爱，燃烧着青春的激情，保持对大海的渴望、对海军的向往，特立独行地执着于蓝色梦想。正如海军大校孔超英在他那篇《魂

2002年5月15日

在青岛某海军码头专程送别执行中国海军首次环球航行任务的青岛舰。

我与父亲

2000 年 5 月，站在“基辅”号航母甲板上，70 岁的父亲肯定地说：“中国早晚要有航母编队。”

摄影 吴纯清

系大海》中写道：不到大海上航行，不穿上海魂衫，不做一名水兵，所有的想象都是白费。在海的摇篮中，我们由幼稚走向成熟，由自我走向合作；我们锻炼得坚定、勇敢、博大；学会了摒弃抱怨与懒惰。每当那蓝白相间的海魂衫出现在大海上，你总会听到那深情、隽永的歌声：

大海啊大海，就像妈妈一样。
走遍天涯海角，总在我的身旁。

2008 年 12 月 26 日，根据联合国安理会先后通过的有关决议，由“武汉”号、“海口”号导弹驱逐舰和“微山湖”号综合补给舰以及 2 架舰载直升机、数十名特战队员组成的舰艇编队驶离三亚某军港码头，踏上远赴亚丁湾、索马里海域开始执行护航任务。迄今第 35 批护航编队圆满完成亚丁湾护航任务后载誉凯旋，中国海军圆满完成了约 1349 批、6700 余艘次中外船舶护航任务，被护航中国船舶打出最多的巨幅标语是“祖国万岁！”。华人华侨参观时，最大的感慨和愿望是“祖国强大！”；接应后撤的利比亚侨民，最激动的话语是“祖国真好！”……中国海军护航编队成功解救和接护了希腊“阿波罗”号、新加坡“帕密”轮、菲律宾“斯图尔特力量”等千余艘外国商船，所展现的负责任大国形象，被国际海军组织第26届大会隆重授予“航运和人类特别服务奖”。这抹中国红为太平洋到印度洋架起了一座彩虹桥，为世界和平增添了一份亮丽的色彩。

2016年12月29日，“辽宁”号航母编队首次赴西太平洋远海训练，训练范围从渤海、黄海到东海。训练中航母编队边航行边探索合成化、体系化、实战化的组训方法，开展全要素的舰机融合和协同指挥训练，包括舰载机利用对方雷达探测的盲区进行超低空飞行实施等，实现了训练状态向实战转变，被称为从“刀尖上的舞蹈”到“浪尖上的舞蹈”。回忆往事，从小“要为祖国造大舰”的潘院士激动地说：“我实现了年少时的梦想，眼看着中国海军在走向大洋中不断发展壮大；如今我又盼到了中国航母，鹏程万里走向深蓝。”

NO.45

这辈子干出了中国航母，值！

回想起 2002 年第一次上“瓦良格”号时的约定，此后一路同行，如今虽已年过半百，两鬓斑白、皱纹爬上额头，但感慨“这辈子干出了中国航母，值！”。

关键词:

中国航母人
“只做不说”

小川说: XIAOCHUAN SHUO

“装备监造就是特殊战斗，我们就是光荣的战士！”这是海军驻大连某军代表室原总代表杨雷大校带领全体航母参建人员，面对党旗和国旗立下的铮铮誓言。

2015 年 5 月，在负责监造“辽宁”号的军代表与媒体见面会上，海军一等功获得者杨雷大校朴实地讲述了他们建造航母的一千多个日夜：“不光我是这样，我们军代表室和厂、所的每个同志都是这样过来的，没有这股拼命的劲头，不可能在这么短的时间内完成这项伟大的工程。”2012 年 3 月，由于过度劳累，杨雷得了急性肺炎，在工程现场咳血不止。当时，战友硬是把他从现场拉走，住进了医院，可每天打完吊瓶他又马上去现场，等病情稍有好转就干脆办了出院。当有人问他：不要命了？！他却说：“由于航母建造国内没有任何经验可借鉴，国外又对我们进行技术封锁，没有技术、没有资料、没有标准、没有人才，军、厂、所都面临很多现实困难，可以说大家都是在摸着石头过河。我常给自己打气：航母是国之重器，建造航母是国之大业，国人充满希望，世界倍加关注，我这个总代表肩上的责任非同小可，无论多么艰难，无论受多大的委屈，都要坚持下去，即使千斤重担也要扛下来……到了航母建造后期，眼看着航母交付海军的日子一天天临近，可还有数不清的工作没完成。工期紧迫真如火烧眉毛，忙到凌晨两三点是常事，根本没有白天、黑夜之分。我时常向代表室的战友们说，我们虽没有国外的航母建造经验，但他们是 8 小时工作制，我们是 24 小时工作制，苦干加巧干，一样能把航母造出来。”

水兵心语：

航母是国之重器，建造航母是国之大业，国人充满希望，世界倍加关注，我这个总代表肩上的责任非同小可，无论多么艰难，无论受多大的委屈，都要坚持下去，即使千斤重担也要扛下来。

——“辽宁”号监造总军代表 杨雷大校

2012年9月25日，在“辽宁”号航母交付海军的签字仪式上，“拼命三郎”杨雷激动得流泪了，和所有参与建设的中国航母人一样，喜极而泣的泪水中夹杂着“百味”，有兴奋、焦灼，甚至恐惧，也有遗憾、无奈和大脑“荡击”，但更多的是对航母的热爱和对祖国的忠诚。

2013年1月22日，《人民海军》头版《聚焦航母》栏目以《我为民族监造巨舰》为题，刊载了中国第一艘航母“辽宁”号横空出世背后的监造者故事。在我眼中，文中的监造官们仅仅是中国航母人以实干托举航母梦的缩影，是成千上万“只做不说”的中国航母人故事的冰山一角。航母兄弟康郦在这支队伍中，被写在“祖国的召唤是我们人生最大的幸福”里。

康郦是一位舰载武备专家，我们因《舰船知识》结缘，有着共同的理想和志向，钟情于人民海军大发展。20多年前，康郦每次来北京出差，都会到我办公室来聊选题，或说些舰载武器发展的新鲜事儿。而我回“娘家”大连，也会去厂里找他看船、看朋友。

2002 年 6 月 25 日，他陪我第一次登上锈迹斑斑的“瓦良格”号航母。记得当时我们走在航母的飞行甲板上，脚踏着高强度特种钢，触摸着苏联造船人智慧的结晶，心底渴望中国早一天拥有自己的航母。那份全然的冲动透着年轻人的理想与希望：“这辈子要能赶上干艘中国航母，值了！”

当时，“瓦良格”号是否能成为中国海军的航母？

实话：不知道。

当年，他作为全军钻研科技知识岗位建功成才十佳青年标兵、海军十杰青年，有机会公派出国当高级访问学者。那时，我正在清华大学新闻传播学院读研究生，已取得了国际传媒学院（DFI）中国全权代表的职务，有机会去德国。

一天，他打来电话：“田总，有任务了，想干的事。”

我明白他在说什么：“嗯，加油！同行！”

就这样，他放弃了梦寐以求的出国深造机会，选择成为中国首艘航母建造工程的监造官，与我的许多同学、同事一样心无旁骛地投入工程建设中；我也同样选择了留在国内，与许多新伙伴一起开始了航母研制与保障技术的基础科研。

2011 年 8 月，当航母平台第一次海试时，有人问康郦是否后悔当初的选择而没有出国，人到中年的康郦淡淡一笑：“遗憾是难免的，但我知道自己心中什么最重要，能承担祖国给予的使命，是幸运，更是幸福！”

2015 年，在航母工程的军代表与媒体见面会上，我和康郦“失联”12 年后，第一次作为航母兄弟握了手，第一次听他叫我：“川姐！”

2017 年 6 月 25 日，我在南海某部队的“海豹小屋”里读到了《解放军报》上的一则消息：“‘辽宁’号舰编队今日出海，执行跨区机动训练任务，编队由航母和‘济南’号、‘银川’号导弹驱逐舰，‘烟台’号导弹护卫舰，以及多架歼 -15 舰载机和多型直升机组成。”想到康郦陪我登上完工只有 60% 的“瓦良格”号的情景，我拨通了他的电话，没等我开口，便听见他亲切地说：“川姐，好久没听到你声音了……”这话一下子让 2700 多千米的距离，归零。

“还记得15年前的今天，你陪我上‘老瓦’吗？咱们在甲板上约定：这辈子干出个中国航母来。”我抑制不住兴奋，有些哽咽。

“记得，记得！那晚，咱几个喝多了，唱歌跑调，咋回的家都忘了。一晃这么多年了！咱得约定再干两个15年，干到人民海军100岁，哈哈哈……”康郦笑着，透着男人的豪气，让人心醉。

由于航母工程的保密性，这份事业成就无法与大家分享，甚至无法与家人分享。“只做不说”成为中国航母人的特性：多少人都有这样的共识，在参加同学聚会时，大家聊起事业，别人大谈如何在国外发展，在政府为官，在公司创业，但航母人与当年“消失30年的黄旭华院士”一样沉默不语。

有时，我们会选择微笑，以表达我们无法用语言表达的自豪与骄傲；有时我们也会含泪而笑，表达我们无可述说却彼此理解的委屈与压力。

因为，笑声背后是许多人为此放弃的天伦之乐，少了与家人团聚的时间，甚至被亲友误会。辽宁舰总军代表杨雷说过：“我爱人常说我偶尔在家吃顿饭，也是心不在焉的。确实如此，我脑海里装的全是航母的事，爱人跟我说个家里的事，我答得前言不搭后语。”当被问及是否遗憾时，他会认真地说：“我觉得，我只做了自己应该做的事，尽了自己应当尽的职责，但组织上却给了我崇高的荣誉。捧着金光灿灿的军功章，我有点受之有愧。我想说，不是我创造了什么历史，而是历史选择了我，我是时代的幸运儿，赶上了海军大发展、大建设的好时机，赶上了中华民族走向伟大复兴的好时代。如今，使命完成了，可我的心仍然属于航母，我愿为中国航母事业奉献终生！”

耄耋之年的工程副总师在工程期间病倒了，有人提出让他好好休养，而他用顽强的毅力坚持康复训练，重归工作岗位：“这辈子交给航母了。”

为了早日实现航母梦想，航母人付出了常人难以想象的努力，对那些年轻人来说，连婚假、蜜月都成了奢侈品。军代表王飞在举行婚礼的头一天仍在现场工作，他说自己的事是小事，现场的事才是大事，能争取一点时间算一点时间；张靓婚后第二天就到外地出差，以特殊的方式度过了蜜月；舰载机工程立项之初，驻沈阳某航空军代表室吴海荣、刘松良等 10 多个小伙子陆续举办了婚礼，他们不约而同地主动放弃了婚假。技术成熟的发达国家建造航母一般需要 10~12 年时间，我们的航母建设通过“攻坚会战”“决战”“决胜”三年战役形成雏形，这背后多少人有家不回，有病没治，用对祖国的忠诚和对航母的情怀，把对父母的孝顺化为对和平的大爱！

海军驻沈阳某航空军代表室副总代表李忠东，站在陆基机场跑道上，见证歼 -15 战机“战鹰”拔地腾空向着大海翱翔时，说：“军代表监造战斗机，一手托举国家财产，一手托举战友生命，质量上不能有一丝一毫的纰漏。”为解决舰载机“跑道短、场地小、舰体晃”的着陆难题，他常年奔波于飞机制造厂和试验场之间。某个寒冬，一架歼 -15 样机要转场到研究所做专项试验，出于保密考虑，牵引车载着飞机在天寒地冻的凌晨出发。寒风呼啸，大雪纷飞，气温降至零下几十摄氏度。为确保万无一失，李忠东和战友们坚持守在飞机旁，步行 6 千米路，走了 2 小时，当飞机安全进入研究所时，他们都成了歼 -15 的“雪人”天使。当“走你，航母 Style！”走红时，李忠东谈到着舰惊心动魄那一幕，仍然难以控制自己的感情，多次潸然泪下。

曾一同采访的海军宣传处陆文强、焦建仓曾经这样写道：“航母交付后的国庆长假，对于这里的军代表来说是最轻松的时光。”总代表杨雷与身在驻地的父母亲久未谋面，这次圆了几年来陪同家人的梦想；副总代表曲全福还是没有时间去医院检查因身体长期透支引起的腹部疼痛，而是迫不及待地补充睡眠，负责工程计划管理的他已经 3 年没有休过一天假期；高级工程师莫立新直到长假第四天，才敢跟战友们通个电话互致问候，大家心照不宣地避免打扰战友，太累太需要休息了……然而，就在航母首航拉响汽笛的那一刻，未能参加试航的黄毅却遥望着昂首而去的战舰，欣慰而酸楚的泪水潸然而下。他和战友们检验的焊缝长达数千千米，而其中累计数百千米的狭小舱室和管路通道只能在爬行中完成。身高近一米九、体重 90 多公斤的黄毅，在管道中爬来钻去要比一般人更艰难。他一天换一套工作服，一周磨坏一副手套，在与钢铁的长期摩擦中造成腿部肿瘤，不能再推迟治疗的黄毅不得不错失航母的首航任务。

2011 年 11 月底，在航母又一次航行试验前夕，驻大连某军代表室副总代表王祖强的内心纠结万分，因为出航第二天是他的生日，出航第四天更将迎来已是高龄产妇的妻子的预产期。但他像所有的军人那样选择了事业，忍痛离别独自走进产房的妻子，毅然登上了航母舷梯。临行前，他亲自为孩子起名为王心舟，表达他心系航母的情怀，也寓意孩子的人生能像航母一样，乘风破浪，扬帆远航！

参加航母工程就像打仗一样，必须有钢铁般的意志。许多人吃住在单位，夜以继日地努力拼搏，所有航母人都将个人的困难抛在身后。年轻人推迟结婚，顾不上照看刚出生的孩子，中年人无法陪同中考、高考的子女，无法孝敬年迈病弱的父母……几乎每个航母人都是这样负重前行，背后留下一个个感人的故事，留下一串串可歌可泣的脚印。记得我的忘年交陆超，刚当父亲却不能陪在妻儿身边，但在短信中坦然道：“在美丽的大连与电焊、铁砂、粉尘斗争，但是骨子里的最真实的东西总算找到了。”……

2017 年 4 月 26 日，中国首艘国产航母在大连船厂正式下水，普天同庆。五一节，我回家看望病危的母亲，临睡前意外发现久卧不起的老人家竟努力撑起虚弱的身体，庄严地向航母横幅敬礼，嘴里喃喃自语：“我丈夫干的……”84 岁的老军嫂满心的自豪，

2017 年 5 月 1 日

母亲向中国航母致敬，成为她生前最后的骄傲。

摄影 马晓露

让做女儿的我不忍打破真相，应和着："是！"唯一的"幸福谎言"成为我和母亲生命中最美的雕刻时光。

中国航母是近百年来中国人的梦想，这个梦中不仅沉淀了对甲午海战后中国海洋之殇的思考，更有民族崛起之路上面对海上封锁困境的中国海权意识的觉醒。著名的美国历史学家斯塔夫里阿诺斯曾无限感慨地说："如果当年的中国像后来的欧洲一样拓地殖民的话，今天中国人占世界人口的比例不是1/6，而是1/2。"中华文明自古有"武舞"，整齐的舞步用于威慑敌人。想起母亲告诉我：《左传》中，诠释"武装"与"武器"的"武"，寓意通过发展"武器"而"备战"。看到南海不断风起云涌的海洋争端，中国航母肩负着保卫海洋国土"不战而屈人之兵"的"止戈"使命，承载着中华民族和世纪和平的未来与希望。

恩格斯曾说："舰船是所有大工业集中展示和体现的产物。"现代航母工程不仅集成了传统的船舶、航空、电子、航天、机械、冶金、化工、材料等，还新增了外层空间的卫星侦察技术、低层空间预警技术、深海技术等所有国防工业及基础产业的先进、前沿甚至颠覆性技术，出现了以大数据为特征的"信息化""无人化""智能化"的趋势。航母工程不仅仅要突破行业领域的单项技术，还存在着大协同的交叉学科攻关，是一个高标准、大协作、复杂的"高精尖系统工程"。杨雷已记不清多少个夜晚在航母甲板上和衣而眠，多少个清晨拖着疲惫的身体回到近在咫尺的家；他只记得在高噪声、高粉尘的恶劣环境下，带领军代表以每天平均14小时的高强度工作，相继啃下了一块块"硬骨头"，确保了建造工期如期推进。

记得那天告别杨雷和他的战友们时，这些默默无闻的英雄送我到电梯口，当他们庄严地敬礼的那一瞬间，我再也抑制不住内心的感动，泪水模糊了双眼，耳边却回想杨雷那句话："姐，想想真觉得自己挺幸运的，作为一名军代表，能赶上监造航母这项伟大的事业，这辈子值了！"

2017年国庆节，在辽宁舰上，听到刘喆舰长充满自信地说：

“我们航母人颜值高、气质好、有内涵，敢于承受压力、接受挑战，也勇于面对生活中的委屈和挫折，我来负重前行，你方岁月静好。这，是中国航母人的好样子；这，不正是我们想要的吗？”

2019年11月14日，是世界航母发展史上尤金·伊利驾驶飞机首次在“伯明翰”号巡洋舰上成功起飞的纪念日，也是中国自主研制的航母山东舰第九次海试日，我和康郦约在海边吃了一顿轻松的便饭。回想起16年前第一次上“瓦良格”时的约定，此后一路同行，如今虽已年过半百，两鬓斑白、皱纹爬上额头，但感慨“这辈子干出了中国航母，值！”，留下了许多美好的回忆。临别时，康郦拿出精致的葡萄酒，改口叫了我一声：“川哥，这酒是我亲自酿的，甜！”

我笑了：一声“川哥”，航母兄弟。酒不醉人人自醉！

8年时间，中国航母人将“瓦良格”号改建成人民海军“辽宁”号。

2015年，再次见到康郦时，我们兑现了诺言：“这辈子干出了中国航母，值！”

33天后，中国自主研制的航母山东舰正式入列。我想起了《祖国不会忘记》这首歌，歌中唱道：“在茫茫的人海里，我是哪一个？在奔腾的浪花里，我是哪一朵？在征服宇宙的大军里，那默默奉献的就是我；在辉煌事业的长河里，那永远奔腾的就是我。”

2020年12月17日，山东舰1岁了！由衷为“亲生的”航母取得的成绩欢喜，我拨通了亲爱的“航母闺蜜”的电话，祝贺她荣获“全国三八红旗手”称号，我征求意见可否在新书中写进她的故事，她很认真地说：“不要，谢谢，亲爱的，你懂的，我只是做了本职工作。”这，就是中国航母人！

后记 一

母亲与航母

《周易》象曰："天行健，君子以自强不息；地势坤，君子以厚德载物。"

纵观古今中外，大地与母亲总有千丝万缕的关联。作为孕育我身、呵护我心的母亲，我想了解她，想从她独特的本质中找到影响我生命的最珍贵的"种子"。

母亲17岁，在大学图书馆偶读《二战中的航空母舰》，从此开始了她的航母梦，苦尽甘来参与、见证了中国航母的诞生。我17岁，在家"偶"读母亲的日记，看到中国航母的故事，看到母亲心中用中国航母承载"止戈"的力量，渴望世界和平。

2012年9月25日，辽宁舰入列。我萌生起整理母亲日记的念头，谨以此献给坚韧不放弃追梦的母亲和埋藏在她心灵深处挚爱的长辈亲朋。按照规定，母亲能保留下来的日记不多，除了航母科普内容，人名、地名大多是代号；也会有一些故事和思考。如：第一代中国航母研究人员孙诗南先生把自己的研究成果送给她时说过的话："我们老了，你要坚持，这些东西拿去用，总有一天用得上。""敬爱的辽宁舰总师朱英富先生，认识他20年，无数次感动于他的严谨和大格局，他那句'做好总师不是把最好的都集成，而是均衡各系统，充分发挥大家的智慧。'让我在工作中学会统筹协作和换位思考。"一位副总师是母亲的忘年交，年近古稀之际终于等到中国航母任务，曾和母亲约定有一天把研制的经验、教训写出来留给后人。没想到，在"瓦良格"号即将下水时，老人家突发中风，只好请夫人给母亲发了短信："小川，那些东西还在我脑子里，怕是来不及整理了。"……还有被母亲称为"亲爱的"的芳姨，闺蜜间为造航母有过约定，仅三个字："我陪你！"

2015年，我根据母亲的日记，拜访了她的同学和她去过的地方，体会她的经历。因为不在母亲身边，所以我有了时间去想她，想她与航母这些年的人和那些事儿，想起她在手术之后拖着虚弱的身体查看资料，强忍着颈椎3~7节错位的疼痛完成一本又一本航母书，我知道她是在用生命与中国航母人同行。我不知道她所做的一切是否有用，也不知道她是否遗憾因为没有时间而错过许多享乐……但因此开始懂母亲，懂她的坚强，也懂她的柔弱；更懂她不论遇到怎样的压力与挫折，也会微笑着面对每一个需要她的人，哪怕是刚刚擦掉眼泪。

吴纯清

北京轩航信息技术研究院国防科普研究中心主任，策划人，《国防科普概论》副主编。2014 年，策划出版《航空母舰装备运维技术保障系列丛书》（8 本）；2016 年，接任"书香少年中国"负责人，承办中国科普作家协会国防科普委员会国防科普研习活动；组织开展《科技托起强国梦系列丛书》（8 本）、《中小学生国防教育教材》（18 本）、《大国重器舰船科普丛书》（20 本）等审读工作和"书香少年中国夏令营"活动；2017 年以来，持续组织中国科普作家协会"繁荣科普创作助力创新发展"之国防科普创作沙龙；2019 年，任北京郑和文化研究会古船研究专委会秘书；2020 年，策划《大国学者 & 点亮科学好奇心——中国"船"说》融媒体的科普工作等。2021 年，参与中央电视台《特殊的"90"后：陆建勋院士》纪录片策划与撰稿；2022 年，加入中国科协"大手拉小手科普报告汇"国防科普报告团。

2017 年中秋节，我在辽宁舰上第一次陪母亲与中国航母人一起过团圆节，站在母亲当年和康郦叔叔约定"这辈子干出一艘中国航母"的地方，我俯身亲吻了飞行甲板，说了句："兄弟，我来了！"

2019 年 12 月 17 日，山东舰入列，母亲完成了她的第 11 本航母书。我很荣幸一直陪在她的身边，专职"拎包"，亲眼见她在中国航母上走过的背影，虽然是历史长河中小小的瞥见，但它一直引导我感恩生命、敬仰前辈，让我理解了科学救国，中华儿女当自强不息。与其说我读过母亲的日记，不如说我读了一所"母校"，读懂了养育我的母亲是一位值得敬爱的"航母女人"，她平凡而伟大：

大浪淘沙洗铅华，百川入海似归家；
转瞬浮世沧田变，戎马相伴守天涯；
承载父恩了心愿，宣扬国强美名扬；
育儿辛慈爱命里，天命相续自绽放；
增上顺缘相护佑，祝愿家母永安康！

——愚子：纯清

2020 年 12 月 17 日 于航母小院

后记 二

约定

母亲说过："写本妈看得懂的航母书吧，你不在我身边时我好看。"我答应了母亲，在她 83 岁生日那天和湖南科学技术出版社签了约。

我生在海军之家，长在海军大院，受着海军的熏陶，血液中饱含着热爱海军的细胞，一心想为海军建造最好的军舰，半个世纪都在为航母做科研工作。至于写了几本关于航母的书，想来与在清华大学新闻与传播学院读在职研究生有关。临近毕业时，我有了参加"瓦良格"号航母改造工程的机会，欣喜之中问及同桌何玲：是否要为"航母梦"放弃学位？已在《中国经济时报》工作的闺蜜第一时间支持我追梦，因此有了她的昵称"航母"，也有了心里的约定：50 岁时出版 10 本与航母有关的书，再办一场"航母上的婚礼"；前者为不给清华"丢人"，后者是为导师曾戏说我"嫁给航母"了。当然，心里希望留下点书能实用，也知道这辈子和航母分不开。

2015 年，我的第 10 本航母书《国外航母全寿命周期费用管理概述》出版，完成了当年的承诺。本想停下笔，却在父亲写的前言里看到了这样一句话："希望她今后多为海军建设做工作。"于是，想趁自己的精力还够，再写几本航母书！

与之前的航母装备技术书不同，这本《航母梦：大国重器深蓝止戈》是"写本妈看得懂的航母书"，内容基于儿子花几年时间帮助我整理的可公开的日记、已出版的文章，增加了对航母发展中的历史事件的描述、相关人物的简介与分析，航母技术发展、装备使用特点等内容的阐述与思考。对习惯了写航母专业技术书的我来说，不仅要面对文字表达的挑战，还要面对回忆往事过程中出现的各种情绪变化，特别是母亲谢世过程中的悲痛与怀

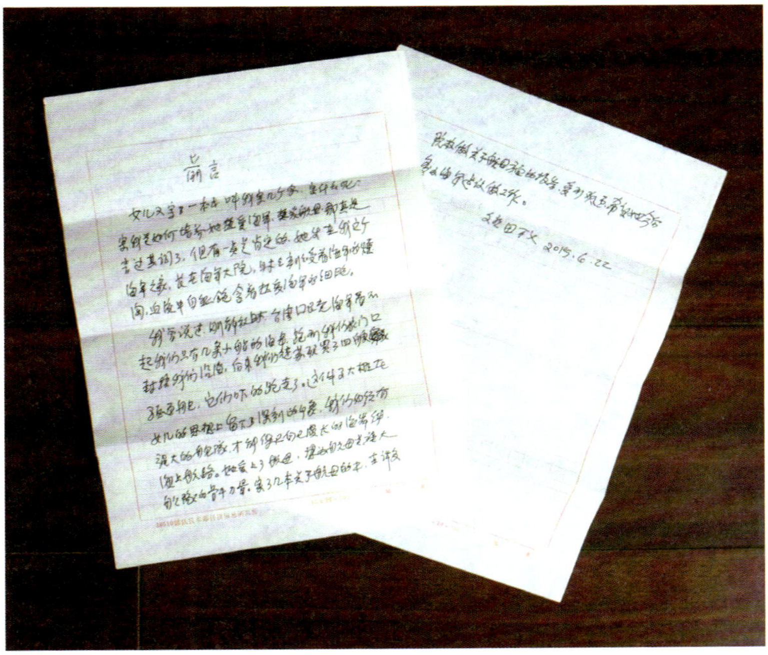

父亲为《国外航母全寿命周期费用管理概述》写的前言。

念。所幸的是，几次想放弃时，有经验的陈刚副社长带着专业编辑团队用耐心来感染我，责任编辑李文瑶和李柔用心修改每一篇文章，多次调整结构、修正文风、删减文字，让我在航母技术与学术的内容中加入了关于航母的故事，还原了许多真实的历史，让我在写科普书方面有了突破。辽宁舰总设计师朱英富院士、中国科普作家协会国防科普委员会主任郑晖、海军研究院原总工彭廷华大校、军委科技委原综合局副局长李锦程大校、教育部师德师风建设基地（北京师范大学）负责人、中华文化教育研究院院长王文静教授和来师德培训班的老师们以及丁宁虹大姐等亲朋的大力支持和鼓励，让我有勇气克服种种困难，完成这部书稿。同时，摄影家查春明海军大校、钟魁润海军大校、李唐海军大校等友情提供了许多珍贵的航母照片；北京郑和与海洋文化研究会研究员桂志仁先生用心为我作画《辽宁舰》用于此书插图，清华大学学术评审委员会委员、著名画家单凡教授特别为我作画《山东舰》专用于此书的封面设计……回想写此书的1415天，经历了太多，让我在“世界读书日”、人民海军72岁生日之夜久久难眠，充满感动、感激、感慨与感恩！

书写好了，母亲却在天堂。想到母亲曾说过：“航母像母亲，舰载机则像孩子；中国没有航母就被欺负，没有战争是对军人最大的奖赏。”此时，我仿佛听到了天下母亲的心声：愿世界充满爱，愿孩子们不再上战场。如我坚信：中国航母，深蓝止戈！

田小川

2021年4月23日 于北京

后记 三

中国航母“三舰客”

《道德经》：一生二，二生三，三生万物。

2022 年 6 月 17 日，我国第三艘航母福建舰下水，舷号为“18”。这是中国完全自主设计建造的首艘弹射型航空母舰，采用平直通长飞行甲板，配置电磁弹射和阻拦装置，满载排水量 8 万余吨，自此中国航母进入“三舰客”时代。

2022 年 8 月 1 日，我在大连陪“90 后”的父亲过建军节，意外收到了湖南科学技术出版社寄来的《航母梦：大国重器 深蓝止戈》样书，责任编辑李文瑶女士兴奋地打来电话告诉我：“书稿已通过重大选题备案，即将正式出版。” 父亲作为第一读者，目光定在第 375 页母亲向中国航母敬礼的照片，这是他第一次知道 2017 年 4 月 26 日山东舰下水时，患“小脑萎缩”的母亲，已分不清耄耋之年的父亲早已离开工作岗位。母亲喃喃自语：“我丈夫干的！”透着军嫂的自豪。

许久，父亲抬起头，望着窗外，缓缓地说：“你妈一辈子的骄傲是我这辈子给了人民海军，尽管她对我所做过的事一无所知。”

我的头，轻轻地靠在了父亲的肩膀上：“爱上军人，妈懂您！她是军嫂，也姓‘军’！”我的眼湿了。

想到母亲最后一次站在屋前的花园里，桃花正浓，映得她的脸很美很美。母亲拉着我的手，认真地说：“等你退休有时间了，写本妈能看懂的航母书，好让我的骄傲里有内容。”我认认真真地点头答应了母亲。

2017 年 6 月，我和湖南科学技术出版社签了这本《航母梦》，

2022 年 6 月 8 日
我与哈尔滨工程大学的师生一起在军工操场上共建“航母三舰客”，喜迎福建舰下水。
图片来源：哈尔滨工程大学宣传部

作为母亲 83 岁生日礼物。躺在病床上的母亲柔弱地抚摸着我的手，微笑着说："别太累，等我好了以后来帮你……"说着就轻轻地睡了，很甜很甜。50 天后，母亲在睡梦中谢世；我在航母项目评审的现场，正在答辩……此时，我读着写给母亲想看的航母书，书薄情浓，想写的、能写的、该写的还有很多留在心里。回想 2002 年 6 月 25 日，我在康郦陪同下第一次登上"瓦良格"时的激动；到 2022 年 9 月 25 日，中国首艘航母辽宁舰 10 岁；转眼间 20 年过去，中国航母已有"三舰客"。

好想告诉母亲：这些年，辽宁舰解决了中国航母的有无问题；山东舰实现了自主研制；福建舰则提升了自主研制能力……尽管我们还有很长的路要走，但母亲的祝福和希冀，犹如信念的灯塔般照耀着我，指引我一路前行。

书中每一个字都充满着我对中国航母人无限的敬意与对母亲无尽的思念。谨以此书献给亲爱的母亲：伟大的军嫂！致敬中国军工：一生所伴！致爱中国航母人：我的兄弟！

加油，中国航母！大国重器 深蓝止戈！

田小川

2022 年 8 月 1 日 于大连